计 算 机 科 学 丛 书

Python编程与数值方法

孔庆凯（**Qingkai Kong**）

[美] 　提米·西奥（**Timmy Siauw**）　　　著

亚历山大·M. 拜耶恩（**Alexandre M. Bayen**）

袁全波 王慧娟 邢艺兰 译

Python Programming and Numerical Methods

A Guide for Engineers and Scientists

机械工业出版社

China Machine Press

图书在版编目（CIP）数据

Python 编程与数值方法 /（美）孔庆凯（Qingkai Kong），（美）提米·西奥（Timmy Siauw），（美）亚历山大·M. 拜耶恩（Alexandre M. Bayen）著；袁全波，王慧娟，邢艺兰译. -- 北京：机械工业出版社，2022.10（计算机科学丛书）

书名原文：Python Programming and Numerical Methods: A Guide for Engineers and Scientists
ISBN 978-7-111-71788-1

I. ①P⋯ II.①孔⋯ ②提⋯ ③亚⋯ ④袁⋯ ⑤王⋯ ⑥邢⋯ III.①软件工具 - 程序设计 ②数值方法 - 计算机辅助计算 IV.① TP311.561 ② O241-39

中国版本图书馆 CIP 数据核字（2022）第 188579 号

注意

本书涉及领域的知识和实践标准在不断变化。新的研究和经验拓展我们的理解，因此须对研究方法、专业实践或医疗方法作出调整。从业者和研究人员必须始终依靠自身经验和知识来评估和使用本书中提到的所有信息、方法、化合物或本书中描述的实验。在使用这些信息或方法时，他们应注意自身和他人的安全，包括注意他们负有专业责任的当事人的安全。在法律允许的最大范围内，爱思唯尔、译文的原文作者、原文编辑及原文内容提供者均不对因产品责任、疏忽或其他人身或财产伤害及 / 或损失承担责任，亦不对由于使用或操作文中提到的方法、产品、说明或思想而导致的人身或财产伤害及 / 或损失承担责任。

Python 编程与数值方法

出版发行：机械工业出版社（北京市西城区百万庄大街 22 号　邮政编码：100037）

责任编辑：曲　熠	责任校对：张亚楠　　王明欣
印　　刷：河北鹏盛贤印刷有限公司	版　　次：2023 年 1 月第 1 版第 1 次印刷
开　　本：185mm×260mm　1/16	印　　张：23
书　　号：ISBN 978-7-111-71788-1	定　　价：109.00 元

客服电话：（010）88361066　68326294

数值方法和Python分别是人工智能、数据科学等专业重要的数学基础和编程基础，不过目前市面上基于Python语言介绍数值方法的教材非常少。同时，随着Python语言和人工智能的快速发展，Python已经在人工智能领域的编程语言中占据了决定性的优势。一本将计算机编程基础和数学基础相结合的教材无疑是人工智能相关专业学生入门阶段的有效工具。

本书主要介绍Python编程基础以及用Python实现的用于解决科学和工程问题的数值分析工具。数值方法部分涵盖的主题非常广泛，但对每一个主题的讲解并不深入。本书旨在为学生提供广泛的编程知识和数学词汇，以及进一步学习数据科学课程的预备知识，是一本不可多得的数据科学或人工智能相关专业的入门教材。

翻译这本著作不仅是对自己的知识体系的补充，同时也希望更多相关专业的高校教师、学生及工程师通过阅读这本书而有所收获。

本书由北华航天工业学院计算机应用技术系的王慧娟、邢艺兰进行校稿，感谢参与部分章节翻译的研究生杨鹏、邹素华、孙新阳，还要感谢机械工业出版社各位编辑的鼎力协助。限于译者水平和经验，译文中难免存在不当之处，恳请读者提出宝贵意见。

袁全波　于华航

2022年10月

目的

由于编程已经成为工程、科学、医学、媒体、商业、金融和许多其他领域的重要组成部分，因此对于科学家和工程师来说，掌握基本的计算机编程基础是能够提升自身竞争力的。这本书向拥有不同背景的学生介绍编程，并提供编程和数学工具，这些工具将为他们的职业生涯提供非常大的帮助。

本书的大部分内容借鉴了加州大学伯克利分校 E7 课程"面向科学家和工程师的计算机编程导论"的标准教学资料。这门课是工程学院的大多数理工科新生以及其他学科（包括物理、生物、地球和认知科学）本科生的选修课。该课程最初是用 Matlab 讲授的，但随着最近伯克利数据科学运动的趋势，数据科学部同意并支持将该课程转变为面向 Python 的课程，以便为来自不同领域的学生提供进一步学习数据科学课程的预备知识。本课程有两个基本目标：

- 向没有接触过编程的理工科学生介绍 Python 编程；
- 介绍各种用于解决科学和工程问题的数值分析工具。

这两个目标反映在本书的两个部分中：

- Python 编程简介；
- 数值方法简介。

本书是根据 Timmy Siauw 和 Alexandre M. Bayen 撰写的《面向工程师的 MATLAB 编程和数值方法导论》一书编写的。本书最初是出于交互目的而在 Jupyter Notebook 中编写的，然后转换为 LaTeX。书中的大多数代码来自 Jupyter Notebook 代码单元，可以直接在笔记本单元中运行。所有 Jupyter Notebook 代码都可以在 pythonnumericalmethods.berkeley.edu 中找到。

因为本书涵盖的主题颇为广泛，所以没有把每一个主题讲得很深入。即使用整个学期来讲本书，每章也最多占用两个课时。这本书旨在为学生提供广泛的编程知识和数学词汇，以供学生进行扩展，而非深入学习。

我们相信，就像学习一门新的外语一样，学习编程也可以很有趣，而且很有启发性。我们希望你在学习本书的过程中会赞同我们的看法。

背景知识

本书旨在向那些几乎没有计算机编程经验的学生介绍编程和数值方法。我们希望这一宗旨能反映在本书的节奏、基调和内容上。为了达到编程的目的，我们假设读者具备以下背景知识：

- 了解计算机显示器和键盘、鼠标等输入设备；
- 了解在大多数操作系统中用于存储文件的文件夹结构。

对于本书的第二部分,我们假设读者具备以下背景知识:

- 高中代数和三角学;
- 入门级大学微积分。

就是这样了!本书中若出现超出上述背景知识的内容,那必定是我们的问题。如果因概念不明确而产生了知识上的混淆,我们事先表示歉意。

章节组织

第一部分介绍编程的基本概念。第 1 章介绍 Python 和 Jupyter Notebook。第 2 ~ 7 章介绍编程的基础知识,熟练掌握这些章节的内容可以获得足够的背景知识,从而几乎可以对任何想象的东西进行编程。第 8 章介绍如何基于计算机程序运行速度来描述程序的复杂度。第 9 章介绍计算机如何表示数字及其对算术运算的影响。第 10 章介绍养成良好编程习惯的有用技巧,掌握这些技巧可以减少代码中的错误,并且易于查找错误。第 11 章介绍如何长期存储数据以及如何使 Python 的结果在 Python 之外(即其他程序中)有用。第 12 章介绍 Python 的绘图功能,可生成图形和图表,这对于工程师和科学家可视化结果非常有用。第 13 章介绍 Python 并行编程的基础知识,并行编程可利用当今计算机的多核设计。

第二部分概述对工程师有帮助的各种数值方法。第 14 章简要介绍线性代数。尽管线性代数本质上是理论性的,但它是理解许多高级工程主题的关键。第 15 章讨论特征值和特征向量(它们是工程学和科学中的重要工具),以及如何利用它们。第 16 章是关于最小二乘回归的,这是一个数学术语,是将理论模型拟合到观测数据的一种方法。第 17 章是关于推断数据点之间的函数值的,会介绍一种称为"插值"的框架。第 18 章介绍用多项式近似函数的思想,这对于简化复杂函数很有用。第 19 章讲了两种算法,用于求函数的根,即求 $f(x)=0$ 中的 x,其中 f 是一个函数。第 20 章和第 21 章分别介绍近似函数的导数和积分的方法。第 22 章和第 23 章介绍一种数学模型,称为常微分方程,这两章着重于不同的问题,分别是初值问题和边值问题,并介绍了几种求解方法。第 24 章介绍离散傅里叶变换和快速傅里叶变换的概念及其在数字信号处理中的使用。

如何阅读此书

学习编程就是练习,练习,再练习。就像学习一门新语言一样,如果不将其内化并不断加以利用,就无法真正掌握。

我们建议在阅读本书时,打开 Jupyter Notebook 或交互式网站,并运行书中提供的所有示例。相比于像读小说一样"通读"全文,花时间去理解每个例子中 Python 所做的事情,将会获得更大的回报。

就本书而言,应该首先阅读并理解第 1 章至第 5 章,因为它们涵盖编程的基础知识。第 6 章到第 11 章可以按任何顺序阅读。如果你想提高解决问题的能力,则有关绘图和并行编程的第 12 章和第 13 章是必读章节。在第二部分中,应该首先阅读第 14 章,因为后续各章都依赖于线性代数的概念。其余章节可以按任何顺序阅读,我们建议先阅读第 17 章和第 18 章,再阅读第 19 章和第 20 章。

在整本书中都有用黑体标出的文字，当你遇到这些文字时，需要花时间记忆它们并根据上下文理解其含义。

为了使书中内容更加清晰，我们设计了不同的文本块。这些文本块具有不同的功能，示例如下。

尝试一下！这是书中最常见的块，其中通常会简短地描述问题或操作。我们强烈建议你在 Python 中"尝试"这些内容。

提示！该块提供了一些建议，我们相信这些建议能使编程更容易。请注意，这些块不包含理解书中关键概念所需的新知识。

示例：这些块是新概念的具体示例，旨在帮助你思考新概念，但不一定需要进行试验。

警告！在编程时可能会遇到很多陷阱，这些块将帮助你避免混乱、养成不良习惯或误解关键概念。

发生了什么？这些块深入细节，以帮助你理解 Python 执行程序时发生的事情。

结构：在编程中保留了一些标准的架构，用于执行常见和重要的任务。这些块概述这些架构并介绍如何使用它们。

每章末尾都有两个部分。总结部分列出当前章的要点，这些内容能帮助你直观地了解刚刚所学的内容。习题部分提供的练习将帮助你强化所学的概念。

最后一点，在 Python 中有很多方法可以做同样的事情。乍看这似乎是一个有用的特性，但当任务很简单时，它可能会让学习 Python 变得困惑，或者因给编程新手提供过多的可能性而让他们不知所措。本书对于要执行的任务只提供一种方法，这样可确保初学者少走弯路，同时也不会被无关紧要的信息所淹没。对于某个任务，你可能会发现不同于本书所给方法的解决方案，而且两者解决问题的效果相同，甚至你的方案效果更好！我们鼓励你找到这些替代方法，并根据我们提供的工具，自己判断哪种方法更好。

希望你喜欢这本书！

为什么选择 Python

Python 是一种高级通用计算机语言，适用于许多应用程序。它对初学者很友好，希望你会发现它简单易学，并且很有趣。该语言本身非常灵活，这意味着在构建功能方面没有硬性规定，你会发现有多种方法可以解决相同的问题。也许它的强大之处在于拥有一个强大的用户社区，有很多软件包可以直接插入而且只需投入很少的精力。随着持续流行的趋势，Python 适合当今数据科学的目标。Python 是免费的（开放源代码），并且大多数软件包也是免费使用的。开源编程语言的思想使学习曲线产生了巨大的变化。你不仅可以免费使用这些软件包，还可以从其他用户开发的这些软件包的源代码中学习许多高级技能。我们希望你能喜欢这里介绍的 Python 知识，并在工作和生活中使用它。

Python 和软件包版本

本书是使用 Python 3 编写的。下面列出了本书中使用的软件包及各自的版本。随着这些软件包的不断开发，你可能会添加、删除或更改软件包的某些功能：

- `jupyter, 1.0.0`

- ipython, 7.5.0
- numpy, 1.16.4
- scipy, 1.2.1
- h5py, 2.9.0
- matplotlib, 3.1.0
- cartopy, 0.17.0
- joblib, 0.13.2

致　谢

Python Programming and Numerical Methods

　　编写本书初稿的时候，加州大学伯克利分校工程学教授的标准通用语言是Matlab，它的起源可以追溯到2005年左右。那之后便迎来了当前的数据科学、机器学习时代，Python作为一种普遍使用的语言出现在整个工程行业。因此，初稿是作为加州大学伯克利分校E7课程的一部分编写的，该课程向学生介绍编程和数值分析。

　　如果没有同事、研究生导师团队（GSI）、评分员和行政人员的帮助，这本书就永远不会写出来，他们帮助我们完成了每学期向数百名学生讲授E7课程的艰巨过程。此外，如果没有耐心阅读本书并给出反馈的学生的帮助，本书也将永远无法完成。在多次教授E7课程的过程中，我们与数千名学生、数十个研究生导师团队和评分员以及十几名同事和管理人员进行了互动，鉴于涉及的人数较多，对于那些可能遗漏的人，我们深表歉意。

　　我们非常感谢同事Panos Papadopoulos、Roberto Horowitz、Michael Frenklach、Andy Packard、Tad Patzek、Jamie Rector、Raja Sengupta、Mike Cassidy和Samer Madanat教授的指导。尤其感谢Roberto Horowitz、Andy Packard、Sanjay Govindjee和Tad Patzek教授分享了他们在课堂上使用的内容，这些内容对本书的编写做出了贡献。我们还要感谢Rob Harley和Sanjay Govindjee教授在教授E7课程时使用了本书的初稿，并向我们提供了有助于改进的反馈。课程的顺利进行，让作者有了编写本书的时间和精力。众多行政人员承担了大量后勤工作，使课程的管理井井有条。我们特别感谢Joan Chamberlain、Shelley Okimoto、Jenna Tower和Donna Craig。

　　特别值得一提的是，土木与环境工程系副主任Bill Nazaroff在2011年指定第二作者授课。如果没有这项任务，这本书的几位作者就没有机会一起工作并撰写本书。众所周知，E7课程是加州大学伯克利分校工程学院最难教的课程。然而，在我们教授这门课的多个学期里，课程一直顺利进行，这主要归功于我们有幸与才华横溢的研究生导师团队合作。这几年在授课的过程中，一系列具有传奇色彩的研究生导师团队负责人为塑造课程做出了贡献，并为学生提供了有意义的体验。特别是Scott Payne、James Lew、Claire Saint-Pierre、Kristen Parish、Brian McDonald和Travis Walter，他们领导了一个专注的研究生导师团队，其表现超出了预期。2011年春，研究生导师团队和评分员团队对这本书的内容产生了重大影响，我们感谢Jon Beard、Leah Anderson、Marc Lipoff、Sebastien Blandin、Sam Chiu、Rob Hansen、Jiangchuan Huang、Brad Adams、Ryan Swick、Pranthik Samal、Matthieu Lewandowski和Romain Bourcier在这个关键学期的贡献。我们也感谢Claire Johnson和Katherine Mellis发现书中的错误，并帮助我们将编辑内容纳入初稿中。感谢学生对我们的耐心和对书中内容的透彻阅读。多年来我们已经看到了数千名读者的反馈，他们的反馈都很出色，很抱歉在此仅能提及其中的一些读者：Gurshamnjot Singh、Sabrina Nicolle Atienza、Yi Lu、Nicole Schauser、Harrison Lee、Don Mai、

Robin Parrish 和 Mara Minner。

2018 年，由于加州大学伯克利分校深入推进转型——最终组建了计算、数据科学和社会学部，因此大家广泛讨论了学生学习 Python 的必要性，与此同时 Python 已经成为大多数科技公司招聘的首选技术。因此，本书的初衷是为使用基础数据科学工具的理工科学生提供知识储备。计算、数据科学和社会学部在我们为低年级课程编写本书时发挥了积极作用。感谢 Cathryn Carson 和 David Culler 提供的支持，以及有关如何改进本书的讨论。他们的帮助与他们领导建立计算、数据科学和社会学部所做的巨大努力是同步的。他们在加州大学伯克利分校建立起丰富且创新的数据科学环境，这是他们的慷慨和奉献精神的众多表现之一。

最后，我们也非常感谢 Eric Van Dusen 和 Keeley Takimoto 的关心与帮助。书中大约有三分之二的内容改编自最初的 Matlab 版本——《面向工程师的 MATLAB 编程和数值方法导论》。感谢 Jennifer Grannen、Brian Mickel、Nick Bourlier 和 Austin Chang 帮助我们将一些 Matlab 代码转换为 Python 代码。我们再次感谢 Claire Johnson 对本书的帮助，感谢 Jennifer Taggart 发现书中的错误并帮助我们将编辑内容纳入初稿。我们还要感谢伯克利地震学实验室多年来对编写本书及 Python 培训的支持。

Qingkai Kong
Timmy Siauw
Alexandre M. Bayen
2020 年 6 月

Python 编程简介

## 第 1 章

Python Programming and Numerical Methods

Python 基础

1.1 开始使用 Python

1.1.1 设置工作环境

使用 Python 的第一步是在计算机上设置工作环境。本节介绍了启动 Python 的初始过程。

在多种**安装 Python** 和相关软件包的方法中，我们建议使用 Anaconda⊖或 Miniconda⊜来安装和管理软件包。你需要根据自己使用的操作系统（OS）（即 Windows、Mac OS X 或 Linux）为计算机下载特定的安装程序。Anaconda 和 Miniconda 都旨在提供简便的方法来管理科学计算和数据科学中的 Python 工作环境。

在本节的示例中，我们将以 Mac OS X 操作系统为例，向你展示如何安装 Miniconda（其过程与在 Linux 上安装 Miniconda 的过程非常相似）。对于 Windows 用户，请跳过本节的其余部分，并阅读安装说明中的附录 A。Anaconda 和 Miniconda 的主要区别如下：

- Anaconda 是一个完整的分布框架，其中包括 Python 解释器、包管理器和科学计算中常用的包。
- Miniconda 是 Anaconda 的"轻型"版本，其中不包括常用的包，你需要自己安装所有不同的包，但 Miniconda 包括 Python 解释器和包管理器。

我们在本节选择安装 Miniconda，并且仅安装那些我们需要的包。Miniconda 的安装过程如下：

步骤 1 从网站⊜下载 Miniconda 安装程序，下载页面如图 1.1 所示，在这个页面中，你可以根据操作系统选择不同安装程序。在此示例中，我们选择 Mac OS X 和 Python 3.7。

步骤 2 打开终端（在 Mac 上，你可以在 Spotlight 中搜索"terminal"），使用图 1.2 中所示的命令在终端上运行安装程序，运行后，跟随指引完成安装。

⊖ https://www.anaconda.com/download/。

⊜ https://conda.io/miniconda.html。

⊜ https://conda.io/miniconda.html。

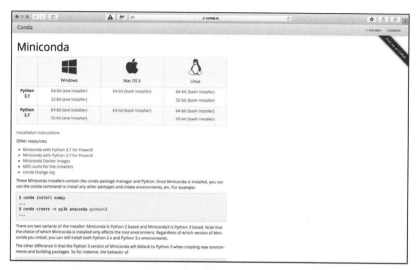

图 1.1 Miniconda 安装程序的下载页面，根据操作系统选择安装程序

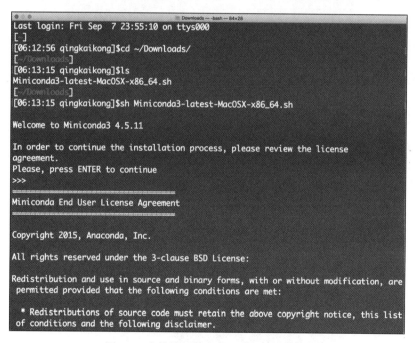

图 1.2 在终端运行安装程序的屏幕快照

请注意，尽管可以在计算机上指定其他位置来更改安装位置，但是默认位置是主目录（图 1.3）。

安装完毕后，你可以通过键入图 1.4 中所示的命令来检查已安装的包。

步骤 3 如图 1.5 所示，安装本书中使用的基本包：ipython，numpy，scipy，pandas，matplotlib 和 jupyter。在下一节中，我们将讨论使用 pip 和 conda 进行包的管理。

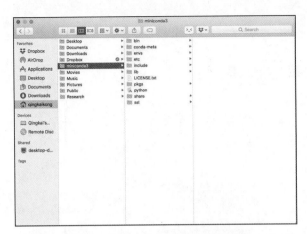

图 1.3　文件系统中的默认安装位置

```
Last login: Sat Sep  8 06:12:56 on ttys000
[~]
[06:17:30 qingkaikong]$which python
/Users/qingkaikong/miniconda3/bin/python
[~]
[06:17:38 qingkaikong]$which pip
/Users/qingkaikong/miniconda3/bin/pip
[~]
[06:18:10 qingkaikong]$which conda
/Users/qingkaikong/miniconda3/bin/conda
[~]
[06:18:14 qingkaikong]$pip list
Package       Version
------------- ---------
asn1crypto    0.24.0
certifi       2018.8.24
cffi          1.11.5
chardet       3.0.4
conda         4.5.11
cryptography  2.3.1
idna          2.7
pip           10.0.1
```

图 1.4　快速检查 Miniconda 是否已成功安装以及程序是否正常运行的方法

```
[~]
[06:23:59 qingkaikong]$pip install ipython numpy scipy pandas mat
plotlib jupyter
Collecting ipython
  Downloading https://files.pythonhosted.org/packages/f7/62/2fef7
db3a7b75e8099c3d9db2630ae5ba0b9eefefd91f7497862393d90e8/ipython-6
.5.0-py3-none-any.whl (748kB)
    1% |                                | 10kB  4.8MB/s eta 0:00:0
    2% |                                | 20kB  1.4MB/s eta 0:00:0
    4% |                                | 30kB  1.6MB/s eta 0:00:0
    5% |                                | 40kB  1.6MB/s eta 0:00:0
    6% |                                | 51kB  1.6MB/s eta 0:00:0
    8% |                                | 61kB  1.9MB/s eta 0:00:0
    9% |                                | 71kB  2.1MB/s eta 0:00:0
   10% |                                | 81kB  2.2MB/s eta 0:00:
   12% |                                | 92kB  2.5MB/s eta 0:00:
   13% |                                | 102kB 2.6MB/s eta 0:00
   15% |                                | 112kB 2.7MB/s eta 0:00
   16% |                                | 122kB 3.7MB/s eta 0:00
   17% |                                | 133kB 4.2MB/s eta 0:00
   19% |                                | 143kB 6.1MB/s eta 0:00
   20% |                                | 153kB 7.1MB/s eta 0:00
```

图 1.5　本书其余部分将使用的包的安装过程

1.1.2　运行 Python 代码的三种方法

运行 Python 代码的方法有很多，这些方法都有不同的用法。本节将介绍三种不同的启动方法。

使用 Python shell 或 IPython shell。运行 Python 代码最简单的方法是通过 Python shell 或 IPython shell（代表交互式 Python）。IPython shell 比 Python shell 更强大，包括 Tab 自动补全、颜色突出显示报错信息和基本的 UNIX shell 集成等功能。我们刚刚安装了 IPython，不妨使用它来运行"Hello World"示例。首先在终端中键入 ipython（请参见图 1.6）启动 IPython shell，然后将某个 Python 命令键入 shell 并按 Enter 键，就能立即看到该命令的运行结果。例如，我们可以使用 Python 中的 print 函数来输出"Hello World"，如图 1.6 所示。

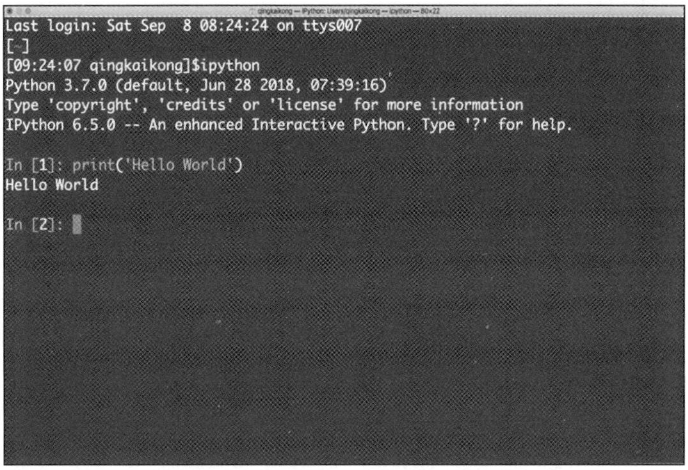

```
Last login: Sat Sep  8 08:24:24 on ttys007
[~]
[09:24:07 qingkaikong]$ipython
Python 3.7.0 (default, Jun 28 2018, 07:39:16)
Type 'copyright', 'credits' or 'license' for more information
IPython 6.5.0 -- An enhanced Interactive Python. Type '?' for help.

In [1]: print('Hello World')
Hello World

In [2]:
```

图 1.6　通过在 IPython shell 中键入命令运行"Hello World"示例。"print"是本书稍后将
　　　　讨论的一个函数，该函数能够打印出括号内的所有内容

从命令行运行 Python 脚本 / 文件。运行 Python 代码的第二种方法是把所有的命令放进一个文件并将其保存为扩展名为 .py 的文件，文件的扩展名可以任意设置，但是按照惯例，扩展名通常是 .py。例如，使用你喜欢的文本编辑器（此处我们使用的是 Visual Studio Code⊖）在名为 hello_world.py 的文件中键入要执行的命令，如图 1.7 所示，然后在终端中运行该文件（请参见图 1.8）。

使用 Jupyter Notebook。运行 Python 代码的第三种方法是通过 Jupyter Notebook，这是一个非常强大的基于浏览器的 Python 环境，我们将在本章稍后详细讨论。这里提供一个示例，以说明使用 Jupyter Notebook 运行代码是多么快捷。在终端中键入 jupyter notebook，将弹出一个本地网页，单击网页右上方的按钮创建一个新的 Python3 笔记本，如图 1.9 所示。

⊖　https://code.visualstudio.com。

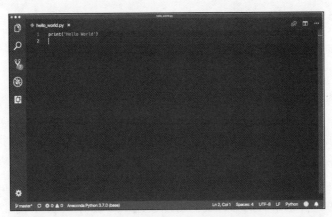

图 1.7 使用 Visual Studio Code 运行 Python 脚本文件的示例。键入你想要执行的命令并使用适当的名称保存文件

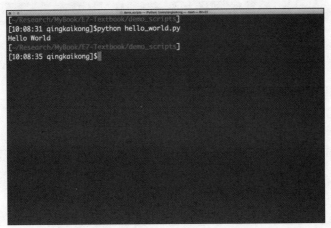

图 1.8 从命令行运行 Python 脚本，请键入"python hello_world.py"，这行命令用于告诉 Python 执行保存在此文件中的命令

图 1.9 要启动 Jupyter Notebook 服务器，请在命令行中键入 jupyter notebook，将打开一个浏览器页面，单击右上角的"New"按钮，然后选择"Python 3"，就会创建一个 Python 笔记本，从中可以运行 Python 代码

在 Jupyter Notebook 中运行代码很容易。在单元格中键入代码，然后按下 Shift+Enter 运行单元格，运行结果就会显示在代码下方（图 1.10）。

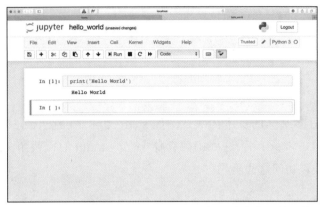

图 1.10　要在 Jupyter Notebook 中运行 Hello World 示例，请在代码单元格（灰色框）中键入命令，然后按 Shift+Enter 执行

1.2　Python 作为计算器

Python 包含标准图形计算器中的所有函数。**算术运算**是两个数字之间的加法、减法、乘法、除法或幂运算。**算术运算符**是 Python 保留的符号，用于表示上述操作。其中，+ 表示加法，− 表示减法，* 表示乘法，/ 表示除法，** 表示求幂。

指令或操作在被计算机解析时**执行**。在 Python shell 中出现 >>> 符号的位置（或者在 IPython 中出现 In[1]：符号的位置）键入指令，即可在命令提示符下执行指令。对于 Jupyter Notebook，请在代码单元格中键入运算符，然后按 Shift+Enter（示例如图 1.10 所示）。由于我们将在本书的其余部分使用 Jupyter Notebook，因此为了熟悉所有不同的选项，本节中的所有示例都将在 IPython Shell 中展示——请参阅上一节了解如何启动 IPython。对于 Windows 用户，应该使用附录 A 中展示的 Anaconda 提示符，而非终端。

尝试一下！计算 1 和 2 的和。

```
In [1]: 1 + 2
Out[1]: 3
```

操作顺序是不同运算之间的标准优先级顺序。Python 使用的操作顺序与你在小学学习的操作顺序相同。幂运算在乘法运算和除法运算之前执行，乘法运算和除法运算在加法运算和减法运算之前执行。括号 () 也可以在 Python 中使用，以改变标准的操作顺序。

尝试一下！计算 $\dfrac{3 \times 4}{(2^2 + 4/2)}$。

```
In [2]: (3*4)/(2**2 + 4/2)
Out[2]: 2.0
```

提示！请注意，Out[2] 是最后执行的运算的结果值。使用下划线符号 _ 表示此结果，以将复杂的表达式分解为更简单的命令。

尝试一下！ 计算 3 除以 4，然后乘以 2，再求所得结果的三次方。

```
In [3]: 3/4
Out[3]: 0.75

In [4]: _*2
Out[4]: 1.5

In [5]: _**3
Out[5]: 3.375
```

Python 具有许多基本的算术函数，例如 sin、cos、tan、asin、acos、atan、exp、log、log10 和 sqrt，这些函数存储在名为 **math** 的模块中（本章稍后说明）。首先，导入此模块以访问这些函数。

```
In [6]: import math
```

提示！ 在 Jupyter Notebook 和 IPython 中，可以通过键入 module name +dot + TAB 快速查看模块中的内容。此外，键入某函数名的前几个字母并按 TAB 键，它将自动补齐该函数名，这叫作"TAB 自动补齐"（示例如图 1.11 所示）。

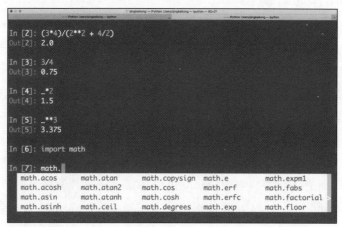

图 1.11　在 IPython 中，通过在点后面键入 TAB 可对函数进行交互式搜索。灰色框中显示了所有可用函数

通过 module.function 指令可以执行上述数学函数，这些函数的输入放在与函数名称相连的括号内。对于三角函数，π 值很有用，你可以随时通过在 IPython shell 中键入 math.pi 来调用此值。

尝试一下！ 求 4 的平方根。

```
In [7]: math.sqrt(4)
Out[7]: 2.0
```

尝试一下！ 计算 $\sin\left(\dfrac{\pi}{2}\right)$。

```
In [8]: math.sin(math.pi/2)
Out[8]: 1.0
```

Python 按预期顺序处理函数，首先执行最里面的函数。对于由算术运算组成的函数调用，也是如此。

尝试一下！ 计算 $e^{\log 10}$。

```
In [9]: math.exp(math.log(10))
Out[9]: 10.000000000000002
```

请注意，Python 中的 log 函数是 $\log_e$ 或自然对数，不是 $\log_{10}$。要使用 $\log_{10}$，请使用 math.log10 函数。

提示！ 可以看到，上面的结果应该是 10，但是在 Python 中，它显示为 10.000000000000002。这是由于 Python 中的数字近似，这一内容将在第 9 章进行讨论。

尝试一下！ 计算 $e^{\frac{3}{4}}$。

```
In [10]: math.exp(3/4)
Out[10]: 2.117000016612675
```

提示！ 在命令提示符中使用向上箭头可以重新调用以前执行的命令。如果你不小心键入了错误的命令，则可以使用向上箭头来重新调用它，然后对其进行编辑，而不必重新键入整行。

通常，在 Python 中使用函数时，可能需要特定于函数上下文的帮助。在 IPython 或 Jupyter Notebook 中，可以通过键入 function? 获得所有关于函数的描述，问号是寻求帮助的快捷方式。如果你遇到自己不熟悉的函数，那么在询问指导老师特定函数的功能前，使用问号获得帮助是很好的做法。

尝试一下！ 使用问号获取阶乘函数的定义。

```
In [11]: math.factorial?

Signature: math.factorial(x, /)
Docstring:
Find x!.
Raise a ValueError if x is negative or non-integral.
Type: builtin_function_or_method
```

当表达式 1/0（结果为无穷大）出现时，Python 将提示 ZeroDivisionError。

尝试一下！ 1/0。

```
In [12]: 1/0

---------------------------------------------------------------------------
ZeroDivisionError                         Traceback (most recent call last)
<ipython-input-12-9e1622b385b6> in <module>()
----> 1 1/0

ZeroDivisionError: division by zero
```

你可以在命令提示符中键入 `math.inf` 来表示无穷大，或键入 `math.nan` 来表示希望作为数值处理的非数值数据。如果这令人困惑，那现在可以跳过这一区别，稍后将对其进行详细解释。最后，Python 也可以处理虚数。

尝试一下！键入 $1/\infty$ 和 $\infty*2$ 来验证 Python 会如你所预期那样处理无穷大。

```
In [13]: 1/math.inf
Out[13]: 0.0

In [14]: math.inf * 2
Out[14]: inf
```

尝试一下！计算 ∞/∞。

```
In [15]: math.inf/math.inf
Out[15]: nan
```

尝试一下！计算 2+5i。

```
In [16]: 2 + 5j
Out[16]: (2+5j)
```

请注意，在 Python 中，虚部用 j 而不是 i 表示。

在 Python 中表示复数的另一种方法是使用复数函数。

```
In [17]: complex(2,5)
Out[17]: (2+5j)
```

Python 也可以通过在两个数字之间使用字母 e 处理科学计数法。例如，1e6 = 1 000 000 和 1e−3 = 0.001。

尝试一下！用科学计数法计算 3 年有多少秒。

```
In [18]: 3e0*3.65e2*2.4e1*3.6e3
Out[18]: 94608000.0
```

提示！每次键入 `math` 模块中的函数时，总是以 `math.function_name` 的形式键入。其实，有一种更简单的方法。例如，如果想使用 `math` 模块中的 `sin` 和 `log` 函数，则可以按以下方式导入它们：`from math import sin, log`。对 import 语句做了这个修改后，在使用这些函数时可以直接使用它们，如 `sin(20)` 或 `log(10)`。

前面的示例演示了将 Python 作为计算器时，如何使用它来处理不同的数据值。在 Python 中，数值还需要其他数据类型，`int`、`float` 和 `complex` 是与这些值相关的类型。

- `int`：整数，例如 1、2、3……
- `float`：浮点数，例如 3.2、6.4……
- `complex`：复数，例如 2 + 5j、3 + 2j……

可以使用函数 `type` 检查不同值的数据类型。

尝试一下！输出 1234 的数据类型。

```
In [19]: type(1234)
Out[19]: int
```

尝试一下！输出 3.14 的数据类型。

```
In [20]: type(3.14)
Out[20]: float
```

尝试一下！输出 2+5j 的数据类型。

```
In [21]: type(2 + 5j)
Out[21]: complex
```

当然，还有其他数据类型，例如布尔值、字符串等。这些将在第 2 章中介绍。

本节演示了如何通过在 IPython shell 中运行命令来将 Python 用作计算器。在继续进行更复杂的编码之前，让我们继续学习有关包管理的更多知识，即如何安装包、升级包和删除包。

1.3 包管理

使 Python 变得格外出色的一个特性是用户社区开发的各种**包 / 模块**。大多数时候，当你想应用某些函数或算法时，会发现已经存在多个可用的包，你需要做的就是安装包并在代码中使用它们。为了充分利用 Python，我们需要学习的最重要的技能之一就是包管理。本节将向你展示如何在 Python 中管理包。

1.3.1 使用包管理器管理包

在本书的开头，我们通过输入 `pip install package_name` 命令，使用 **pip** 工具安装了一些包。这是当前安装 Python 包的最常见、最简单的方法。pip 是一个包管理器，它可以自动执行安装、升级和删除包的过程，可以安装发布在 Python Package Index（PyPI⊖）上的包。如果你安装的是 Miniconda，pip 也是可用的。

使用 `pip help` 命令获得有关不同命令的帮助信息，如图 1.12 所示。最常用的命令通常包括安装、升级和卸载包。

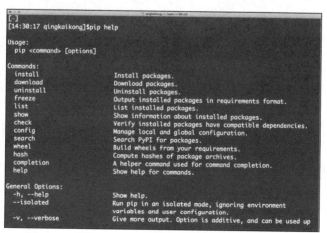

图 1.12　执行 `pip help` 命令后显示的 pip 帮助文档

⊖　https://pypi.org/。

安装包

要安装最新版本的软件包，请执行以下操作：

```
pip install package_name
```

要安装特定版本的软件包，例如，安装 1.5 版本的软件包，请执行：

```
pip install package_name==1.5
```

pip 在安装包时，也会安装其他依赖包以供使用。

升级包

将已安装的包升级到 **PyPI** 中发布的最新版本：

```
pip install --upgrade package_name
```

或者：

```
pip install -U package_name
```

卸载包

```
pip uninstall package_name
```

其他有用的命令

还有其他一些可提供有关已安装包信息的命令。如图 1.13 所示，如果要获取所有已安装包的列表，可以使用以下命令：

```
pip list
```

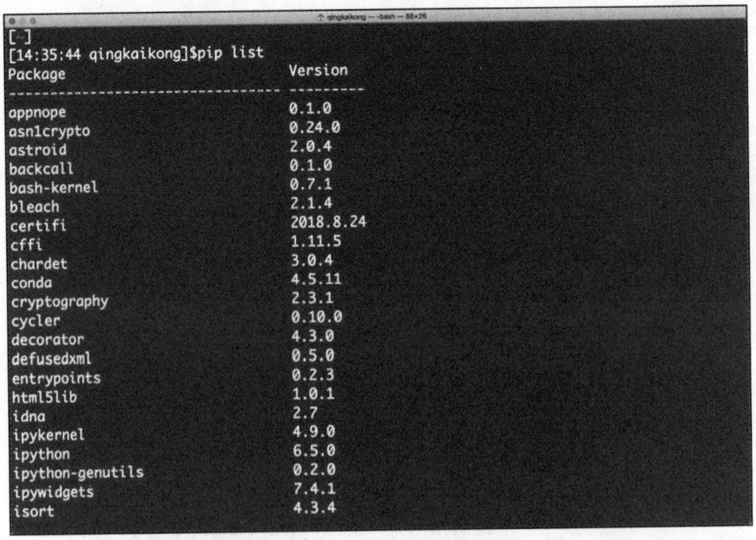

图 1.13　使用 pip list 显示计算机上安装的所有包

如果你想了解有关已安装包的更多信息，例如包所在的位置、包所需的其他依赖包等，则可以使用以下命令，运行示例如图 1.14 所示：

```
pip show package_name
```

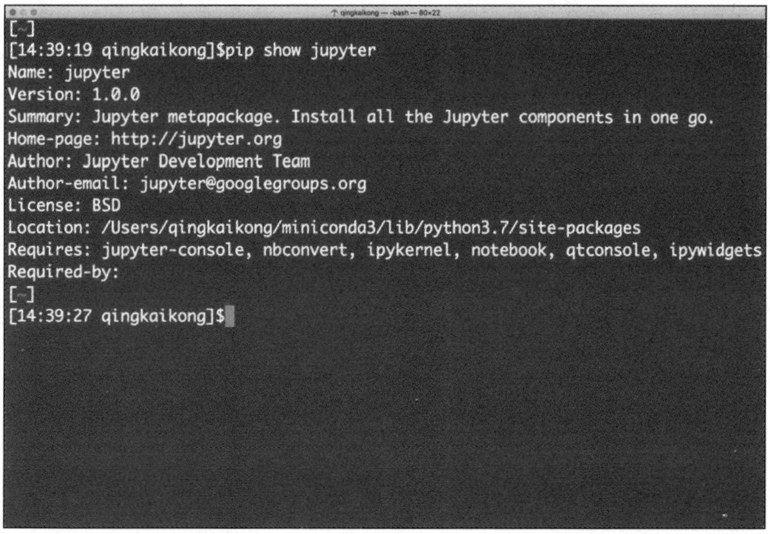

图 1.14　使用 pip show 获取有关已安装包的详细信息

还存在其他包管理器，例如 conda（包含在 Anaconda 发行版中，功能类似于 pip），这里不再赘述，你可以通过阅读文档⊖来找到更多信息。

1.3.2　从源代码中安装包

有时，为了完成一些项目，你将需要下载不包含在 PyPI 中的源文件。在这种情况下，你需要以其他方式安装包。在标准安装过程中，将下载的文件解压缩后，通常可以看到所得文件夹包含一个安装脚本 setup.py 和一个名为 README 的文件，该文件记录了如何构建和安装模块。在大多数情况下，你只需要从终端运行一个命令即可安装软件包：

```
python setup.py install
```

请注意，Windows 用户需要在命令提示符窗口中运行以下命令：

```
setup.py install
```

现在，你知道了如何在 Python 中管理包，这是正确使用 Python 路上的一大步。在下一节中，我们将重点讨论 Jupyter Notebook，本书其余部分都将使用此工具。

1.4　Jupyter Notebook 简介

你已经可以使用 IPython shell 逐行运行代码。此时如果代码有更多行，你希望逐块运行代码，并能轻松与他人共享代码，该怎么办？在这种情况下，IPython shell 并不是一个好的选择。本节将向你介绍另一个选择，即 Jupyter Notebook，本书的其余部分都将使用该工具。以下是 Jupyter Notebook 网站⊜上的一段内容：

⊖　https://conda.io/docs/user- guide/getting- started.html。

⊜　http://jupyter.org/。

Jupyter Notebook 是一个开源 Web 应用程序，支持用户创建和共享包含实时代码、方程式、可视化效果和叙述文本的文档。用途包括：数据清理和转换，数值模拟，统计建模，数据可视化，机器学习等。

你需要使用浏览器运行 Jupyter Notebook，Jupyter Notebook 可以作为本地服务器在计算机本地运行，也可以在服务器上远程运行。之所以称为笔记本，是因为它可以包含实时代码、富文本元素，如公式、链接、图像、表格等。因此，Jupyter Notebook 是一个非常好的笔记本，实现了在一个文档中描述自己的想法和实时代码。这也使得 Jupyter Notebook 成为一种测试想法以及撰写博客、论文甚至书籍的流行方式。实际上，本书完全是在 Jupyter Notebook 中编写的，之后又转换为 LaTeX。尽管 Jupyter Notebook 具有许多其他优点，但现在的目的是入门，因此我们只在这里介绍基础知识。

1.4.1　启动 Jupyter Notebook

如前所述，我们可以在终端的目标文件夹中键入以下命令（对于 Windows 用户，在 Anaconda 提示符下键入此命令）来启动 Jupyter Notebook：

```
jupyter notebook
```

Jupyter Notebook 面板将出现在浏览器中，如图 1.15 所示。默认地址为 http://localhost: 8888，位于本地主机的端口 8888 上，如图 1.15 所示（如果 8888 端口被其他的 Jupyter Notebook 占用，则它将自动使用另一个端口）。实际上这是在创建可在浏览器中运行的本地服务器。导航到浏览器时，你将看到一个面板。在此面板中，你将看到一些用箭头标记的重要功能。要创建一个新的 Python 笔记本，请单击"New"按钮，然后选择"Python 3"，它通常称为 Python 内核。你也可以使用 Jupyter 来运行其他内核。例如，在图 1.15 中，你可以将 Bash 和 Julia 内核作为笔记本运行，但前提是你需要先安装它们。由于我们要使用 Python 内核，因此这里选择 Python 3。

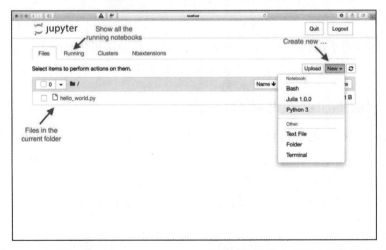

图 1.15　启动服务器后的 Jupyter Notebook 面板。箭头指向面板中最常用的功能

1.4.2　笔记本

图 1.16 中展示了一个新创建的 Python 笔记本，其工具栏和菜单是一目了然的。如果将光标悬停在工具栏上，它将向你显示所停位置处工具的功能。当你按下菜单时，它将显示下拉列表。你需要知道以下有关 Jupyter Notebook 的重要信息：你可以在单元格中编写代码或文本；如果运行此单元格，则它仅执行此单元格内的代码。两种重要的单元格类型是代码单元格和标记单元格：代码单元格是键入代码以及运行代码的地方，标记单元格是输入富文本格式描述的地方（示例请参见图 1.16）。搜索"Markdown cheatsheet"以快速开始使用标记。要在笔记本中运行代码或渲染标记，只需按 Shift + Enter。

你可以在笔记本中向上或向下移动单元格，也可以插入或删除单元格等。Jupyter Notebook 还提供了许多其他不错的功能，我们鼓励你访问在线教程，以扩展相关知识。

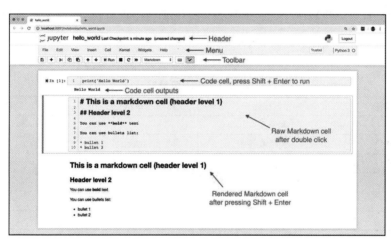

图 1.16　笔记本的快速视图。页眉处显示了笔记本的名称。菜单具有各种下拉列表，可访问笔记本的所有功能。工具栏提供了一些常用功能的快捷方式

1.4.3　如何关闭笔记本

当你关闭浏览器中的笔记本选项卡时，笔记本实际上并未关闭，它仍在后台运行。要完全关闭笔记本，请转到面板，然后选中笔记本前的复选框。上方工具栏中有一个关闭选项，这才是完全关闭笔记本的正确方法。

1.4.4　关闭 Jupyter Notebook 服务器

关闭浏览器选项卡不会关闭笔记本服务器，因为它仍在运行，你可以在浏览器中重新打开之前的地址。要完全关闭它，我们需要关闭用于启动笔记本的相关终端。

既然你已经具备启动和运行 Jupyter Notebook 的基本知识，那么就可以继续学习 Python。

1.5 逻辑表达式和运算符

逻辑表达式是为真或假的语句。例如，$a < b$ 是一个逻辑表达式。根据给定的 a 和 b 值，该表达式可以为真或为假。请注意，这不同于**数学表达式**，数学表达式表示真理陈述。在前面的示例中，数学表达式 $a < b$ 表示 a 小于 b，并且使得 $a \geq b$ 的 a 和 b 的取值是不允许的。逻辑表达式构成了计算的基础。在本书中，除非另有说明，否则所有语句均假定为逻辑表达式而非数学表达式。

在 Python 的计算中，为真的逻辑表达式将被视为值 True，为假的逻辑表达式将被视为值 False，这是一种称为**布尔值**的新数据类型，具有内置值 True 和 False。在本书中，"True" 等同于 1，"False" 等同于 0。逻辑表达式用于向 Python 提出问题。例如，"3 < 4" 等效于 "3 是否小于 4？"。由于此语句为真，因此 Python 会将其计算为 1；反之，如果我们写 3 > 4，这是错误的，因此 Python 会将其计算为 0。

比较运算符可以比较两个数字值的大小，用于构建逻辑表达式。Python 保留了符号 >、>=、<、<=、!=、==，它们分别表示 "大于" "大于或等于" "小于" "小于或等于" "不等于" 和 "等于"。让我们从一个示例开始，$a = 4$，$b = 2$，参见表 1.1。

表 1.1 比较运算符

运算符	描述	举例	结果
>	大于	a>b	真
>=	大于或等于	a>=b	真
<	小于	a<b	假
<=	小于或等于	a<=b	假
!=	不等于	a!=b	真
==	等于	a==b	假

尝试一下！ 计算逻辑表达式 "5 是否等于 4？" 以及 "2 是否比 3 小？"。

```
In [1]: 5 == 4

Out[1]: False

In [2]: 2 < 3

Out[2]: True
```

如表 1.2 所示，**逻辑运算符**是两个逻辑表达式之间的运算符，为了便于讨论，我们用 P 和 Q 代表两个逻辑表达式。此处将使用的基本逻辑运算符为 "AND" "OR" 和 "NOT"。

表 1.2 逻辑运算符

运算符	描述	举例	结果
AND	大于	P AND Q	如果 P 和 Q 均为真，则为真。否则为假
OR	大于或等于	P OR Q	如果 P 或 Q 为真，则为真。否则为假
NOT	小于	NOT P	如果 P 为假，则为真。如果 P 为真，则为假

逻辑运算符或表达式的**真值表**（如图 1.17 所示）给出 P 和 Q 的每个真值组合的结果。图 1.17 给出了"AND"和"OR"的真值表

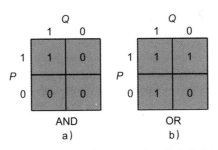

图 1.17 逻辑"与"和"或"的真值表

尝试一下！假设 P 为真，让我们用 Python 来验证不管 Q 是否为真，表达式（P AND NOT（Q））OR（P AND Q）都始终为真。从逻辑上讲，你能理解为什么会这样吗？首先假设 Q 为真：

```
In [3]: (1 and not 1) or (1 and 1)

Out[3]: 1
```

现在假设 Q 为假：

```
In [4]: (1 and not 0) or (1 and 0)

Out[4]: True
```

与算术运算符一样，逻辑运算符自身之间以及它与算术运算符之间都有运算顺序。所有算术运算都比比较运算优先执行，比较运算比逻辑运算优先执行。括号可用于更改运算顺序。

尝试一下！计算 (1+3) > (2+5)。

```
In [5]: 1 + 3 > 2 + 5

Out[5]: False
```

提示！即使运算顺序是已知的，但对你和那些阅读你的代码的人来说，使用括号通常有助于使意图更清楚。如在前面的示例中，（1＋3）＞（2＋5）更清晰。

警告！在 Python 的逻辑实现中，"1"代表"真"，"0"代表"假"。但是由于 1 和 0 仍然是数字，因此 Python 允许（3＞2）＋（5＞4），它将被解析为 2。

```
In [6]: (3 > 2) + (5 > 4)

Out[6]: 2
```

警告！在形式逻辑中 1 表示真，0 表示假。Python 的符号系统与此不同，在逻辑操作中，不为 0 的任何数字都表示真。例如，3 和 1 都被计算为真。但不要利用 Python 的此功能，始终使用 1 表示真。

提示！ 两周是一个由 14 天组成的时间长度。使用逻辑表达式确定两周的时间是否超过 100 000 秒。

```
In [7]: (14*24*60*60) > 100000

Out[7]: True
```

1.6 总结和习题

1.6.1 总结

1. 你现在已经了解了 Python 的基础知识，这将使你能够设置工作环境并试验运行 Python 的方法。

2. Python 可以用作计算器，它具有科学计算器常用的所有功能和算术运算。

3. 你可以使用包管理器来管理 Python 包。

4. 你学习了如何与 Jupyter Notebook 进行交互。

5. 你还可以使用 Python 执行逻辑操作。

6. 你了解了 Python 中的 int、float、complex、string 和 boolean 数据类型。

1.6.2 习题

1. 使用 Python shell 打印"I love Python"。

2. 在".py"文件中键入"I love Python"，然后从命令行运行它。

3. 在 IPython shell 中键入 `import antigravity`，这将带你进入 xkcd，并且看到很棒的 Python。

4. 在名为"exercise"的文件夹中启动新的 Jupyter Notebook 服务器，并创建一个名称为"exercise_1"的 Python 新笔记本。将剩下的问题放在此笔记本中。

5. 计算底边为 10 且高度为 12 的三角形的面积。回想一下，三角形的面积是底边乘以高度的一半。

6. 计算半径为 5 且高度为 3 的圆柱体的表面积和体积。

7. 计算点 (3,4) 和 (5,9) 之间的斜率。回想一下，点 (x_1, y_1) 和点 (x_2, y_2) 之间的斜率是 $\dfrac{y_2 - y_1}{x_2 - x_1}$。

8. 计算点 (3,4) 和 (5,9) 之间的距离。回想一下，二维平面中点与点之间的距离是 $\sqrt{(x_2 - x_1)^2 + (y_2 - y_1)^2}$。

9. 使用 Python 的 `factorial` 函数来计算 6 !。

10. 尽管一年被认为是 365 天，但更准确的数字是 365.24 天。因此，如果我们坚持一年 365 天的标准，那么随着时间的流逝，我们将逐渐失去那部分时间，并且季节和其他天文事件将不会如预期的那样发生。为了使时间表保持正常，闰年是包括额外一天的年份，即 2 月 29 日。闰年通常发生在能被 4 整除的年份，且不能被 100 整除，除非它能被 400 整除。例如，2004 年是闰年，1900 年不是闰年，而 2000 年是闰年。计算 1500 年到 2010 年之间的闰年年数。

11. 一位名叫 Srinivasa Ramanujan 的杰出数学家提出了非常有影响力的 π 的近似值计算。近似值如下：

$$\frac{1}{\pi} \approx \frac{2\sqrt{2}}{9801} \sum_{k=0}^{N} \frac{(4k)!(1103 + 26390k)}{(k!)^4 396^{4k}}$$

使用 *N*=0 和 *N*=1 的 Ramanujan 公式来近似 π。将你的近似值与 Python 的 π 存储值进行比较。规定 0!=1。

12. 双曲正弦或 sinh 以指数定义为 $\sinh(x) = \dfrac{\exp(x) - \exp(-x)}{2}$。使用指数计算 *x*=2 时的 sinh。使用

math 模块中的 Python 函数 sinh 验证结果是否确实为双曲正弦。

13. 当 $x = \pi$、$\pi/2$、$\pi/4$、$\pi/6$ 时，验证 $\sin^2(x) + \cos^2(x) = 1$。

14. 计算 $\sin 87°$。

15. 编写一条 Python 语句，生成以下错误："AttributeError: module 'math' has no attribute 'sni'." 提示：sni 是函数 sin 拼写错误的结果。

16. 编写一条 Python 语句，生成以下错误："TypeError: sin() takes exactly one argument (0 given)." 提示：输入参数是指一个函数（任何函数）的输入。例如，$\sin(\pi/2)$ 中的输入为 $\pi/2$。

17. 如果 P 是一个逻辑表达式，则不矛盾律表明 P AND（NOT P）始终为假。当 P 为真和 P 为假时分别进行验证。

18. 设 P 和 Q 为逻辑表达式。De Morgan 定律指出，NOT (P OR Q) = (NOT P) AND (NOT Q) and NOT (P AND Q) = (NOT P) OR (NOT Q)。为每个语句生成真值表，以证明 De Morgan 定律始终是正确的。

19. 在什么条件下对于 P 和 Q，(P AND Q) OR (P AND (NOT Q)) 为假？

20. 仅使用"与"和"非"为"或"构造等效的逻辑表达式。

21. 仅使用"或"和"非"为"与"构造等效的逻辑表达式。

22. 逻辑运算符 XOR 具有以下真值表（见图 1.18）。仅使用"与""或"和"非"构造 XOR 的等效逻辑表达式，使其具有相同的真值表。

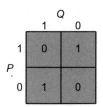

图 1.18 逻辑 XOR 的真值表

23. 在 Python 命令提示符处执行以下计算：

$$e^2 \sin \pi/6 + \log_e(3) \cos \pi/9 - 5^3$$

24. 在 Python 命令提示符处执行以下逻辑和比较运算，你可以假定 P 和 Q 是逻辑表达式。对于 $P = 1$ 和 $Q = 1$，计算 NOT(P) AND NOT(Q)。对于 $a = 10$ 和 $b = 25$，计算 (a < b) AND (a = b)。

变量和基本数据结构

2.1 变量和赋值

进行编程时，能够将信息存储在变量中是很有用的。**变量**是与一条信息关联的一串字符和数字。在 Python 中，用"="符号表示的**赋值运算符**用于为变量赋值。下方代码中的 x=1 取已知值 1，并将该值赋给名为"x"的变量。执行此行代码后，数值 1 就被存储到了 x 变量中。在更改变量值或删除变量之前，字符 x 始终代表 1。

```
In [1]: x = 1
        x

Out[1]: 1
```

尝试一下！ 将值 2 赋给变量 y。将 y 乘以 3，其结果为 6，表明 y 的值为 2。

```
In [2]: y = 2
        y

Out[2]: 2

In [3]: y*3

Out[3]: 6
```

变量就像一个"容器"，用于将数据存储在计算机的内存中。变量的名称告诉计算机在内存中的哪个位置可以找到该数据值。现在，知道笔记本具有自己的内存空间，以及可以将所有变量存储在笔记本中就足够了。作为前面示例的结果，你将可以在内存中看到变量 x 和 y。你可以使用魔术命令 % whos 查看笔记本中存储的所有变量的列表（魔术命令是 IPython 内核托管的一组专用命令，需要使用前缀 % 来指定命令）。

尝试一下！ 列出此笔记本中的所有变量。

```
In [4]: %whos

Variable    Type    Data/Info
-----------------------------
x           int     1
y           int     2
```

注意编程中的等号与数学中的等号不同。在数学中，语句 $x = 2$ 声明了给定框架内的普遍真理，即 x 为 2。在编程中，语句 x=2 表示将一个已知值与一个变量名相关联，即把 2 存储在变量 x 中。虽然在数学上说 $1 = x$ 是完全正确的，但是 Python 中的赋值总是向左进行，这意味着等号右边的值会赋给等号左边的变量，因此在 Python 中，1=x 将生成错误。相对于数学运算符、逻辑运算符和比较运算符，赋值运算符的运算顺序始终排在最后。

尝试一下！对于数学表达式 $x = x + 1$，x 取任何值均无解。而在编程中，如果将 x 的值初始化为 1，则该语句的意义是"将 x 和 1 相加，得到 2，然后将 2 赋值给变量 x"。请注意，此操作将覆盖先前存储在 x 中的值。

```
In [5]: x = x + 1
        x
```

```
Out[5]: 2
```

在变量的命名方面，存在一些限制。变量只能包含字母数字字符（字母和数字）以及下划线，但是变量名的第一个字符必须是字母或下划线。变量名中不允许使用空格，并且变量名区分大小写（例如，x 和 X 被视为不同的变量）。

提示！与纯数学不同，编程中的变量几乎总是表示**有形的东西**，它可以是空间中某两个点之间的距离，也可以是种群中兔子的数量。因此，随着代码变得越来越复杂，使变量名称与它们表示的内容相关联变得非常重要。例如，变量 dist 能比 x 更好地表示空间中某两个点之间的距离，而 n_rabbits 能比 y 更好地表示种群中兔子的数量。

注意，当一个变量被赋值时，没有关于它是如何被赋值的记忆。也就是说，如果变量 y 的值是由其他变量（如 x）参与构成的，则重新指定 x 的值不会改变 y 的值。

示例：执行以下代码行后，y 的值是多少？

```
In [7]: x = 1
        y = x + 1
        x = 2
        y
```

```
Out[7]: 2
```

警告！你可以重写已存储在 Python 模块中的变量或函数。例如，命令 help = 2 会将值 2 存储在名称为 help 的变量中。在此赋值之后，help 就代表值 2，而不是已有的函数 help。因此，应始终注意不要给变量指定与内置函数或值相同的名称。

提示！既然你已经知道如何为变量赋值，那么记住**永远**不要留下未赋值的命令，这一点是很重要的。**未赋值命令**是具有结果的操作，但该结果未赋值给变量。例如，永远不要使用 2+2，而应该将它赋给某个变量，如 x=2+2，这样就可以"保留"以前命令的结果，并使你与 Python 的交互不那么混乱。

使用 del 函数可以从笔记本中清除变量。键入 del x 将清除工作区中的变量 x。如果要删除笔记本中的所有变量，那么可以使用魔术命令 % reset。

在数学中，变量通常与未知数相关联；而在编程中，变量与某个类型的值相关联。可以将许多数据类型的值赋值给变量。**数据类型**是存储在变量中的信息类型的分类。在本书中，你将使用的基本数据类型为布尔型（boolean）、整型（int）、浮点型（float）、字符串（string）、列表（list）、元组（tuple）、字典（dictionary）和集合（set）。接下来的几节将对这些数据类型进行正式描述。

2.2   数据结构——字符串

我们介绍了不同的数据类型，例如整型（int）、浮点型（float）和布尔型（boolean），这些数据类型都与单个值有关。本章的其余部分将介绍更多数据类型，以便存储多个值。与这些新类型相关的数据结构是字符串（string）、列表（list）、元组（tuple）、集合（set）和字典（dictionary）。我们从字符串开始介绍。

字符串是字符序列，例如我们在第 1 章中看到的 "Hello World"，字符串要用单引号或双引号引起来。我们可以使用 print 函数将字符串打印到屏幕上。

尝试一下！把字符串"I love Python！"打印到屏幕上。

```
In [1]: print("I love Python!")
```

尝试一下！将字符"S"赋给名为 s 的变量，将字符串"Hello World"赋给变量 w。使用 type 函数验证 s 和 w 具有字符串类型。

```
In [2]: s = "S"
        w = "Hello World"

In [3]: type(s)

Out[3]: str

In [4]: type(w)

Out[4]: str
```

注意！字符串"Hello"和"World"之间的空格" "也是 str 类型。任何符号都可以是字符，即使是那些为运算符保留的符号。请注意，同为 str 类型的数据，它们执行的功能却不同。尽管它们看起来相同，但是 Python 对它们的解释却完全不同。

尝试一下！创建一个空字符串，验证空字符串是否为 str 类型。

```
In [5]: s = " "
        type(s)

Out[5]: str
```

因为字符串是一个字符数组，所以它用长度来表示字符串的大小。例如，我们可以使用内置函数 len 检查字符串的大小。

```
In [6]: len(w)
```

```
Out[6]: 11
```

字符串也有索引，使我们能够找到每个字符的位置，如图 2.1 所示。位置的索引从 0 开始。

字符	H	e	l	l	o		W	o	r	l	d
索引	0	1	2	3	4	5	6	7	8	9	10

图 2.1　Hello World 示例的字符串索引

我们可以通过使用括号和位置索引来访问字符。例如，如果要访问字符 "W"，则键入以下内容：

```
In [7]: w[6]
```

```
Out[7]: "W"
```

我们还可以使用字符串切片来选择序列。例如，如果要访问字符串 "World"，则键入以下命令：

```
In [8]: w[6:11]
```

```
Out[8]: "World"
```

[6:11] 表示开始位置是索引 6，结束位置是索引 10。在 Python 字符串切片范围内，不包含上边界指示的元素，这意味着 [6:11] 将对索引 6 到索引 10 之间的字符进行 "切片"。在 Python 中切片的语法为 [start:end:step]，其中第三个参数 step 是可选的，如果省略 step 参数，则默认值将设置为 1。

如果要截取到字符串的末尾，则可以省略结束位置。例如，以下命令与上面命令的结果相同：

```
In [9]: w[6:]
```

```
Out[9]: "World"
```

尝试一下！ 从字符串 w 中检索单词 "Hello"。

```
In [10]: w[:5]
```

```
Out[10]: "Hello"
```

对字符串进行切片时，也可以使用负索引，这表示从字符串末尾开始计数。例如，-1 表示最后一个字符，-2 表示倒数第二个字符，依此类推。

尝试一下！ 从 "World" 一词中切分 "Wor"。

```
In [11]: w[6:-2]
```

```
Out[11]: "Wor"
```

尝试一下! 检索变量 w 中的所有其他字符。

```
In [12]: w[::2]

Out[12]: "HloWrd"
```

字符串不能用于数学运算。

尝试一下! 使用字符 + 将两个数字相加。验证其作用与加法运算符 + 不同。

```
In [13]: 1 "+" 2


        File "<ipython-input-13-46b54f731e00>", line 1
    1 "+" 2
          ^
   SyntaxError: invalid syntax
```

警告! 数字也可以表示为 str 型数据。例如,x='123' 表示 x 是字符串 123 而不是数字 123。但是,字符串表示单词或文本,因此不应在它们上面定义加法。

提示! 你有时可能需要使用单引号作为字符串数据,但这样做会出问题,因为单引号是用来表示字符串的。幸运的是,按以下方式可以在字符串中使用单引号:反斜杠字符 (\) 用于告诉 Python 单引号是字符串的一部分,并不表示字符串。反斜杠字符用作转义字符 (具有特殊含义),可以让换行符、反斜杠字符本身或引号字符失去本来的意义,获得特殊含义。如果单引号或双引号是字符串本身的一部分,那么在 Python 中,有一种简单的方法可以对引号转义,即将字符串放在双引号或单引号中,如下例所示。

```
In [14]: "don't"

Out[14]: "don't"
```

一个字符串可以连接到另一个字符串。例如:

```
In [15]: str_a = "I love Python! "
         str_b = "You too!"
         print(str_a + str_b)

I love Python! You too!
```

我们也可以使用内置函数 str 将其他数据类型的数据转换为字符串,这个功能很有用。例如,有一个变量 x,它已将 1 存储为整数类型,如果我们想直接将其作为字符串打印出来,则会收到一条错误消息,提示无法将字符串与整数连接起来。

```
In [16]: x = 1
         print("x = " + x)


-------------------------------------------------------------

TypeError                      Traceback (most recent call last)
```

```
<ipython-input-16-3e562ba0dd83> in <module>()
    1 x = 1
----> 2 print("x = " + x)


TypeError: can only concatenate str (not "int") to str
```

正确的方法是先将整数转换为字符串，然后将其打印出来。

尝试一下！ 在屏幕上打印 x = 1。

```
In [17]: print("x = " + str(x))

x = 1


In [18]: type(str(x))

Out[18]: str
```

在 Python 中，字符串是一个对象，有很多方法可操作它（这就是所谓的面向对象编程，将在后面讨论）。要访问这些不同的方法，请使用模式 string.method_name。

尝试一下！ 将变量 w 存储的字符串转成大写。

```
In [19]: w.upper()

Out[19]: "HELLO WORLD"
```

尝试一下！ 计算变量 w 中字母 "l" 的出现次数。

```
In [20]: w.count("l")

Out[20]: 3
```

尝试一下！ 将变量 w 中的 "World" 替换为 "Berkeley"。

```
In [21]: w.replace("World", "Berkeley")

Out[21]: "Hello Berkeley"
```

有多种方法可以对字符串进行预格式化，这里我们介绍两种方法。例如，有两个变量 name 和 country，我们想用一个句子将它们都打印出来，但是不想使用之前用过的字符串连接方式，因为它会在字符串中使用许多 + 符号，此时可以执行以下操作：

```
In [22]: name = "UC Berkeley"
         country = "USA"

         print("%s is a great school in %s!"%(name, country))

UC Berkeley is a great school in USA!
```

发生了什么？ 在上面的示例中，双引号中的 % s 告诉 Python 我们要在这两个位置插入一些字符串（在这种情况下，s 代表字符串），% 后面的 name 和 country 是两个位置应插入的字符串。

新的！只有在 Python 3.6 及更高版本中才引入了另一种格式化方法，称为 f-string，即格式化字符串。你可以使用以下代码轻松设置字符串格式：

```
In [23]: print(f"{name} is a great school in {country}.")

UC Berkeley is a great school in USA.
```

你甚至无须像以前那样进行数据类型转换，就能打印出一个数值表达式。

尝试一下！使用 f-string 直接打印出 3 * 4 的结果。
```
In [24]: print(f"{3*4}")

12
```

至此，我们已经了解了字符串数据结构，这是我们学的第一个序列数据结构。接下来我们将学习更多。

2.3 数据结构——列表

在上一节中，我们了解到"字符串"可以包含一系列字符。本节，我们介绍 Python 中的一种更通用的序列数据结构——**列表**。定义列表的方法是使用一对方括号 [ ]，其中的元素用逗号分隔。列表可以存储任何类型的数据：数字、字符串或其他类型。例如：

```
In [1]: list_1 = [1, 2, 3]
        list_1

Out[1]: [1, 2, 3]

In [2]: list_2 = ["Hello", "World"]
        list_2

Out[2]: ["Hello", "World"]
```

我们也可以在列表中添加混合类型的数据：

```
In [3]: list_3 = [1, 2, 3, "Apple", "orange"]
        list_3

Out[3]: [1, 2, 3, "Apple", "orange"]
```

我们还可以嵌套列表，例如：

```
In [4]: list_4 = [list_1, list_2]
        list_4

Out[4]: [[1, 2, 3], ["Hello", "World"]]
```

检索列表中元素的方法与检索字符串中字符的方法非常相似，参见图 2.2 中的列表索引。

列表	1	2	3	Apple	Orange
索引	0	1	2	3	4

图 2.2　列表索引示例

尝试一下！获取 list_3 中的第三个元素。

In [5]: list_3[2]

Out[5]: 3

尝试一下！获取 list_3 中的前三个元素。

In [6]: list_3[:3]

Out[6]: [1, 2, 3]

尝试一下！获取 list_3 中的最后一个元素。

In [7]: list_3[-1]

Out[7]: "orange"

尝试一下！从 list_4 中获取第一个列表。

In [8]: list_4[0]

Out[8]: [1, 2, 3]

同样，我们可以使用 len 函数获得列表的长度。

In [9]: len(list_3)

Out[9]: 5

我们还可以使用 + 符号来连接两个列表。

尝试一下！将 list_1 和 list_2 添加到一个列表中。

In [10]: list_1 + list_2
Out[10]: [1, 2, 3, "Hello", "World"]

可以使用列表提供的 append 函数将新元素添加到现有列表中。

In [11]: list_1.append(4)
        list_1

Out[11]: [1, 2, 3, 4]

　　注意！append 函数对调用它的列表本身进行操作，如上例所示，4 被添加到列表 list_1 中。但在 list_1+list_2 示例中，list_1 和 list_2 本身不会更改，你可以检查 list_2 中的元素来验证这一点。

我们还可以使用 insert 和 remove 函数从列表中插入或删除元素，但它们也是直接作用于列表本身的。

```
In [12]: list_1.insert(2,"center")
         list_1

Out[12]: [1, 2, "center", 3, 4]
```

  注意！ 使用 remove 函数只会删除列表中与指定元素匹配的第一个元素（请阅读该方法的文档）。还有另一种方法可以通过使用元素索引来删除元素——del 函数。

```
In [13]: del list_1[2]
         list_1

Out[13]: [1, 2, 3, 4]
```

  我们还可以先定义一个空列表，然后使用 append 函数添加新元素。在 Python 中，当循环遍历一个元素序列时，经常使用这个函数，我们将在第 5 章中了解更多有关此方法的信息。

  尝试一下！ 定义一个空列表，并向列表中添加值 5 和 6。

```
In [14]: list_5 = []
         list_5.append(5)
         list_5

Out[14]: [5]

In [15]: list_5.append(6)
         list_5

Out[15]: [5, 6]
```

  我们还可以使用 in 运算符快速检查元素是否在列表中。

  尝试一下！ 检查数字 5 是否在 list_5 中。

```
In [16]: 5 in list_5

Out[16]: True
```

  使用 list 函数，我们可以将其他元素序列转换为列表。

  尝试一下！ 将字符串 "HelloWorld" 转换为字符列表。

```
In [17]: list("Hello World")

Out[17]: ["H", "e", "l", "l", "o", " ", "W", "o", "r", "l", "d"]
```

  在 Python 中，处理数据时经常使用列表，后面将讨论许多不同的应用。

2.4 数据结构——元组

  本节我们学习 Python 中另一种不同的序列数据结构——**元组**，通常用一对圆括号

（ ）来定义元组，元组中的元素用逗号分隔。例如：

```
In [1]: tuple_1 = (1, 2, 3, 2)
        tuple_1

Out[1]: (1, 2, 3, 2)
```

与字符串和列表一样，有一种方法可以为元组建立索引，对元素进行切片，甚至某些函数与我们之前看到的函数非常相似。

尝试一下！ 获取 `tuple_1` 的长度。

```
In [2]: len(tuple_1)

Out[2]: 4
```

尝试一下！ 获取 `tuple_1` 中从索引 1 到索引 3 之间的元素。

```
In [3]: tuple_1[1:4]

Out[3]: (2, 3, 2)
```

尝试一下！ 计算 `tuple_1` 中数字 2 的出现次数。

```
In [4]: tuple_1.count(2)

Out[4]: 2
```

你可能会问，列表和元组有什么区别？如果它们彼此相似，为什么还需要另一个序列数据结构？

元组的创建是有原因的。下面这段话来自 Python 文档[⊖]：

尽管元组看起来类似于列表，但它们通常用于不同的情况和达成不同的目的。元组是**不可变的**，通常包含**异构**元素序列，这些元素可以通过解包（请参阅本节后面的内容）或索引（甚至在命名元组的情况下通过属性）来访问。列表是**可变的**，其中的元素通常是同类的，可以通过遍历列表来访问元素。

不可变是什么意思？这意味着元组中的元素一旦定义就不能更改。相反，列表中的元素可以任意更改。例如：

```
In [5]: list_1 = [1, 2, 3]
        list_1[2] = 1
        list_1

Out[5]: [1, 2, 1]

In [6]: tuple_1[2] = 1
```

⊖ https://docs.python.org/3/tutorial/datastructures.html#tuples-and-sequences。

```
TypeError                 Traceback (most recent call last)

<ipython-input-6-76fb6b169c14> in <module>()
----> 1 tuple_1[2] = 1

TypeError: "tuple" object does not support item assignment
```

　　异构是什么意思？元组通常包含异构元素序列，而列表通常包含同类元素序列。例如，我们有一个包含不同水果的列表。通常，水果的名字可以存储在一个列表中，因为它们是同类的。现在我们想要用一个数据结构来存储每种水果的数量，这通常是使用元组实现的，因为水果的名字和数量是异构的。例如，("apple", 3) 表示有 3 个苹果。

```
In [7]: # a fruit list
        ["apple", "banana", "orange", "pear"]

Out[7]: ["apple", "banana", "orange", "pear"]

In [8]: # a list of (fruit, number) pairs
        [("apple",3), ("banana",4) , ("orange",1), ("pear",4)]

Out[8]: [("apple",3), ("banana",4), ("orange",1), ("pear",4)]
```

　　元组或列表可以通过如下示例中所示的解包操作来访问，该操作要求等号左侧的变量数等于序列中的元素数。

```
In [9]: a, b, c = list_1
        print(a, b, c)

1 2 1
```

　　注意与解包相反的操作是打包，如下例所示。可以看到，我们不用括号也能定义元组，但这不是一种好的做法。

```
In [10]: list_2 = 2, 4, 5
         list_2

Out[10]: (2, 4, 5)
```

2.5　数据结构——集合

　　Python 中的另一种数据类型是**集合**，这是一种可以存储无重复元素的无序集合的类型。集合还支持并集、交集、差集和对称差等数学运算，它是用一对大括号 { } 定义的，它的元素用逗号分隔。

```
In [1]: {3, 3, 2, 3, 1, 4, 5, 6, 4, 2}

Out[1]: {1, 2, 3, 4, 5, 6}
```

　　使用"集合"是一种快速确定字符串、列表或元组中唯一元素的方法。

尝试一下！ 查找列表 [1, 2, 2, 3, 2, 1, 2] 中唯一的元素。

```
In [2]: set_1 = set([1, 2, 2, 3, 2, 1, 2])
        set_1

Out[2]: {1, 2, 3}
```

尝试一下！ 查找元组（2,4,6,5,2）中唯一的元素。

```
In [3]: set_2 = set((2, 4, 6, 5, 2))
        set_2

Out[3]: {2, 4, 5, 6}
```

尝试一下！ 查找字符串 "Banana" 中唯一的字符。

```
In [4]: set("Banana")

Out[4]: {"B", "a", "n"}
```

我们前面提到过，集合支持并集、交集、差集和对称差等数学运算。

尝试一下！ 求 set_1 和 set_2 的并集。

```
In [5]: print(set_1)
        print(set_2)

{1, 2, 3}
{2, 4, 5, 6}


In [6]: set_1.union(set_2)
Out[6]: {1, 2, 3, 4, 5, 6}
```

尝试一下！ 求 set_1 和 set_2 的交集。

```
In [7]: set_1.intersection(set_2)

Out[7]: {2}
```

尝试一下！ set_1 是 {1,2,3,3,4,5} 的子集吗？

```
In [8]: set_1.issubset({1, 2, 3, 3, 4, 5})

Out[8]: True
```

2.6 数据结构——字典

在前面的部分中，我们介绍了几种序列数据结构。本节将介绍一种新的且有用的数据结构——**字典**，它与我们前面介绍的数据结构完全不同。字典不像列表或元组那样使用数字序列来索引元素，而是使用键进行索引，键可以是字符串、数字甚至元组（但不能是列表）。字典由键值对组成，每个键都有一个与之对应的值。字典通过一对大括号

{ }定义，其元素是用逗号分隔的键值对组成的列表（注意，键和值之间用冒号分隔，键在前面，值在后面）。

```
In [1]: dict_1 = {"apple":3, "orange":4, "pear":2}
        dict_1

Out[1]: {"apple": 3, "orange": 4, "pear": 2}
```

在字典中，由于元素是无序存储的，因此无法基于索引数字序列访问字典。要访问字典，我们需要使用元素的键，命令是 `dictionary [key]`。

尝试一下！ 从 `dict_1` 中获取元素 `"apple"`。

```
In [2]: dict_1["apple"]

Out[2]: 3
```

我们可以使用 `keys` 函数获取字典中的所有键，使用 `values` 函数获取所有值。

尝试一下！ 获取 `dict_1` 中的所有键和值。

```
In [3]: dict_1.keys()

Out[3]: dict_keys(["apple", "orange", "pear"])

In [4]: dict_1.values()

Out[4]: dict_values([3, 4, 2])
```

我们还可以使用 `len` 函数获取字典的大小。

```
In [5]: len(dict_1)

Out[5]: 3
```

我们可以先定义一个空字典，再往其中添加元素，也可以将元素为（键，值）对的元组列表转换成字典。

尝试一下！ 定义一个名为 `school_dict` 的空字典，并添加元素 `"UC Berkeley"`: `"USA"`。

```
In [6]: school_dict = {}
        school_dict["UC Berkeley"] = "USA"
        school_dict

Out[6]: {"UC Berkeley": "USA"}
```

尝试一下！ 将另一个元素 `"Oxford"`: `"UK"` 添加到 `school_dict`。

```
In [7]: school_dict["Oxford"] = "UK"
        school_dict

Out[7]: {"UC Berkeley": "USA", "Oxford": "UK"}
```

尝试一下! 将元组列表 [("UC Berkeley", "USA"), ("Oxford","UK")] 转换成字典。

```
In [8]: dict([("UC Berkeley", "USA"), ("Oxford", "UK")])

Out[8]: {"UC Berkeley": "USA", "Oxford": "UK"}
```

我们还可以使用 in 运算符检查字典中是否包含某元素。

尝试一下! 确定 "UC Berkeley" 是否在 school_dict 中。

```
In [9]: "UC Berkeley" in school_dict

Out[9]: True
```

尝试一下! 确定 "Harvard" 是否不在 school_dict 中。

```
In [10]: "Harvard" not in school_dict

Out[10]: True
```

我们还可以使用 list 函数把字典转换成元素为键的列表。例如,

```
In [11]: list(school_dict)

Out[11]: ["UC Berkeley", "Oxford"]
```

2.7 numpy 数组

本书的第二部分使用 Python 介绍一些数值方法。在本书的后面,我们将使用数组 / 矩阵构造大量数值方法,为了做好准备学习这些知识,本节我们使用 numpy 模块[⊖]介绍在 Python 中处理数组的常用方法。numpy 可能是 Python 中最基本的数值计算模块。

numpy 是用 Python 和 C 共同编写的(为了提高速度)。在官方网站上,列出了如下一些 numpy 的重要功能:

- 强大的 N 维数组对象
- 复杂的(广播)功能
- 用于集成 C/C++ 和 Fortran 代码的工具
- 有用的线性代数,傅里叶变换和随机数功能

本节我们只介绍 numpy 数组中与数据结构相关的部分,在后面的章节中,我们会循序渐进地讨论 numpy 的其他方面。

要使用 numpy 模块,需要先导入它。传统的导入方法是使用 np 作为缩写名称。

```
In [1]: import numpy as np
```

警告! 当然,你可以任意命名,但 np 是惯用名称,并且整个社区都接受这点,使用它作为缩写名称是一个好习惯。

⊖ http://www.numpy.org。

在 Python 中，可以使用 `np.array` 函数将列表转换为数组。

尝试一下！ 创建以下数组：

$$x = (1 \quad 4 \quad 3)$$

$$y = \begin{pmatrix} 1 & 4 & 3 \\ 9 & 2 & 7 \end{pmatrix}。$$

```
In [2]: x = np.array([1, 4, 3])
        x

Out[2]: array([1, 4, 3])

In [3]: y = np.array([[1, 4, 3], [9, 2, 7]])
        y

Out[3]: array([[1, 4, 3],
               [9, 2, 7]])
```

注意！ 二维数组可以使用嵌套列表来表示，内部列表表示数组的每一行。

数组的大小或长度通常很有用。调用数组 M 的 `shape` 属性，会返回一个 2×3 的数组，其中第一个元素是 M 的行数，第二个元素是 M 的列数。请注意，`shape` 属性的输出是一个元组。调用数组 M 的 `size` 属性，将返回 M 中的元素总数。

尝试一下！ 获取数组 y 的行大小、列大小和数组大小。

```
In [4]: y.shape

Out[4]: (2, 3)

In [5]: y.size

Out[5]: 6
```

你可能注意到了此示例和之前示例的不同，这里我们只使用了 `y.shape` 而没使用 `y.shape()`，这是因为在这个数组对象中，`shape` 是一个属性而不是一个方法。在后面的章节中，我们会更多地介绍面向对象编程。现在，你只要记住，当我们在对象中调用一个方法时，需要使用括号，调用属性时则不需要。

我们经常需要生成具有一定结构或模式的数组。例如，数组 $z = (1 \ 2 \ 3 \cdots 2000)$，但在 Python 中完整地输入 z 非常麻烦。为了生成有序且均匀分布的数组，numpy 中的 `arange` 函数派上了用场。

尝试一下！ 创建一个元素为从 1 到 2000 的数组 z，增量为 1。

```
In [6]: z = np.arange(1, 2000, 1)
        z

Out[6]: array([   1,    2,    3, ... , 1997, 1998, 1999])
```

使用 np.arange 函数，我们可以很容易地创建 z，函数的前两个参数是元素序列的开始数字和结束数字，第三个参数是增量。由于增量为 1 非常常见，因此如果没有指定增量，Python 将默认使用 1。也就是说，np.arange(1, 2000) 的结果与 np.arange(1, 2000, 1) 的结果相同。也可以使用负增量或非整数增量。如果增量"错过"结束数字，那么它将只扩展到结束数字之前的数字。例如，x=np.arange(1, 8, 2) 的结果应该是 [1, 3, 5, 7]。

尝试一下！生成数组 [0.5, 1, 1.5, 2, 2.5]。

```
In [7]: np.arange(0.5, 3, 0.5)

Out[7]: array([0.5, 1. , 1.5, 2. , 2.5])
```

有时我们想保证数组的开始元素和结束元素，但元素仍然均匀分布。例如，需要一个从 1 开始，以 8 结尾，并且正好有 10 个元素的数组，要生成该数组，应使用函数 np.linspace。函数 linspace 接收三个由逗号分隔的输入值，因此 A=linspace(a, b, n) 将生成包含从 a 开始并以 b 结尾的 n 个等距元素的数组。

尝试一下！使用 linspace 生成一个数组，数组从 3 开始，以 9 结尾，并包含 10 个元素。

```
In [8]: np.linspace(3, 9, 10)

Out[8]: array([3., 3.66666667, 4.33333333, 5., 5.66666667,
        6.33333333, 7., 7.66666667, 8.33333333, 9.])
```

访问一维 numpy 数组的方式与我们之前描述的列表或元组的访问方式类似：有一个指示位置的索引。例如：

```
In [9]: # get the 2nd element of x
        x[1]

Out[9]: 4

In [10]: # get all the element after the 2nd element of x
         x[1:]

Out[10]: array([4, 3])

In [11]: # get the last element of x
         x[-1]

Out[11]: 3
```

对于二维数组，访问方式略有不同，因为有行和列。要访问二维数组 M 中的数据，我们需要使用 M[r, c]，其中行 r 和列 c 用逗号分隔，这被称为"数组索引"。r 和 c 可以是单个数字、列表等。如果只考虑行索引或列索引，则索引方式类似于一维数组。

下面以二维数组 $y = \begin{pmatrix} 1 & 4 & 3 \\ 9 & 2 & 7 \end{pmatrix}$ 为例。

尝试一下！ 获取位于数组 y 第一行、第二列的元素。

```
In [12]: y[0,1]

Out[12]: 4
```

尝试一下！ 获取数组 y 的第一行元素。

```
In [13]: y[0, :]

Out[13]: array([1, 4, 3])
```

尝试一下！ 获取数组 y 的最后一列元素。

```
In [14]: y[:, -1]

Out[14]: array([3, 7])
```

尝试一下！ 获取数组 y 的第一列元素和第三列元素。

```
In [15]: y[:, [0, 2]]

Out[15]: array([[1, 3],
                [9, 7]])
```

有一些非常有用的预定义数组：`np.zeros`、`np.ones` 和 `np.empty` 是三个有用的函数。请参阅以下这些预定义数组的示例。

尝试一下！ 生成一个 3×5 的数组，其中所有元素均为 0。

```
In [16]: np.zeros((3, 5))

Out[16]: array([[0., 0., 0., 0., 0.],
                [0., 0., 0., 0., 0.],
                [0., 0., 0., 0., 0.]])
```

尝试一下！ 生成一个 5×3 的数组，其中所有元素均为 1。

```
In [17]: np.ones((5, 3))

Out[17]: array([[1., 1., 1.],
                [1., 1., 1.],
                [1., 1., 1.],
                [1., 1., 1.],
                [1., 1., 1.]])
```

注意！ 数组的形状定义在一个元组中，数组的行数作为该元组的第一项，列数作为第二项。如果你只需要一个一维数组，那么只使用一个数字作为输入即可：`np.ones(5)`。

尝试一下！ 生成包含 3 个元素的一维空数组。

```
In [18]: np.empty(3)
```

```
Out[18]: array([-3.10503618e+231, -3.10503618e+231,
                -3.10503618e+231])
```

注意！空数组不是真的空，它填充了非常小的随机数。

使用数组索引和赋值运算符可以为数组重新赋值。可以使用左侧的数组索引将多个元素统一重新赋值为一个数字，也可以重新赋值数组的多个元素，只要正在赋值的元素数和已赋值的元素数相同。可以使用数组索引创建数组。

尝试一下！设 a=[1，2，3，4，5，6]。将 a 的第四个元素重新赋值为 7。将第一个、第二个和第三个元素重新赋值为 1。将第二个、第三个和第四个元素重新赋值为 9、8 和 7。

```
In [19]: a = np.arange(1, 7)
         a

Out[19]: array([1, 2, 3, 4, 5, 6])

In [20]: a[3] = 7
         a

Out[20]: array([1, 2, 3, 7, 5, 6])

In [21]: a[:3] = 1
         a

Out[21]: array([1, 1, 1, 7, 5, 6])

In [22]: a[1:4] = [9, 8, 7]
         a

Out[22]: array([1, 9, 8, 7, 5, 6])
```

尝试一下！创建一个 2×2 的零数组 b，并使用数组索引设置 $b = \begin{pmatrix} 1 & 2 \\ 3 & 4 \end{pmatrix}$。

```
In [23]: b = np.zeros((2, 2))
         b[0, 0] = 1
         b[0, 1] = 2
         b[1, 0] = 3
         b[1, 1] = 4
         b

Out[23]: array([[1., 2.],
                [3., 4.]])
```

数组是使用基本算术定义的，但是，标量（单个数字）和数组之间存在运算，两个数组之间也存在运算。我们先介绍标量和数组之间的运算。举例来说，设 c 为标量，b 为矩阵。b+c、b-c、b*c 和 b/c 的意思分别是将 b 的每个元素加上 c，将 b 的每个元素减去 c，将 b 的每个元素乘以 c，将 b 的每个元素除以 c。

尝试一下！ 设 $b = \begin{pmatrix} 1 & 2 \\ 3 & 4 \end{pmatrix}$。将 b 的每个元素减去 2，将 b 的每个元素乘以和除以 2，求 b 中每个元素的平方。设 c 为标量，自行验证标量与数组进行加法和乘法的自反性：b+c=c+b 和 cb=bc。

```
In [24]: b + 2

Out[24]: array([[3., 4.],
                [5., 6.]])

In [25]: b - 2

Out[25]: array([[-1.,  0.],
                [ 1.,  2.]])

In [26]: 2 * b

Out[26]: array([[2., 4.],
                [6., 8.]])

In [27]: b / 2

Out[27]: array([[0.5, 1. ],
                [1.5, 2. ]])

In [28]: b**2

Out[28]: array([[ 1.,  4.],
                [ 9., 16.]])
```

两个数组之间的运算描述起来更为复杂。设 b 和 d 是两个大小相同的数组，b-d 即将 b 的每个元素分别减去 d 中与之对应的元素；类似地，b+d 即将 d 的每个元素分别加到 b 中与之对应的元素上。

尝试一下！ 设 $b = \begin{pmatrix} 1 & 2 \\ 3 & 4 \end{pmatrix}$ 和 $d = \begin{pmatrix} 3 & 4 \\ 5 & 6 \end{pmatrix}$。计算 b+d 和 b-d。

```
In [29]: b = np.array([[1, 2], [3, 4]])
         d = np.array([[3, 4], [5, 6]])

In [30]: b + d

Out[30]: array([[ 4,  6],
                [ 8, 10]])

In [31]: b - d

Out[31]: array([[-2, -2],
                [-2, -2]])
```

矩阵有两种不同的乘（除）法：逐元素矩阵乘（除）法和标准矩阵乘（除）法。本节仅演示逐元素矩阵乘法和除法的工作原理，标准矩阵乘法将在后面的线性代数章节中描述。Python 使用 * 符号表示元素乘以元素。对于相同大小的矩阵 b 和 d，b*d 表示取 b 的每个元素分别乘以 d 中与之对应的元素。对于 / 和 ** 也是如此。

尝试一下！计算 b*d、b/d 和 b**d。

```
In [32]: b * d

Out[32]: array([[ 3,  8],
                [15, 24]])

In [33]: b / d

Out[33]: array([[0.33333333, 0.5       ],
                [0.6       , 0.66666667]])

In [34]: b**d

Out[34]: array([[   1,   16],
                [ 243, 4096]])
```

若 b[i,j]=d[j,i]，则矩阵 b 的转置是矩阵 d。换句话说，转置可转换 b 的行和列。你可以使用数组方法 T 在 Python 中转置数组。

尝试一下！计算数组 b 的转置。

```
In [35]: b.T

Out[35]: array([[1, 3],
                [2, 4]])
```

numpy 包含许多算术函数，如 sin、cos 等，数组可以作为这些函数的输入参数，这些函数的输出是对输入数组的每个元素进行计算所得的结果。将数组作为输入并对其执行函数的功能称为**矢量化**。

尝试一下！计算 x=[1，4，9，16] 的 np.sqrt 结果。

```
In [36]: x = [1, 4, 9, 16]
         np.sqrt(x)

Out[36]: array([1., 2., 3., 4.])
```

逻辑运算只在标量和数组之间以及在两个大小相同的数组之间定义。对于前者，逻辑运算是在标量和数组的每个元素之间进行的；对于后者，逻辑运算是逐元素进行的。

尝试一下！检查数组 x=[1，2，4，5，9，3] 中的哪些元素大于 3。检查 x 中的哪些元素大于 y=[0，2，3，1，2，3] 中的相应元素。

```
In [37]: x = np.array([1, 2, 4, 5, 9, 3])
         y = np.array([0, 2, 3, 1, 2, 3])
```

```
In [38]: x > 3

Out[38]: array([False, False,  True,  True,  True, False])

In [39]: x > y

Out[39]: array([ True, False,  True,  True,  True, False])
```

　　Python 可以索引满足逻辑表达式的数组元素。

尝试一下！设 x 与上一示例中的数组相同。创建一个变量 y，其中包含 x 中严格大于 3 的所有元素。将 x 中大于 3 的所有值赋值为 0。

```
In [40]: y = x[x > 3]
         y

Out[40]: array([4, 5, 9])

In [41]: x[x > 3] = 0
         x

Out[41]: array([1, 2, 0, 0, 0, 3])
```

2.8　总结和习题

2.8.1　总结

1. *存储、检索和处理信息及数据在任何科学和工程领域都很重要。*
2. *变量赋值是处理数据的重要工具。*
3. *在 Python 中可将信息存储为不同的数据类型：整型、浮点型和布尔型用于单个值，字符串、列表、元组、集合和字典用于序列数据。*
4. `numpy` *数组是一个功能强大的数据结构，在科学计算中已大量使用。*

2.8.2　习题

1. 将值 2 赋给变量 x，将值 3 赋给变量 y。只清除变量 x。
2. 编写一行代码，生成以下错误：
　　`NameError: name "x" is not defined`
3. 设 x=10，y=3。写一行代码，完成下列每一项赋值。
```
u = x + y
v = xy
w = x/y
z = sin(x)
r = 8sin(x)
s = 5sin(xy)
p = x**y
```
4. 完成问题 3 后，在 Jupyter Notebook 上显示所有变量。
5. 将字符串 "123" 赋给变量 S。将字符串转换为浮点型并将输出赋给变量 N。使用 type 函数验证 S 是字符串，N 是浮点数。

6. 将字符串"HELLO"赋给变量 s1，将字符串"hello"赋给变量 s2。使用 == 运算符验证它们不相等。对 s1 使用 lower 方法，然后使用 == 运算符验证 s1 和 s2 相等。对 s2 使用 upper 方法，然后使用 == 运算符验证 s1 和 s2 相等。

7. 使用 print 函数生成以下字符串：
- The world "Engineering" has 11 letters.
- The word "Book" has 4 letters.

8. 检查"Python is great!"中是否包含"Python"。

9. 从"Python is great!"中获取最后一个单词"great"。

10. 将列表 [1，8，9，15] 赋值给变量 list_a，并使用 insert 方法在索引 1 处插入 2。使用 append 方法将 4 添加到列表中。

11. 将问题 10 中的 list_a 按升序排序。

12. 将"Python is great!"转成列表。

13. 用元素 "One" 和 1 创建一个元组，并将其赋值给 tuple_a。

14. 获取问题 13 中 tuple_a 的第二个元素。

15. 从 (2，3，2，3，1，2，5) 中获取唯一元素。

16. 将 (2，3，2) 赋给 set_a，将 (1，2，3) 赋给 set_b。获取以下内容：
- set_a 和 set_b 的并集
- set_a 和 set_b 的交集
- 使用 difference 方法求 set_a 与 set_b 的差集

17. 创建一个字典，其中键 A、B、C 的值分别为 a、b、c。打印字典中的所有键。

18. 检查键 B 是否在问题 17 定义的字典中。

19. 创建数组 x 和 y，其中 x=[1，4，3，2，9，4] 和 y=[2，3，4，1，2，3]。计算问题 3 中的赋值。

20. 使用 numpy 中的 linspace 函数生成大小为 100 且在 −10 到 10 之间均匀分布的数组。

21. 设 array_a 为数组 [-1，0，1，2，0，3]。编写一个命令，返回一个数组，该数组由 array_a 中大于零的所有元素组成。提示：使用逻辑表达式作为数组的索引。

22. 创建一个数组 $y = \begin{pmatrix} 3 & 5 & 3 \\ 2 & 2 & 5 \\ 3 & 8 & 9 \end{pmatrix}$ 并计算其转置。

23. 创建一个 2×4 的零数组。

24. 将上面数组中的第二列元素更改为 1。

25. 编写一个魔术命令清除 Jupyter Notebook 中的所有变量。

函　　数

3.1　函数基础

在编程中，**函数**是执行特定任务的指令序列。函数是在调用时可以运行的代码块。函数可以有**输入参数**，这些参数由用户（调用该函数的实体）提供。函数也有**输出参数**，这些参数是函数完成任务后的结果。例如，函数 math.sin 有一个输入参数——以弧度为单位的角度，以及一个输出参数——对输入角度计算 sin 函数的近似值，计算此近似值的指令序列构成了**函数的主体**，此处将对函数的主体进行介绍。

3.1.1　Python 内置函数

我们已经介绍了许多内置的 **Python** 函数，如 type、len 等。此外，我们还介绍了不同软件包中提供的各种函数，如 math.sin、np.array 等。你还记得如何调用和使用这些函数吗？

尝试一下！使用 type 函数验证 len 是内置函数。

```
In [1]: type(len)

Out[1]: builtin_function_or_method
```

尝试一下！使用 type 函数验证 np.linspace 是一个函数。接下来，通过问号弄清楚如何使用该功能。

```
In [2]: import numpy as np

        type(np.linspace)

Out[2]: function

In [3]: np.linspace?
```

3.1.2　定义自己的函数

我们可以定义自己的函数，可以通过多种方式指定函数。定义函数最常见的方法是使用关键字 def，如下所示：

```
def function_name(parameter_1, parameter_2, ...):
    """
    描述性字符串
    """
```

```
# comments about the statements
function_statements

return output_parameters (optional)
```

定义一个 Python 函数需要以下两个组件：

1. **函数头**，以关键字 def 开头，后跟一对括号，括号里面是输入参数，以冒号（:）结尾；

2. **函数体**，它是一个缩进块（通常是四个空格），表示函数的主体。它由三部分组成：

- 描述性字符串，即描述函数的字符串，可由 help 函数或问号访问。三重单引号或三重双引号显示了在哪里放置（或定位）描述性字符串。你可以在引号里写入任何字符串，一行或多行。

- 函数语句，即调用函数时，函数将执行的分步指令。请注意，上方示例中有一行以 # 开头的内容，这是单行注释，不是函数的一部分，无法执行。

- 返回语句，可能包含调用函数后要返回的一些参数。正如稍后更详细讨论的那样，可以返回任何数据类型的数据，甚至是函数。

注意区分形参与输入参数。形参是由函数定义的变量，在调用函数时接收值。输入参数是调用函数时传递给函数的值。例如，如果我们定义一个函数 hello(name)，那么 name 就是一个形参。当我们调用函数并传入一个值 'Qingkai' 时，这个值就是一个输入参数。

由于两者具有非常细微的区别，在本书的其余部分，我们将交替使用形参和输入参数。

提示！当你的代码变得越来越长、越来越复杂时，注释可以帮助你和那些阅读你的代码的人浏览指令，并提供逻辑"路线图"来反映你正在尝试做什么。养成经常注释的习惯可以防止编码错误，有助于你在编写代码时了解代码的走向，并在出错时发现错误。即使它是可选的，也习惯将函数、作者和创建日期的描述放在函数标题下的描述性字符串中（你可以跳过描述性字符串）。我们强烈建议你在自己的代码中进行大量注释。

尝试一下！定义一个名为 my_adder 的函数，它接收三个数并将这三个数相加。

```
In [4]: def my_adder(a, b, c):
            """
            function to sum the 3 numbers
            Input: 3 numbers a, b, c
            Output: the sum of a, b, and c
            author:
            date:
            """

            # this is the summation
            out = a + b + c

            return out
```

警告！如果在定义函数时不缩进代码，则会出现缩进错误。

尝试一下！编写一个会出现缩进错误的代码。

```
In [5]: def my_adder(a, b, c):
        """
        function to sum the 3 numbers
        Input: 3 numbers a, b, c
        Output: the sum of a, b, and c
        author:
        date:
        """

        # this is the summation
        out = a + b + c

        return out


          File "<ipython-input-5-e6a61721f00e>", line 8
        """

        ^
IndentationError: expected an indented block
```

提示！手动输入四个空格是一级缩进。当有嵌套函数或 if 语句时，需要更深层次的缩进，我们将在下一章对此进行讨论。请注意，有时需要缩进或取消缩进代码块。此时可以先选择代码块中的所有行，然后按 Tab 或 Shift+Tab 键来增加或减少缩进级别。

提示！通过为变量和函数起描述性名称、经常写注释和避免多余的代码行，建立良好的编码习惯。

为使对比直观，请看以下函数，它与 my_adder 执行相同的任务，但不是使用最佳习惯构建的。如你所见，要厘清代码的逻辑和作者的意图是极其困难的。

示例：my_adder 的不良表现版。

```
In [6]: def abc(a, s2, d):
            z = a + s2
            z = z + d
            x = z
            return x
```

函数的命名方法类似于变量，只能包含字母、数字、字符和下划线，并且第一个字符必须是字母。

提示！与变量名称的规定一样，函数名应该小写，必要时用下划线分隔单词以提高可读性。

提示！在编写函数时经常保存是一种很好的编程习惯。在实际操作中，许多程序员在每次停止输入时都使用快捷键 Ctrl+s（PC）或 cmd+s（Mac）来保存他们的代码！

尝试一下！ 使用函数 my_adder 计算几个数的和，并验证结果是否正确。尝试调用
my_adder 的 help 函数。

```
In [7]: d = my_adder(1, 2, 3)
        d

Out[7]: 6

In [8]: d = my_adder(4, 5, 6)
        d

Out[8]: 15

In [9]: help(my_adder)

Help on function my_adder in module __main__:

my_adder(a, b, c)
    function to sum the 3 numbers
    Input: 3 numbers a, b, c
    Output: the sum of a, b, and c
    author:
    date:
```

发生了什么？ 首先回想一下赋值运算符是从右向左工作的，这意味着 my_
adder(1,2,3) 在被赋值给 d 之前就已经得到了执行。

1. Python 找到函数 my_adder。

2. my_adder 取第一个输入参数值 1 并将其分配给名称为 a 的变量（输入参数列表
中的第一个变量名称）。

3. my_adder 取第二个输入参数值 2 并将其分配给名称为 b 的变量（输入参数列表
中的第二个变量名称）。

4. my_adder 取第三个输入参数值 3 并将其分配给名称为 c 的变量（输入参数列表
中的第三个变量名称）。

5. my_adder 计算 a、b 和 c 的总和，即 $1+2+3=6$。

6. my_adder 将值 6 赋给变量 out。

7. my_adder 输出包含在输出变量 out 中的值，即 6。

8. my_adder(1,2,3) 等价于值 6，并将这个值赋给变量 d。

Python 为用户提供了很大的自由，可以给变量赋不同数据类型的值。例如，给变
量 x 赋一个字典或一个浮点值都行。在其他编程语言中，情况并非总是如此。在这些程
序中，一开始就必须声明 x 是字典还是浮点型，并且一旦确定它是哪种类型，就无法更
改。这可能是优点，也可能是缺点。例如，假设以输入参数是数值类型（整型或浮点型）
来构建 my_adder；用户可能会不小心将列表或字符串输入 my_adder 中，这是不正确
的。如果你尝试将非数值类型的输入参数输入 my_adder 中，Python 将继续执行该函

数，直到出现问题为止。

尝试一下！ 使用字符串 "1" 作为 my_adder 的输入参数之一；此外，使用列表作为 my_adder 的输入参数之一。

```
In [10]: d = my_adder("1", 2, 3)


        --------------------------------------------------------

        TypeError              Traceback (most recent call last)

        <ipython-input-10-245d0f4254a9> in <module>
----> 1 d = my_adder("1", 2, 3)


        <ipython-input-4-72d064c3ba7a> in my_adder(a, b, c)
          9
         10      # this is the summation
---> 11      out = a + b + c
         12
         13      return out


        TypeError: must be str, not int

In [11]: d = my_adder(1, 2, [2, 3])


        --------------------------------------------------------

        TypeError              Traceback (most recent call last)
    <ipython-input-11-04f0428ffc51> in <module>
----> 1 d = my_adder(1, 2, [2, 3])


    <ipython-input-4-72d064c3ba7a> in my_adder(a, b, c)
          9
         10      # this is the summation
---> 11      out = a + b + c
         12
         13      return out


    TypeError: unsupported operand type(s) for +: "int"
    and "list"
```

提示！ 记得阅读 Python 提供的错误消息，这些消息通常会准确地告诉你问题出在哪里。在本例中，错误消息是 --->11 out=a+b+c，这意味着在第 11 行的 my_adder

中存在错误。出现错误的原因是 **TypeError**，因为 unsupported operand type(s) for +: "int" and "list"，这意味着无法将 int 类型和 list 类型的数据相加。

针对这种错误，你无法控制用户如何指定函数的输入参数，以及它们是否与你希望的输入参数一致。因此，在编写函数时就假设它们将被正确使用，并通过提供注释（详细说明代码）来帮助自己和其他用户正确使用。

在编写函数时，你可以指定函数调用作为其他函数的输入，按照操作顺序，Python 将首先执行最内部的函数调用。你也可以指定数学表达式为函数的输入，在这种情况下，Python 将首先执行数学表达式。

尝试一下！ 使用函数 my_adder 计算 sin(π)、cos(π) 和 tan(π) 的总和。使用数学表达式作为 my_adder 的输入并验证函数是否正确执行操作。

```
In [12]: d=my_adder(np.sin(np.pi), np.cos(np.pi), np.tan(np.pi))
         d

Out[12]: -1.0

In [13]: d = my_adder(5 + 2, 3 * 4, 12 / 6)
         d

Out[13]: 21.0

In [14]: d = (5 + 2) + 3 * 4 + 12 / 6
         d

Out[14]: 21.0
```

Python 函数可以有多个输出参数。调用具有多个输出参数的函数时，可以使用多个变量对结果进行解包，这些变量之间应该用逗号分隔。这种函数本质上将返回一个元组，元组中包含多个输出参数，你可以解压返回的元组。请参见以下示例（请注意，示例函数有多个输出参数）：

示例： 令 a=2 和 b=3，执行函数 my_trig_sum。将第一个输出参数赋给变量 c，将第二个输出参数赋给变量 d，将第三个输出参数赋给变量 e。

```
In [15]: def my_trig_sum(a, b):
             """
             function to demo return multiple
             author
             date
             """
             out1 = np.sin(a) + np.cos(b)
             out2 = np.sin(b) + np.cos(a)
             return out1, out2, [out1, out2]

In [16]: c, d, e = my_trig_sum(2, 3)
         print(f"c ={c}, d={d}, e={e}")
```

```
c =-0.0806950697747637, d=-0.2750268284872752,
e=[-0.0806950697747637, -0.2750268284872752]
```

如果将返回结果赋给一个变量，则将得到一个包含所有输出参数的元组。

尝试一下！ 令 a=2 和 b=3，执行函数 my_trig_sum。验证输出是否为元组。

```
In [17]: c = my_trig_sum(2, 3)
         print(f"c={c}, and the returned type is {type(c)}")

c=(-0.0806950697747637, -0.2750268284872752,
[-0.0806950697747637, -0.2750268284872752]),
and the returned type is <class "tuple">
```

可以定义没有输入参数且无任何返回值的函数。例如：

示例： 没有输入参数和输出参数的函数。

```
In [18]: def print_hello():
             print("Hello")

In [19]: print_hello()

Hello
```

注意即使没有输入参数，当调用函数时，也仍需要包含括号。

输入参数也可以包含默认值。请参阅以下示例：

示例： 分别在有输入值和无输入值的情况下运行以下函数。

```
In [20]: def print_greeting(day = "Monday", name = "Qingkai"):
             print(f"Greetings, {name}, today is {day}")

In [21]: print_greeting()

Greetings, Qingkai, today is Monday


In [22]: print_greeting(name = "Timmy", day = "Friday")

Greetings, Timmy, today is Friday


In [23]: print_greeting(name = "Alex")

Greetings, Alex, today is Monday
```

我们可以看到，如果在定义函数时为输入参数赋值，那这个值将是输入参数的默认值。如果在调用此函数期间，用户没有为输入参数提供输入，则将使用此默认值。请注意，如果提供参数的名称，则在调用函数时参数的顺序并不重要。

3.2 局部变量和全局变量

第 2 章介绍了与笔记本相关联的内存块，其中能够存储笔记本中创建的变量。一个函数也有它自己的内存块，这是为在该函数中创建的变量保留的，此内存块不与整个笔记本的内存块共享。因此，可以在函数内指定具有给定名称的变量，而无须在函数外更改同名变量。每次调用函数时，都会打开与该函数相关联的内存块。

尝试一下！执行以下几行代码后，out 的值将是多少？请注意，不是 6，6 是在 my_adder 内部为 out 赋的值。

```
In [1]: def my_adder(a, b, c):
            out = a + b + c
            print(f"The value out within the function is {out}")
            return out

        out = 1
        d = my_adder(1, 2, 3)
        print(f"The value out outside the function is {out}")

The value out within the function is 6
The value out outside the function is 1
```

函数 my_adder 中的变量 out 是一个**局部变量**。因为 out 定义在 my_adder 函数中，所以它不能影响函数之外的变量，在函数外的笔记本中执行的操作也不会影响它，即使函数外有和它具有相同名称的变量。因此，在上面的示例中，out=1 是在笔记本单元格中定义了一个 out 变量，在下一行调用 my_adder 时，Python 会为该函数内的 out 变量打开一个新的内存块，此时创建的变量是另一个变量 out。由于两个变量位于不同的内存块中，因此在 my_adder 内部赋给 out 的值不会更改在函数外部赋给 out 的值。

为什么有独立的函数内存块而不是单个内存块？尽管 Python 分离内存块似乎不合逻辑，但对于由许多函数共同组成的大型项目来说，这是非常有效的。试想一个程序员只负责编写一个函数，那么每个函数都拥有独立的内存块可以让每个程序员独立工作，并保证一个程序员在思考另一个程序员的代码时，他们的编码不会产生错误，反之亦然。独立的内存块可以保护函数免受外部影响。函数内存块外部唯一能影响内部的东西是输入参数，当函数终止运行时，唯一可以从内部进入外部世界的东西是输出参数。

下面的示例旨在作为练习，以使你加深对局部变量概念的认识。我们有意把示例设置得非常混乱，如果你能区分它们，那么你就掌握了函数中局部变量的概念。关注 Python 正在做什么事情以及做事情的顺序。

示例：思考以下函数：

```
In [2]: def my_test(a, b):
            x = a + b
```

```
        y = x * b
        z = a + b

        m = 2

        print(f"Within function: x={x}, y={y}, z={z}")
        return x, y
```

尝试一下！ 运行以下代码后，a、b、x、y 和 z 的值是多少？

```
In [3]: a = 2
        b = 3
        z = 1
        y, x = my_test(b, a)

        print(f"Outside function: x={x}, y={y}, z={z}")

Within function: x=5, y=10, z=5
Outside function: x=10, y=5, z=1
```

尝试一下！ 运行以下代码后，a、b、x、y 和 z 的值是多少？

```
In [4]: x = 5
        y = 3
        b, a = my_test(x, y)

        print(f"Outside function: x={x}, y={y}, z={z}")

Within function: x=8, y=24, z=8
Outside function: x=5, y=3, z=1
```

尝试一下！ 如果在函数外部打印 m，m 的值是多少？

```
In [5]: m

        ----------------------------------------------------

        NameError               Traceback (most recent call last)

        <ipython-input-5-9a40b379906c> in <module>
    ----> 1 m
NameError: name "m" is not defined
```

请注意，值 m 未在函数外部定义，因为它是在函数内部定义的，所以在外部调用它会产生错误。反之也一样，如果只在函数外部定义变量，那么在函数内部调用它会改变其值，并且出现同样的错误信息。

示例： 尝试使用并更改函数内部的值 n。

```
In [6]: n = 42

        def func():
```

```
        print(f"Within function: n is {n}")
        n = 3
        print(f"Within function: change n to {n}")

    func()
    print(f"Outside function: Value of n is {n}")


    ---------------------------------------------------------

    UnboundLocalError        Traceback (most recent call last)

    <ipython-input-6-85f3215553ae> in <module>
      6     print(f"Within function: change n to {n}")
      7
----> 8 func()
      9 print(f"Outside function: Value of n is {n}")


    <ipython-input-6-85f3215553ae> in func()
      2
      3 def func():
----> 4     print(f"Within function: n is {n}")
      5     n = 3
      6     print(f"Within function: change n to {n}")


    UnboundLocalError: local variable "n" referenced before
                       assignment
```

针对以上示例中的错误信息，解决方案是使用关键字 **global** 让 Python 知道 n 变量是一个**全局变量**，在函数内部和函数外部都可使用。

示例：将 n 定义为全局变量，然后在函数中使用并更改 n 的值。

```
In [7]: n = 42

        def func():
            global n
            print(f"Within function: n is {n}")
            n = 3
            print(f"Within function: change n to {n}")

        func()
        print(f"Outside function: Value of n is {n}")

Within function: n is 42
Within function: change n to 3
Outside function: Value of n is 3
```

3.3 嵌套函数

一旦创建并保存了一个新函数，就可以和其他 **Python** 内置函数一样使用它。你可以从笔记本中的任何位置调用该函数，任何其他函数也可以调用该函数。**嵌套函数**是在另一个函数（**父函数**）中定义的函数，只有父函数才能调用嵌套函数。请记住，嵌套函数保留一个独立于其父函数的内存块。

尝试一下！思考以下函数和嵌套函数：

```
In [1]: import numpy as np

        def my_dist_xyz(x, y, z):
            """
            x, y, z are 2D coordinates contained in a tuple
            output:
            d - list, where
                d[0] is the distance between x and y
                d[1] is the distance between x and z
                d[2] is the distance between y and z
            """

            def my_dist(x, y):
                """
                subfunction for my_dist_xyz
                Output is the distance between x and y,
                computed using the distance formula
                """
                out = np.sqrt((x[0]-y[0])**2+(x[1]-y[1])**2)
                return out

            d0 = my_dist(x, y)
            d1 = my_dist(x, z)
            d2 = my_dist(y, z)

            return [d0, d1, d2]
```

请注意，变量 x 和 y 同时出现在函数 my_dist_xyz 和 my_dist 中。这种情况是允许的，因为嵌套函数有一个独立于其父函数的内存块。当任务必须在函数内执行多次而不能在函数外执行时，嵌套函数非常有用。这样，嵌套函数可以帮助父函数执行任务，同时隐藏在父函数中。

尝试一下！设 x=（0，0），y=（0，1），z=（1，1），调用函数 my_dist_xyz。尝试调用以下单元格中的嵌套函数 my_dist：

```
In [2]: d = my_dist_xyz((0, 0), (0, 1), (1, 1))
        print(d)
        d = my_dist((0, 0), (0, 1))
```

```
[1.0, 1.4142135623730951, 1.0]


        ------------------------------------------------

        NameError               Traceback (most recent call last)

        <ipython-input-2-1bec838581d7> in <module>
          1 d = my_dist_xyz((0, 0), (0, 1), (1, 1))
          2 print(d)
        ----> 3 d = my_dist((0, 0), (0, 1))


        NameError: name "my_dist" is not defined
```

下面的示例是在不使用嵌套函数情况下的重复执行代码。请注意，函数看起来特别繁忙和混乱，并且想要了解函数正在做什么很困难。此版本更容易出错，因为你需要输入三次距离公式，增加了错误的机会。请注意，可以使用向量运算更简洁地编写此函数，此示例仅当作练习。

```
In [ ]: import numpy as np

        def my_dist_xyz(x, y, z):
            """
            x, y, z are 2D coordinates contained in a tuple
            output:
            d - list, where
                d[0] is the distance between x and y
                d[1] is the distance between x and z
                d[2] is the distance between y and z
            """

            d0 = np.sqrt((x[0]-y[0])**2+(x[1]-y[1])**2)
            d1 = np.sqrt((x[0]-z[0])**2+(x[1]-z[1])**2)
            d2 = np.sqrt((y[0]-z[0])**2+(y[1]-z[1])**2)

            return [d0, d1, d2]
```

3.4　lambda 函数

有时用通常的方法定义函数并不是最佳方式，尤其是当我们的函数只有一行代码时。在这种情况下，可以使用 Python 中的匿名函数，这是一种不定义名称的函数。这种函数也称为 lambda 函数，因为它们是使用 lambda 关键字定义的。典型的 lambda 函数定义如下：

结构：

```
lambda 参数：表达式
```

lambda 函数可以有任意数量的参数，但只能有一个表达式。

尝试一下！定义一个 lambda 函数，它将输入的数字进行平方，输入 2 和 5 来调用函数。

```
In [1]: square = lambda x: x**2

        print(square(2))
        print(square(5))
4
25
```

在上面的 lambda 函数中，x 是参数，x**2 是计算并返回的表达式。函数本身没有名称，它返回一个函数对象（在后面的章节中讨论）将参数进行平方。在它被定义之后，我们可以把它作为一个普通函数来调用。这个 lambda 函数等价于：

```
def square(x):
    return x**2
```

尝试一下！定义一个 lambda 函数，它将 x 和 y 相加。

```
In [2]: my_adder = lambda x, y: x + y

        print(my_adder(2, 4))
6
```

lambda 函数可以在许多情况下使用，我们将在后面的章节中提供其他示例。这里只展示 lambda 函数的一个常见示例。

示例：基于每个元组中的第二个元素对 [（1，2），（2，0），（4，1）] 排序。

```
In [3]: sorted([(1, 2), (2, 0), (4, 1)], key=lambda x: x[1])

Out[3]: [(2, 0), (4, 1), (1, 2)]
```

sorted 函数有一个参数 key，通过这个参数可以自定义键函数来指定排序顺序。我们使用 lambda 函数作为这个自定义键函数的快捷实现方式。

3.5 函数作为函数的参数

到目前为止，你已经为变量赋了各种数据结构的值。将数据结构赋值给变量能够把信息传递给各种函数，并以整洁有序的方式从函数中检索信息。有时，我们需要往一个函数中传递函数并将其作为变量传递给另一个函数。换句话说，某些函数的输入可以是其他函数。在上一节中，我们看到 lambda 函数将函数对象返回给变量。在本节中，我们将用示例展示如何将函数对象用作另一个函数的输入。

尝试一下！将函数 max 赋给变量 f。验证 f 的类型。

```
In [1]: f = max
        print(type(f))

<class "builtin_function_or_method">
```

　　在这个示例中，f 等价于 max 函数。就像 x=1 意味着 x 和 1 可以互换，f 和 max 函数现在也可以互换。

尝试一下！ 使用 f 从列表 [2，3，5] 中获取最大值。验证其结果是否与使用 max 函数的结果相同。

```
In [2]: print(f([2, 3, 5]))
        print(max([2, 3, 5]))

5
5
```

尝试一下！ 编写一个函数 my_fun_plus_one，它将函数对象 f 和浮点数 x 作为输入参数；my_fun_plus_one 应该返回在 x 处求值的 f，并将结果加 1。验证它是否适用于 x 的各种函数和值。

```
In [3]: import numpy as np

        def my_fun_plus_one(f, x):
            return f(x) + 1

        print(my_fun_plus_one(np.sin, np.pi/2))
        print(my_fun_plus_one(np.cos, np.pi/2))
        print(my_fun_plus_one(np.sqrt, 25))

2.0
1.0
6.0
```

　　在上面的示例中，使用不同的函数作为函数的输入。当然，我们也可以使用 lambda 函数。

```
In [4]: print(my_fun_plus_one(lambda x: x + 2, 2))

5
```

3.6　总结和习题

3.6.1　总结

1. 函数是一个自包含的指令集，旨在执行特定任务。

2. 函数有它自己的变量内存块。信息只能通过函数的输入变量添加到函数的内存块，只能通过函数的输出变量离开函数的内存块。

3. 一个函数可以定义在另一个函数中，称为嵌套函数。这个嵌套函数只能被父函数访问。

4. 可以使用关键字 lambda 定义匿名函数，也就是所谓的 lambda 函数。

5. 可以使用函数句柄将函数赋值给变量。

3.6.2　习题

1. 回想一下用 sinh 表示的双曲正弦函数，其公式是 $\dfrac{\exp(x) - \exp(-x)}{2}$。编写一个函数 my_sinh(x)，

其输出 y 是在 x 上计算的双曲正弦函数值。假设 x 是一个浮点数。

测试用例：

```
In: my_sinh(0)
Out: 0

In: my_sinh(1)
Out: 1.1752

In: my_sinh(2)
Out: 3.6269
```

2. 编写一个函数 my_checker_board(n)，其输出 *m* 是一个 *n × n* 数组，格式如下：

$$m = \begin{array}{ccccc} 1 & 0 & 1 & 0 & 1 \\ 0 & 1 & 0 & 1 & 0 \\ 1 & 0 & 1 & 0 & 1 \\ 0 & 1 & 0 & 1 & 0 \\ 1 & 0 & 1 & 0 & 1 \end{array}$$

注意，左上角的元素应该总是 1。假设 *n* 是一个严格的正整数。

测试用例：

```
In: my_checker_board(1)
Out: 1

In: my_checker_board(2)
Out: array([[1, 0],
           [0, 1]])

In: y = my_sinh(3)
Out: array([[1, 0, 1],
           [0, 1, 0],
           [1, 0, 1]])

In: y = my_sinh(5)
Out: array([[1, 0, 1, 0, 1],
           [0, 1, 0, 1, 0],
           [1, 0, 1, 0, 1],
           [0, 1, 0, 1, 0],
           [1, 0, 1, 0, 1]])
```

3. 编写一个函数 my_triangle(b,h)，其输出是一个三角形（底长为 b，高度为 h）的面积。回想一下，三角形的面积是底长乘以高度的一半。假设 b 和 h 是浮点数。

测试用例：

```
In: my_triangle(1, 1)
Out: 0.5

In: my_triangle(2, 1)
Out: 1

In: my_triangle(12, 5)
Out: 30
```

4. 编写一个函数 my_split_matrix(m)，其中 m 是一个数组，函数输出是一个列表 [m1, m2]，其中 m1 是 m 的左半部分，m2 是 m 的右半部分。在奇数列的情况下，中间的列应该转到 m1。假设 m 至少有两列。

测试用例：

```
In: m = np.array([[1, 2, 3], [4, 5, 6], [7, 8, 9]])
In: m1, m2 = my_split_matrix(m)
Out: m1 = array([[1, 2],
                 [4, 5],
                 [7, 8]])
Out: m2 = array([3, 6, 9])
```

```
In: m = np.ones((5, 5))
In: m1, m2 = my_split_matrix(m)
Out: m1 = array([[1., 1., 1.],
    [1., 1., 1.],
    [1., 1., 1.],
    [1., 1., 1.],
    [1., 1., 1.]])
Out: m2 = array([[1., 1.],
    [1., 1.],
    [1., 1.],
    [1., 1.],
    [1., 1.]])
```

5. 编写一个函数 my_ cylinder(r,h)，其中 r 和 h 分别是圆柱体的半径和高度，函数输出是一个列表 [s, v]，其中 s 和 v 分别是同一圆柱体的表面积和体积。回想一下，圆柱体的表面积是 $2\pi r^2 + 2\pi rh$，体积是 $\pi r^2 h$。假设 r 和 h 是浮点数。

测试用例：

```
In: my_cylinder(1,5)
Out: [37.6991, 15.7080]
```

```
In: my_cylinder(2,4)
Out: [62.8319, 37.6991]
```

6. 编写一个函数 my_n_odds(a)，其中 a 是一维浮点数组，函数输出是 a 中奇数的个数。

测试用例：

```
In: my_n_odds(np.arange(100))
Out: 50
```

```
In: my_n_odds(np.arange(2, 100, 2))
Out: 0
```

7. 编写一个函数 my_twos(m,n)，其输出是一个 $m \times n$ 数组。假设 m 和 n 是严格的正整数。

测试用例：

```
In: my_twos(3, 2)
Out: array([[2, 2],
    [2, 2],
```

```
    [2, 2]])
In: my_twos(1, 4)
Out: array([2, 2, 2, 2])
```

8. 编写一个 lambda 函数，其输入是 x 和 y，输出是 x-y 的值。

9. 编写一个函数 add_string(s1, s2)，其输出是字符串 s1 和 s2 的连接结果。

   测试用例：

```
In: s1 = add_string("Programming", " ")
In: s2 = add_string("is ", "fun!")
In: add_string(s1, s2)
Out: "Programming is fun!"
```

10. 生成以下错误信息：

    ● TypeError: fun() missing 1 required positional argument: "a"

    ● IndentationError: expected an indented block

11. 编写一个函数 greeting(name, age)，其中 name 是一个字符串，age 是一个浮点数，
    输出是一个字符串 "Hi, my name is XXX and I am XXX years old."。其中两个
    XXX 分别是输入的 name 和 age。

    测试用例：

```
In: greeting("John", 26)
Out: "Hi, my name is John and I am 26 years old."

In: greeting("Kate", 19)
Out: "Hi, my name is Kate and I am 19 years old."
```

12. 设 r1 和 r2 为同心圆的半径，且 r2 > r1。编写一个函数 my_donut_area(r1, r2)，其
    输出是半径为 r1 的圆外部和半径为 r2 的圆内部所交的区域面积。确保函数已矢量化。假设
    r1 和 r2 是相同大小的一维数组。

    测试用例：

```
In: my_donut_area(np.arange(1, 4), np.arange(2, 7, 2))
Out: array([9.4248, 37.6991, 84.8230])
```

13. 编写一个函数 my_within_tolerance(A, a, tol)，其输出是 A 中索引的数组或列表，
    使得 |A - a| < tol。假设 A 是一维浮点列表或数组，并且 a 和 tol 是浮点数。

    测试用例：

```
In: my_within_tolerance([0, 1, 2, 3], 1.5, 0.75)
Out: [1, 2]

In: my_within_tolerance(np.arange(0, 1.01, 0.01), 0.5, 0.03)
Out: [47, 48, 49, 50, 51, 52]
```

14. 编写一个函数 bounding_array(A, top, bottom)，其中，当 bottom<A<top 时，输
    出等于数组 A；当 A<=bottom 时，输出等于 bottom；当 A>=top 时，输出等于 top。假设
    A 是一维浮点数组，并且 top 和 bottom 是浮点数。

    测试用例：

```
In: bounding_array(np.arange(-5, 6, 1), 3, -3)
Out: [-3, -3, -3, -2, -1, 0, 1, 2, 3, 3, 3]
```

分 支 语 句

4.1　if-else 语句

分支语句 if-else 语句（或简称 **if 语句**）是一种代码结构，仅当满足某些条件时才执行代码块，这些条件用逻辑表达式表示。

结构： 简单的 if 语句语法。

```
if 逻辑表达式:
    代码块
```

结构： 简单的 if-else 语句语法。

```
if 逻辑表达式:
    代码块 1
else:
    代码块 2
```

单词 "if" 是一个关键字。在 Python 中，执行到 if 语句时，先确定与 if 语句关联的逻辑表达式是否为真。如果为真，则执行**代码块**中的代码；如果为假，则不会执行 if 语句中的代码。读取的方法是 "如果逻辑表达式为真，则执行代码块"。同样，如果 if-else 语句中的逻辑表达式为真，则会执行**代码块 1** 中的代码，否则执行**代码块 2** 中的代码。

当存在多个条件时，可以使用 elif 语句；如果想用一个条件涵盖其他所有情况，那么可以使用 else 语句。设 P、Q 和 R 是 Python 中的三个逻辑表达式，下面的示例演示含多个分支的情况。

注意！ Python 为条件语句中的每一行代码提供相同的缩进级别。

结构： 扩展的 if-else 语句语法。

```
if 逻辑表达式 P:
    代码块 1
elif 逻辑表达式 Q:
    代码块 2
elif 逻辑表达式 R:
    代码块 3
else:
    代码块 4
```

根据上面的语法，在执行时会首先检查 P 是否为真。如果 P 为真，则执行代码块 1，然后整个语句执行结束。换句话说，一旦遇到为真的语句，Python 将不会检查其余的语句。如果 P 为假，则 Python 将检查 Q 是否为真。如果 Q 为真，则执行代码块 2，并且整个语句执行结束。如果 Q 为假，则检查 R 是否为真，依此类推。如果 P、Q 和 R 都为假，则执行代码块 4。只要有一个（至少要有一个）if 语句（第一个语句），就可以有任意数量的 elif 语句（或无）。else 语句则不是非要有的，且最多可以有一个 else 语句。if 语句和 elif 语句之后的逻辑表达式（即 P、Q 和 R）叫作条件语句。

尝试一下！编写一个函数 my_thermo_stat(temp, desired_temp)。如果 temp 小于 desired_temp 减 5，则返回字符串 "Heat"；如果 temp 大于 desired_temp 加 5，则返回 "AC"；否则，返回 "off"。

```
In [1]: def my_thermo_stat(temp, desired_temp):
            """
            Changes the status of the thermostat based on
            temperature and desired temperature
            author
            date
            :type temp: Int
            :type desiredTemp: Int
            :rtype: String
            """
            if temp < desired_temp - 5:
                status = "Heat"
            elif temp > desired_temp + 5:
                status = "AC"
            else:
                status = "off"
            return status

In [2]: status = my_thermo_stat(65,75)
        print(status)

Heat

In [3]: status = my_thermo_stat(75,65)
        print(status)

AC

In [4]: status = my_thermo_stat(65,63)
        print(status)

off
```

示例：执行以下代码后 y 的值是多少？

```
In [5]: x = 3
        if x > 1:
```

```
        y = 2
    elif x > 2:
        y = 4
    else:
        y = 0
    print(y)

2
```

我们还可以使用逻辑运算符插入更复杂的条件语句。

示例： 执行以下代码后 y 的值是多少？

```
In [6]: x = 3
    if x > 1 and x < 2:
        y = 2
    elif x > 2 and x < 4:
        y = 4
    else:
        y = 0
    print(y)
    4
```

请注意，在以往的编程中，要实现 $a < x < b$，需要写两个条件语句：$a < x$ 和 $x < b$。但在 Python 中，还可以键入 a<x<b。例如：

```
In [7]: x = 3
    if 1 < x < 2:
        y = 2
    elif 2 < x < 4:
        y = 4
    else:
        y = 0
    print(y)

    4
```

如果一条语句完全包含在与自身类型相同的另一条语句中，则该语句称为**嵌套语句**。例如，**嵌套的 if 语句**是一个完全包含在另一个 if 语句中的 if 语句。

示例： 想想当执行下面的代码时会发生什么。根据 x 和 y 输入值的不同，所有可能的结果是什么？

```
In [8]: def my_nested_branching(x,y):
        """
        Nested Branching Statement Example
        author
        date
        :type x: Int
        :type y: Int
        :rtype: Int
        """
```

```
        if x > 2:
            if y < 2:
                out = x + y
            else:
                out = x - y
        else:
            if y > 2:
                out = x*y
            else:
                out = 0
        return out
```

与前面一样，Python 为条件语句中的每一行代码提供相同的缩进级别。嵌套的 if 语句应该再缩进四个空格。如果缩进不正确，就会出现缩进错误（IndentationError），正如我们在前面讨论如何定义函数时看到的那样。

```
In [9]: import numpy as np

In [10]: all([1, 1, 0])

Out[10]: False
```

有许多逻辑函数旨在帮助你构建分支语句。例如，可以使用函数 isinstance 查询变量是否具有特定数据类型。还有一些函数可以告诉你有关逻辑数组的信息，如 any，只要数组中有元素为真，其结果就为真，否则为假；还有 all，仅当数组中的所有元素均为真时，才返回真。

有时你想设计一个函数来检查函数的输入，以确保函数被正确使用。例如，上一章中的函数 my_adder 需要整型或浮点型数据作为输入，如果用户输入列表或字符串作为输入变量之一，则该函数将抛出错误或出现意外结果。为了防止这种情况发生，你可以先检查然后告诉用户该函数没有得到正确使用，第 10 章将进一步探讨这一技术和其他控制错误的技术。目前，你只需要知道我们可以使用带有 TypeError 异常的 raise 语句来停止函数的执行并抛出带有特定文本的错误。

示例： 修改 my_adder 函数，实现在用户输入非数值数据时抛出警告。尝试给修改后的函数非数值数据以表明修改有效。当一个语句太长时，我们可以使用 "\" 符号将一行分成多行。

```
In [11]: def my_adder(a, b, c):
             """
             Calculate the sum of three numbers
             author
             date
             """

             # Check for erroneous input
             if not (isinstance(a, (int, float)) \
```

```
                  or isinstance(b, (int, float)) \
                  or isinstance(c, (int, float))):
              raise TypeError("Inputs must be numbers.")
          # Return output
          return a + b + c

In [12]: x = my_adder(1,2,3)
         print(x)

6

In [13]: x = my_adder("1","2","3")
         print(x)


    -------------------------------------------------------

    TypeError                 Traceback (most recent call last)

    <ipython-input-13-c3e353c636b0> in <module>
  ----> 1 x = my_adder("1","2","3")
        2 print(x)


    <ipython-input-11-0f3d29eecee0> in my_adder(a, b, c)
       10              or isinstance(b, (int, float)) \
       11              or isinstance(c, (int, float))):
  ---> 12          raise TypeError("Inputs must be numbers.")
       13      # Return output
       14      return a + b + c


    TypeError: Inputs must be numbers.
```

　　函数可能会遇到来自用户的各种错误输入，期望函数将这些错误输入全部捕获是不合理的。因此，除非另有说明，否则编写函数时应假设函数能够被正确使用。本节的其余部分将给出更多分支语句的示例。

尝试一下！ 编写一个名为 `is_odd` 的函数，如果输入是奇数，则返回 `"odd"`；如果输入是偶数，则返回 `"even"`。可以假设输入是正整数。

```
In [14]: def is_odd(number):
             """
             function returns "odd" if the input is odd,
                "even" otherwise
             author
             date
             :type number: Int
             :rtype: String
             """
```

```
                    # use modulo to check if the input divisible by 2
                    if number % 2 == 0:
                        # if divisible by 2, then input is not odd
                        return "even"
                    else:
                        return "odd"

In [15]: is_odd(11)

Out[15]: "odd"

In [16]: is_odd(2)

Out[16]: "even"
```

尝试一下！编写一个名为 my_circ_calc 的函数，输入参数是数字 r 和字符串 calc。可以假设 r 是正数，calc 是字符串 "area" 或 "circumference"。calc 如果是字符串 "area"，则函数 my_circ_calc 的作用是计算半径为 r 的圆的面积；如果是字符串 "circumference"，则函数 my_circ_calc 的作用是计算半径为 r 的圆的周长。

```
In [17]: np.pi

Out[17]: 3.141592653589793

In [18]: def my_circ_calc(r, calc):
             """
             Calculate various circle measurements
             author
             date
             :type r: Int or Float
             :type calc: String
             :rtype: Int or Float
             """
             if calc == "area":
                 return np.pi*r**2
             elif calc == "circumference":
                 return 2*np.pi*r

In [19]: my_circ_calc(2.5, "area")

Out[19]: 19.634954084936208

In [20]: my_circ_calc(3, "circumference")

Out[20]: 18.84955592153876
```

　　注意这里的函数输入不限于单个值，也可以输入 numpy 数组（即相同的操作将应用于数组的每个元素）。

示例：使用 numpy 数组计算圆的周长，半径为 [2，3，4]。

```
In [21]: my_circ_calc(np.array([2, 3, 4]), "circumference")

Out[21]: array([12.56637061, 18.84955592, 25.13274123])
```

4.2　三元运算符

大多数编程语言支持**三元运算符**（通常称为**条件表达式**），它使用一行代码就可实现：如果判断条件为真，则执行第一个表达式，否则执行第二个表达式。要在 Python 中实现三元运算符，请使用以下结构：

结构：Python 中的三元运算符。

条件为真时执行的表达式 if 判断条件 else 条件为假时执行的表达式

示例：三元运算符。

```
In [1]: is_student = True
        person = "student" if is_student else "not student"
        print(person)
student
```

上面示例中的代码 "student" if is_student else "not student" 相当于下面的代码块。

```
In [2]: is_student = True
        if is_student:
            person = "student"
        else:
            person = "not student"
        print(person)
student
```

三元运算符提供了一种简单的分支方法，可以使我们的代码简洁。在下一章中，我们将介绍它在列表解析中的作用，并将证明它确实有用。

4.3　总结和习题

4.3.1　总结

1. 分支（if-else）语句允许函数在不同的情况下执行不同的操作。

2. 三元运算符使得可以用单行代码实现分支语句。

4.3.2　习题

1. 编写一个函数 my_tip_calc(bill, party)，其中 bill 是一顿饭的总费用，party 是小组中的人数。小费的计算方法是：6 人以下的按 15% 计算，8 人以下的按 18% 计算，11 人以下的按 20% 计算，11 人以上的按 25% 计算。下面给出了几个测试用例。

```
In [ ]: def my_tip_calc(bill, party):
            # write your function code here
```

```
                return tips
In [ ]: # t = 16.3935
        t = my_tip_calc(109.29,3)
        print(t)
In [ ]: # t = 19.6722
        t = my_tip_calc(109.29,7)
        print(t)
In [ ]: # t = 21.8580
        t = my_tip_calc(109.29,9)
        print(t)
In [ ]: # t = 27.3225
        t = my_tip_calc(109.29,12)
        print(t)
```

2. 编写一个函数 my_mult_operation(a,b,operation)。输入参数 operation 是一个字符串，可以是 "plus"、"minus"、"mult"、"div" 或 "pow"，函数应该计算：$a+b$、$a-b$、$a \times b$、a/b 和 a^b 的值。下面给出了几个测试用例。

```
In [ ]: def my_mult_operation(a,b,operation):
            # write your function code here

            return out
In [ ]: x = np.array([1,2,3,4])
        y = np.array([2,3,4,5])
In [ ]: # Output: [3,5,7,9]
        my_mult_operation(x,y,"plus")
In [ ]: # Output: [-1,-1,-1,-1]
        my_mult_operation(x,y,"minus")
In [ ]: # Output: [2,6,12,20]
        my_mult_operation(x,y,"mult")
In [ ]: # Output: [0.5,0.66666667,0.75,0.8]
        my_mult_operation(x,y,"div")
In [ ]: # Output: [1,8,81,1024]
        my_mult_operation(x,y,"pow")
```

3. 设想一个顶点分别为 $(0, 0)$、$(1, 0)$ 和 $(0, 1)$ 的三角形。编写一个名为 my_inside_triangle (x,y) 的函数，点 (x, y) 如果在三角形的外部，则输出字符串 "outside"；如果正好在三角形的边界上，则输出字符串 "border"；如果在三角形的内部，则输出字符串 "inside"。

```
In [ ]: def my_inside_triangle(x,y):
            # write your function code here

            return position
In [ ]: # Output: "border"
        my_inside_triangle(.5,.5)
```

```
In [ ]: # Output: "inside"
        my_inside_triangle(.25,.25)
```

```
In [ ]: # Output: "outside"
        my_inside_triangle(5,5)
```

4. 编写一个函数 my_make_size10(x)，其中 x 是一个数组，如果 x 中的元素超过 10 个，则输出 x 的前 10 个元素；如果 x 中的元素少于 10 个，则输出数组 x，并往其中加入足够的 0 使其长度为 10。

```
In [ ]: def my_make_size10(x):
            # write your function code here

            return size10
```

```
In [ ]: # Output: [1,2,0,0,0,0,0,0,0,0]
        my_make_size10(range(1,2))
```

```
In [ ]: # Output: [1,2,3,4,5,6,7,8,9,10]
        my_make_size10(range(1,15))
```

```
In [ ]: # Output: [3,6,13,4,0,0,0,0,0,0]
        my_make_size10(5,5)
```

5. 你能在不使用 if 语句（即只使用逻辑运算和数组操作）的前提下编写函数 my_make_size10 吗？

6. 编写一个函数 my_letter_grader(percent)，如果 percent 大于 97，则输出为字符串 "A+"；如果 percent 大于 93，则为 "A"；如果 percent 大于 90，则为 "A-"；如果 percent 大于 87，则为 "B+"；如果 percent 大于 83，则为 "B"；如果 percent 大于 80，则为 "B-"；如果 percent 大于 77，则为 "C+"；如果 percent 大于 73，则为 "C"；如果 percent 大于 70，则为 "C-"；如果 percent 大于 67，则为 "D+"；如果 percent 大于 63，则为 "D"；如果 percent 大于 60，则为 "D-"；如果 percent 小于 60，则为 "F"。正好位于边界的分数应包含在较高的分数类别中。

```
In [ ]: def my_letter_grader(percent):
            # write your function code here

            return grade
```

```
In [ ]: # Output: "A+"
        my_letter_grader(97)
```

```
In [ ]: # Output: "B"
        my_letter_grader(84)
```

7. 大多数工程系统具有内置冗余。也就是说，工程系统在设计中加入了故障保护装置，以实现其目的。思考由三个传感器监测温度的核反应堆，如果任意两个传感器读数不一致，就会发出警报。编写一个函数 my_nuke_alarm(s1,s2,s3)，其中 s1、s2 和 s3 分别是传感器 1、传感器 2 和传感器 3 的温度读数。如果任意两个温度读数相差超过 10 度，就输出字符串 "alarm!"，否则输出 "normal"。

```
In [ ]: def my_nuke_alarm(s1,s2,s3):
            # write your function code here

            return response
```

```
In [ ]: #Output: "normal"
        my_nuke_alarm(94,96,90)
```

```
In [ ]: #Output: "alarm!"
        my_nuke_alarm(94,96,80)
```

```
In [ ]: #Output: "normal"
        my_nuke_alarm(100,96,90)
```

8. 设 $Q(x)$ 为二次方程 $Q(x)=ax^2+bx+c$，a、b 和 c 是一些标量值。$Q(x)$ 的根是 r，使得 $Q(r)=0$。二次方程的两个根可以用二次公式来描述，即：

$$r = \frac{-b \pm \sqrt{b^2 - 4ac}}{2a}$$

二次方程有两个实根（即 $b^2 > 4ac$）、两个虚根（即 $b^2 < 4ac$）或一个根 $r = -\dfrac{b}{2a}$。

编写一个函数 my_n_roots(a,b,c)，其中 a、b 和 c 是二次方程 $Q(x)$ 的系数。函数应该返回两个值：n_roots 和 r。此外，如果 Q 有两个实根，则 n_roots 为 2；如果 Q 有一个根，则 n_roots 为 1；如果 Q 有两个虚根，则 n_roots 为 −2。r 则是一个包含 Q 的根的数组。

```
In [ ]: def my_n_roots(a,b,c):
            # write your function code here

            return n_roots, r
```

```
In [ ]: # Output: n_roots = 2, r = [3, -3]
        n_roots, r = my_n_roots(1,0,-9)
        print(n_roots, r)
```

```
In [ ]: # Output: n_roots = -2,
        # r = [-0.6667 + 1.1055i, -0.6667 - 1.1055i]
        my_n_roots(3,4,5)
```

```
In [ ]: # Output: n_roots = 1, r = [1]
        my_n_roots(2,4,2)
```

9. 编写一个函数 my_split_function(f,g,a,b,x)，其中 f 和 g 分别是函数对象 f(x) 和 g(x)。如果 $x \leqslant a$，则输出 f(x)；如果 $x \geqslant b$，则输出 g(x)；否则输出 0。假设 $b > a$。

```
In [ ]: def my_split_function(f,g,a,b,x):

            if x<=a:
                return f(x)
            elif x>=b:
                return g(x)
            else:
                return 0
```

```
In [ ]: # Output: 2.713
        my_split_function(np.exp,np.sin,2,4,1)
```

```
In [ ]: # Output: 0
        my_split_function(np.exp,np.sin,2,4,3)
```

```
In [ ]: # Output: -0.9589
        my_split_function(np.exp,np.sin,2,4,5)
```

迭　代

5.1　for 循环

for 循环是对序列中的每个元素重复或迭代执行的一组指令。有时 for 循环被称为**确定循环**，因为它具有由序列限定的预定义开始条件和结束条件。

for 循环块的一般语法如下：

结构： for 循环。

```
for 循环变量 in 序列：
    代码块
```

最初，for 循环将**循环变量**赋值给序列中的第一个元素，并执行代码块中的所有内容；执行完毕后，它将循环变量分配给序列中的下一个元素并再次执行代码块中的所有内容，就这样一直持续到序列中没有要赋值的元素为止。

尝试一下！ 从 1 到 3 之间的所有整数的和是多少？

```
In [1]: n = 0
        for i in range(1, 4):
            n = n + i

        print(n)
 6
```

发生了什么？

0. 首先，函数 range(1, 4) 生成一个从 1 开始到 3 结束的数字序列。查看函数 range 的描述，能够熟悉如何使用它。比较简单的一个格式是 range(start,stop, step)，其中 step 是可选的，且默认值为 1。

1. 变量 n 被赋值为 0。

2. 变量 i 被赋值为 1。

3. 变量 n 被赋值为 n+i（0 + 1 = 1）。

4. 变量 i 被赋值为 2。

5. 变量 n 被赋值为 n+i（1 + 2 = 3）。

6. 变量 i 被赋值为 3。

7. 变量 n 被赋值为 n+i（3 + 3 = 6）。

8. 由于列表中没有要赋给变量 i 的值，for 循环以 n=6 终止执行。

下面是几个示例，以让你了解 for 循环的工作原理。我们可以迭代的其他序列示例包括元组的元素、字符串中的字符和其他序列数据类型。

示例：打印字符串 "banana" 中的所有字符。

```
In [2]: for c in "banana":
            print(c)

b
a
n
a
n
a
```

或者，你可以使用索引来获取每个字符，但它不如前一个示例那样简洁。回想一下，字符串的长度可以通过 len 函数来确定，我们可以忽略开头，只给出一个数字作为结尾。

示例：给定一个整数列表 a，将 a 的所有元素相加。

```
In [3]: s = "banana"
        for i in range(len(s)):
            print(s[i])

b
a
n
a
n
a
```

示例：给定一个整数列表 a，将 a 中的所有元素相加。

```
In [4]: s = 0
        a = [2, 3, 1, 3, 3]
        for i in a:
            s += i # note this is equivalent to s = s + i

        print(s)

12
```

Python 已经提供了函数 sum 来处理上面示例给出的问题。如果你只想将偶数索引对应的值相加怎么办？你会对前面的 for 循环块进行哪些更改来解决此限制？

```
In [5]: s = 0
        for i in range(0, len(a), 2):
            s += a[i]

        print(s)
```

注意！我们在 range 函数中使用值为 2 的 step 来获取列表 a 的偶数索引。一个常用的 Python 快捷方式是运算符 +=。在 Python 和许多其他编程语言中，像 i+=1 这样的语句等价于 i=i+1，且对于其他运算符 -=、*=、/= 来说也是一样。

示例：定义一个字典并遍历其中所有键和值。

```
In [6]: dict_a = {"One":1, "Two":2, "Three":3}

        for key in dict_a.keys():
            print(key, dict_a[key])

One 1
Two 2
Three 3
```

在上面的示例中，我们首先使用 keys 方法来遍历所有键，接着使用键来访问值。或者，我们可以使用字典中的 items 方法，它将返回一个包含元组中键值对列表的对象。我们还可以将键、值同时赋值给两个变量（元组赋值），请参阅下面的示例。

```
In [7]: for key, value in dict_a.items():
            print(key, value)

One 1
Two 2
Three 3
```

请注意，我们可以为两个不同的循环变量同时赋值，使得我们可以同时分配两个任务。例如，假设我们有两个长度相同的列表，并且想同时遍历它们，则可以使用 zip 函数。请参阅下面的示例。此函数聚合来自两个可迭代对象的元素并返回元组迭代器，其中第 i 个元组元素包含每个可迭代对象的第 i 个元素。

```
In [8]: a = ["One", "Two", "Three"]
        b = [1, 2, 3]

        for i, j in zip(a, b):
            print(i, j)

One 1
Two 2
Three 3
```

示例：让函数 have_digits 使用字符串作为输入。如果输入的字符串包含数字，则输出 out 为 1，否则为 0。你可以应用字符串的 isdigit 方法来检查字符是否为数字。

```
In [9]: def have_digits(s):

            out = 0

            # loop through the string
```

```
        for c in s:
            # check if the character is a digit
            if c.isdigit():
                out = 1
                break

        return out
In [10]: out = have_digits("only4you")
         print(out)

1

In [11]: out = have_digits("only for you")
         print(out)

0
```

函数 have_digits 的第一步假设字符串 s 中没有数字（即输出为 0 或 False）。

注意上面示例中出现了新的关键字 break。如果 break 关键字所在的语句得到执行，则包含该语句的最内层 for 循环将立即终止执行；也就是说，如果 break 语句包含在嵌套的 for 循环中，那么它只会终止最里面的 for 循环。基于这种特性，上述示例当在字符串中找到数字字符时，就会执行 break 语句；如果没有这个语句，那此时代码仍然可以正常运行，但任务是找出 s 中是否有数字，因此如果我们找到了，就不必继续寻找。类似地，如果一个任务是找出一个长字符串中是否有数字，那当找到一个数字后，就不必继续寻找了。只要 for 循环中包含任何让你想提前终止运行的事情，就可以使用 break 语句。对 for 循环具较小干扰的关键字是 continue，它会跳过 for 循环当前迭代中的剩余代码，并继续为循环变量赋值。请参阅以下示例，其中我们使用关键字 continue 跳过 i 为 2 时调用 print 函数的代码：

```
In [12]: for i in range(5):

             if i == 2:
                 continue

             print(i)

0
1
3
4
```

示例：编写函数 my_dist_2_points(xy_points, xy)，其中输入参数 xy_points 是欧几里得空间中点的 *x-y* 坐标列表，xy 是一个包含 *x-y* 坐标的列表，输出 d 是一个列表，它包含从 xy 到 xy_points 中各点的距离。

```
In [13]: import math
```

```
def my_dist_2_points(xy_points, xy):
    """
    Returns an array of distances between xy and the
    points contained in the rows of xy_points

    author
    date
    """
    d = []
    for xy_point in xy_points:
        dist = math.sqrt((xy_point[0]-xy[0])**2+(xy_point[1]-xy[1])**2)
        d.append(dist)

    return d
```
```
In [14]: xy_points = [[3,2], [2, 3], [2, 2]]
         xy = [1, 2]
         my_dist_2_points(xy_points, xy)
```
```
Out[14]: [2.0, 1.4142135623730951, 1.0]
```

就像 if 语句一样，for 循环也可以嵌套。

示例: 设 x 是一个二维数组 [5 6;7 8]。使用嵌套的 for 循环对 x 中的所有元素求和。

```
In [15]: x = np.array([[5, 6], [7, 8]])
         n, m = x.shape
         s = 0
         for i in range(n):
             for j in range(m):
                 s += x[i, j]

         print(s)
```

26

发生了什么?

1. s 代表所求的总和，设置为 0。

2. 外部 for 循环以 i 作为循环变量，开始设置为 0。

3. 内部 for 循环以 j 作为循环变量，开始设置为 0。

4. s 增加 x[i,j] = x[0,0] = 5，因此 s=5。

5. 内部 for 循环设置 j=1。

6. s 增加 x[i,j]=x[0,1]=6，因此 s=11。

7. 内部 for 循环终止。

8. 外部 for 循环设置 i=1。

9. 内部 for 循环以循环变量 j=0 开始。

10. s 增加 x[i,j]=x[1,0]=7，因此 s=18。

11. 内部 for 循环设置 j=1。

12. s 增加 x[i,j]=x[1,1]=8，因此 s=26。

13. 内部 for 循环终止。

14. 外部 for 循环以 s=26 终止。

警告！ 尽管可以尝试更改 for 循环内的循环变量，但不要这样做。这将使你的代码非常复杂，并可能导致错误。

5.2　while 循环

while 循环或**无限循环**是一组指令，只要相关联的逻辑表达式为真，这组指令就会重复执行。以下是 while 循环块的抽象语法。

结构： while 循环。

```
while <逻辑表达式>:
    # 重复执行代码块直到逻辑表达式为假
    代码块
```

当 Python 遇到 while 循环块时，它首先确定 while 循环中的逻辑表达式是真还是假。如果为真，则执行代码块，执行完后，程序返回到 while 语句开头的逻辑表达式。如果为假，则 while 循环终止执行。

尝试一下！ 确定结果小于 1 之前，8 除以 2 的次数。

```
In [1]: i = 0
        n = 8

        while n >= 1:
            n /= 2
            i += 1

        print(f"n = {n}, i = {i}")
n = 0.5, i = 4
```

发生了什么？

1. 首先将变量 i（n 除以 2 的运行次数）设置为 0。

2. n 设置为 8，表示除以 2 的当前值。

3. while 循环开始。

4. Python 对表达式 $n \geq 1$ 或 $8 \geq 1$ 求值，结果为真；因此，执行代码块。

5. n 被赋值为 n/2 = 8/2 = 4。

6. i 增加到 1。

7. Python 对表达式 $n \geq 1$ 或 $4 \geq 1$ 求值，结果为真；因此，执行代码块。

8. n 被赋值为 n/2 = 4/2 = 2。

9. i 增加到 2。

10. Python 对表达式 $n \geqslant 1$ 或 $2 \geqslant 1$ 求值，结果为真；因此，执行代码块。

11. n 被赋值为 n/2 = 2/2 = 1。

12. i 增加到 3。

13. Python 对表达式 $n \geqslant 1$ 或 $1 \geqslant 1$ 求值，结果为真；因此，执行代码块。

14. n 被赋值为 n/2 = 1/2 = 0.5。

15. i 增加到 4。

16. Python 对表达式 $n \geqslant 1$ 或 $0.5 \geqslant 1$ 求值，结果为假；因此，while 循环以 i=4 结束。

你可能会问："如果逻辑表达式为永真呢？"，这是一个很好的问题。如果逻辑表达式为真并且 while 循环代码中没有任何更改逻辑表达式的内容，则该 while 循环称为**无限循环**。无限循环会一直执行，除非计算机崩溃或内存耗尽。

示例：编写一个可导致无限循环的 while 循环。

```
In [ ]: n = 0
        while n > -1:
            n += 1
```

该示例中，由于无论循环执行多少次，n 都将始终大于 -1，因此这段代码永远不会结束执行。

可以通过按笔记本的"中断内核"按钮（图 5.1 所示工具栏中箭头所指的方形按钮）或下拉笔记本中的菜单——"Kernel-Interrupt"来手动终止无限 while 循环。或者，如果你使用的是 Python shell，那么请在 Mac 上按 cmd+c 或在 PC 上按 Ctrl+c。

能否通过更改单个字符使 while 循环至少执行一次但不会无限循环？

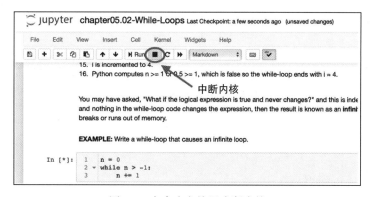

图 5.1　点击小方块以中断内核

无限循环有时并不容易被发现。思考下面的两个示例：其中一个执行无限循环，一个不执行，你能确定哪个是哪个吗？随着代码变得越来越复杂，无限循环会变得更难发现。

示例：哪个 while 循环是无限循环？

```
In [ ]: # Example 1
        n = 1
        while n > 0:
            n /= 2
```

```
In [ ]: # Example 2
        n = 2
        while n > 0:
            if n % 2 == 0:
                n += 1
            else:
                n -= 1
```

答案：第一个示例不会无限循环，因为最终 n 将非常小，Python 无法分辨 n 和 0 之间的区别。这一点将在第 9 章中详细讨论。第二个示例会无限循环，因为 n 将在 2 和 3 之间无限振荡。

现在我们学习了两种类型的循环：for 循环和 while 循环。有些任务两者都适合，有些任务一个比另一个更适合。通常，当要执行的循环次数有明确定义时，使用 for 循环；当要执行的循环次数不确定或不清楚时，使用 while 循环。

5.3 推导式

在 Python 中，还有其他方法可以进行迭代，列表、字典和集合**推导式**是非常流行的方式。一旦熟悉了推导式，你就会经常使用它们。推导式使你能用非常紧凑的语法从其他序列中创建序列。我们先学习列表推导式。

5.3.1 列表推导式

结构：列表推导式。

```
[ 输出  输入序列  条件 ]
```

示例：假设 x = range(5)，将 x 中的每个数字平方，并将平方存储在列表 y 中。如果我们不使用列表推导式，代码将如下所示：

```
In [1]: x = range(5)
        y = []

        for i in x:
            y.append(i**2)
        print(y)
```

```
[0, 1, 4, 9, 16]
```

使用列表推导式，我们可以只写一行：

```
In [2]: y = [i**2 for i in x]
```

```
        print(y)
[0, 1, 4, 9, 16]
```

此外，列表推导式还可以包含条件。例如，上面示例中如果我们只想存储偶数的平方，那么只需要在列表推导式中添加一个条件即可。

```
In [3]: y = [i**2 for i in x if i%2 == 0]
        print(y)

[0, 4, 16]
```

如果我们有两个嵌套的循环，那么也可以使用列表推导式实现。例如，下面使用**列表推导式**和两层 for 循环完成同一件事情。

```
In [4]: y = []
        for i in range(5):
            for j in range(2):
                y.append(i + j)
        print(y)

[0, 1, 1, 2, 2, 3, 3, 4, 4, 5]
In [5]: y = [i + j for i in range(5) for j in range(2)]
        print(y)

[0, 1, 1, 2, 2, 3, 3, 4, 4, 5]
```

5.3.2 字典推导式

同样，我们也可以使用**字典推导式**。请参阅以下示例。

```
In [6]: x = {"a": 1, "b": 2, "c": 3}
        {key:v**3 for (key, v) in x.items()}

Out[6]: {"a": 1, "b": 8, "c": 27}
```

在 Python 中也可以使用集合推导式，但这里不对其探讨，留给你自己探索。

5.4 总结和习题

5.4.1 总结

1. 循环为代码提供了一种执行重复性任务的机制，即迭代。
2. 有两种循环：for 循环和 while 循环。
3. 循环对于构造问题的迭代解决方案很重要。

5.4.2 习题

1. 执行以下代码后 y 的值是多少？

```
In [ ]: y = 0
```

```
        for i in range(1000):
            for j in range(1000):
                if i == j:
                    y += 1
```

2. 编写一个函数 my_max(x) 返回 x 中的最大值。不要使用 Python 内置函数 max。

3. 编写一个函数 my_n_max(x, n) 返回一个由 x 中的 n 个最大元素组成的列表。可以使用 Python 的 max 函数。还可以假设 x 是一个没有重复项的一维列表，并且 n 是一个严格的正整数，小于 x 的长度。

```
In [ ]: x = [7, 9, 10, 5, 8, 3, 4, 6, 2, 1]

        def my_n_max(x, n):
            # write your function code here

            return out
```

```
In [ ]: # Output = [10, 9, 8]
        out = my_n_max(x, n)
        print(out)
```

4. 设 m 是一个正整数矩阵。编写函数 my_trig_odd_even(m) 返回一个数组 q，其中如果 m[i, j] 是偶数，则 q[i, j] = sin(m[i, j])；如果 m[i, j] 是奇数，则 q[i, j] = cos(m[i, j])。

5. 设 P 为 m×p 数组，Q 为 p×n 数组。你在本书后面也会发现，$M=P \times Q$ 的定义是 $M[i,j] = \sum_{k=1}^{p} P[i,k] \cdot Q[k,j]$。编写一个函数 my_mat_mult(P, Q)，它使用 for 循环来计算 M，即 P 和 Q 的矩阵乘积。提示：你可能需要最多三层嵌套的 for 循环。不要使用函数 np.dot。

```
In [ ]: import numpy as np

        def my_mat_mult(P, Q):
            # write your function code here

            return M
```

```
In [ ]: # Output:
        # array([[3., 3., 3.],
        #        [3., 3., 3.],
        #        [3., 3., 3.]])

        P = np.ones((3, 3))
        my_mat_mult(P, P)
```

```
In [ ]: # Output:
        # array([[30, 30, 30],
        #        [70, 70, 70]])

        P = np.array([[1, 2, 3, 4], [5, 6, 7, 8]])
        Q = np.array([[1, 1, 1], [2, 2, 2], [3, 3, 3], [4, 4, 4]])
        my_mat_mult(P, Q)
```

6. 利率为 i，P_0 是允许银行使用你的资金的付款，即本金。复利根据公式 $P_n = (1+i) P_{n-1}$ 累积，其中 n 是复利期，通常以月或年为单位。编写一个函数 my_saving_plan(P0, i, goal)，其输出是 P0 以每年 i% 的复利实现目标值 goal 所需的年数。

```
In [ ]: def my_saving_plan(P0, i, goal):
            # write your function code here

            return years
```

```
In [ ]: # Output: 15
        my_saving_plan(1000, 0.05, 2000)
```

```
In [ ]: # Output: 11
        my_saving_plan(1000, 0.07, 2000)
```

```
In [ ]: # Output: 21
        my_saving_plan(500, 0.07, 2000)
```

7. 编写一个函数 my_find(M)，其输出是由 M 的索引 i 组成的列表，其中 i 需满足 M[i] 是 1。可以假设 M 是一个元素只有 1 和 0 的列表。不要使用 Python 的内置函数 find。

```
In [ ]: # Output: [0, 2, 3]

        M = [1, 0, 1, 1, 0]

        my_find(M)
```

8. 假设你正在掷两个六面骰子，骰子每一面出现的机会均等。编写一个函数 my_monopoly_dice()，其输出是掷出的两个骰子的点数的总和，但有以下附加规则：如果两个骰子掷的点数相同，则再掷一轮，并将新的点数添加到总点数中。例如，如果两个骰子的点数为 3 和 4，则总点数应为 7；如果两个骰子的点数为 1 和 1，则总点数应为 2 加上再一掷的总点数，两个骰子的点数不同时，掷骰子停止。

9. 如果一个数只能被它自己和 1 整除（没有余数），那么它就是素数。请注意，1 不是素数。编写一个函数 my_is_prime(n)，如果 n 是素数，则其输出为 1，否则为 0。假设 n 是一个严格的正整数。

10. 编写一个函数 my_n_primes(n)，其输出 primes 是包含前 n 个素数的列表。假设 n 是一个严格的正整数。

11. 编写一个函数 my_n_fib_primes(n)，其输出 fib_primes 是包含前 n 个既是斐波那契数又是素数的数字的列表。请注意，1 不是素数。提示：不要使用斐波那契数的递归实现。第 6.1 节介绍了计算斐波那契数的函数，你可以自由使用其代码。

```
In [ ]: def my_n_fib_primes(n):
            # write your function code here

            return fib_primes
```

```
In [ ]: # Output: [3, 5, 13, 89, 233, 1597, 28657, 514229]

        my_n_fib_primes(3)
```

```
In [ ]: # Output: [3, 5, 13]

        my_n_fib_primes(8)
```

12. 编写一个函数 my_trig_odd_even(M)，如果 $M[i, j]$ 是奇数，则 $Q[i, j] = \sin(\pi/M[i, j])$；如果 $M[i, j]$ 是偶数，则 $Q[i, j] = \cos(\pi/M[i, j])$。假设 M 是严格的二维正整数数组。

```
In [ ]: def my_trig_odd_even(M):
            # write your function code here

            return Q
```

```
In [ ]: # Output: [[0.8660, 0.7071], [0.8660, 0.4339]]
        M = [[3, 4], [6, 7]]
        my_trig_odd_even(M)
```

13. 设 C 是一个包含 0 和 1 的正方形连通数组。如果 $C[i,j]=1$，则表示点 i 与点 j 是连通的。请注意，在这种情况下，连通是单向的，即 $C[i,j]$ 不一定与 $C[j,i]$ 相同。例如，设想一条从 A 点到 B 点的单向街道。如果 A 连接到 B，那么 B 不一定连接到 A。

编写一个函数 my_connectivity_mat_2_dict(C, names)，其中 C 是一个连通数组，names 是表示点名称的字符串列表。即 names[i] 是第 i 个点的名称。

函数输出 node 应该是一个字典，字典的键是 names 中的字符串，值是一个包含索引 j 的向量，使得 C[i,j] = 1。换句话说，值是点 i 连接到的点的列表。

```
In [ ]: def my_connectivity_mat_2_dict(C, names):
            # write your function code here
            return node
```

```
In [ ]: C = [[0, 1, 0, 1], [1, 0, 0, 1], [0, 0, 0, 1], [1, 1, 1, 0]]
        names = ["Los Angeles", "New York", "Miami", "Dallas"]
```

```
In [ ]: # Output: node["Los Angeles"] = [2, 4]
        #         node["New York"] = [1, 4]
        #         node["Miami"] = [4]
        #         node["Dallas"] = [1, 2, 3]

        node = my_connectivity_mat_2_dict(C, names)
```

14. 使用列表推导式将小写字符的列表单词转换为大写。

```
In [ ]: words = ["test", "data", "analyze"]
```

递　归

6.1　递归函数

递归函数是对自身进行调用的函数，它的工作原理类似于我们之前讲述的循环。然而，在某些情况下，使用递归比使用循环更好。

每个递归函数都有两个组成部分：**基线条件**和**递归步骤**。基线条件通常是最小的输入，并且具有易于验证的解决方案。这也是阻止函数永远调用自身的机制。**递归步骤**是进行**递归调用**或函数调用自身的所有情况的集合。

作为示例，我们将演示如何使用递归来定义和计算整数的阶乘。整数 n 的阶乘是 $1 \times 2 \times 3 \times \cdots \times (n-1) \times n$。递归定义可编写如下：

$$f(n) = \begin{cases} 1 & n = 1 \\ n \times f(n-1) & \text{其他} \end{cases} \tag{6.1}$$

基线条件是 $n=1$，其阶乘计算起来很简单：$f(1)=1$。在递归步骤中，n 乘以递归调用 $n-1$ 的阶乘的结果。

> **尝试一下！** 使用递归编写阶乘函数。使用编写的函数计算 3 的阶乘。

```
In [1]: def factorial(n):
            """Computes and returns the factorial of n,
            a positive integer.
            """
            if n == 1: # Base case!
                return 1
            else: # Recursive step
                return n * factorial(n - 1) # Recursive call

In [2]: factorial(3)

Out[2]: 6
```

发生了什么？ 首先回想一下，当 Python 执行函数时，它会为在该函数中创建的变量创建一个工作区。每当函数调用另一个函数时，它会等待被调用的函数返回一个结果后再继续执行。在编程中，此工作区称为堆栈，类似于我们厨柜中的一叠盘子，堆栈中的元素遵循"后进先出"原则，无论是添加元素，还是删除元素，都从堆栈的顶部开始进行，到底部结束。例如，在 np.sin(np.tan(x)) 中，函数 sin 必须等待函数 tan 返回一个结果，然后才能继续计算。递归函数即使调用自身，也适用相同的规则。

1. 调用 factorial(3)，从而打开一个新的工作区来计算 factorial(3)。

2. 将输入参数值 3 与 1 进行比较。由于它们不相等，因此执行 else 语句。

3. 必须计算 3*factorial(2)。打开一个新的工作区来计算 factorial(2)。

4. 将输入参数值 2 与 1 进行比较。由于它们不相等，因此执行 else 语句。

5. 必须计算 2*factorial(1)。打开一个新的工作区来计算 factorial(1)。

6. 将输入参数值 1 与 1 进行比较。由于它们相等，因此执行 if 语句。

7. 返回变量被赋值为 1。factorial(1) 以输出 1 终止。

8. 2*factorial(1) 可以分解为 $2\times1=2$。输出被赋值为 2，factorial(2) 以输出 2 终止。

9. 3*factorial(2) 可以分解为 $3\times2=6$。输出被赋值为 6，因此 factorial(3) 以输出 6 终止。

递归调用的顺序可以用图 6.1 中所示的 factorial(3) 的递归树来描述。递归树是由编号箭头所连接的函数调用图，用于描述函数调用的顺序。

斐波那契数最初是为了模拟兔子的理想化繁殖问题提出。从那时起，人们发现斐波那契数在任何自然现象中都很重要。可以使用以下递归公式生成斐波那契数列。请注意，递归步骤包含两个递归调用，并且还有两个基线条件（即导致递归停止的两种情况）：

$$F(n)=\begin{cases}1 & n=1\\ 1 & n=2\\ F(n-1)+F(n-2) & \text{其他}\end{cases} \qquad (6.2)$$

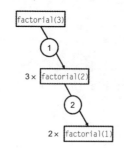

图 6.1 factorial(3) 的递归树

尝试一下！ 编写一个递归函数来计算第 n 个斐波那契数，使用该函数计算前五个斐波那契数。绘制关联的递归树。

```
In [3]: def fibonacci(n):
            """Computes and returns the Fibonacci of n,
            a positive integer.
            """
            if n == 1: # 第 1 个基线条件
```

```
               return 1
         elif n == 2: # 第 2 个基线条件
               return 1
         else: # 递归步骤
               return fibonacci(n-1) + fibonacci(n-2)

In [4]: print(fibonacci(1))
        print(fibonacci(2))
        print(fibonacci(3))
        print(fibonacci(4))
        print(fibonacci(5))

1
1
2
3
5
```

作为练习，请思考对函数 fibonacci 进行修改：把每次递归调用的结果都打印在屏幕上（见图 6.2）。

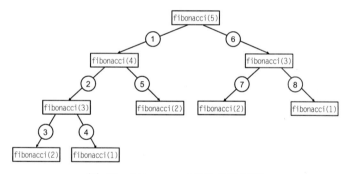

图 6.2　fibonacci(5) 的递归树

示例：基于对 fibonacci 函数的修改编写函数 fib_disp(5)。你能确定 fib_disp(5) 屏幕上出现的斐波那契数列有顺序吗？

```
In [5]: def fib_disp(n):
            """Computes and returns the Fibonacci of n,
            a positive integer.
            """
            if n == 1: # first base case
                out = 1
                print(out)
                return out
            elif n == 2: # second base case
                out = 1
                print(out)
                return out
            else: # Recursive step
```

```
        out = fib_disp(n-1) + fib_disp(n-2)
        print(out)
        return out # Recursive call
1
1
2
1
3
1
1
2
5

In [6]: fib_disp(5)

5
```

请注意，即使为 n 传入相对较小的值，递归调用的次数也会变得非常大。如果不相信，可尝试绘制 fibonacci(10) 的递归树。如果你尝试对未修改的函数 fibonacci 输入 35 左右的数，计算时间将非常长。

```
In [7]: fibonacci(35)

Out[7]: 9227465
```

有一种计算第 *n* 个斐波那契数的迭代方法只需要一个工作区。

示例：计算斐波那契数的迭代实现。

```
In [8]: import numpy as np

        def iter_fib(n):
            fib = np.ones(n)

            for i in range(2, n):
                fib[i] = fib[i - 1] + fib[i - 2]

            return fib
```

尝试一下！分别使用函数 iter_fib 和 fibonacci 计算第 25 个斐波那契数。使用魔术命令 timeit 来计算两者的运行时间。注意两个运行时间的巨大差异。

```
In [9]: %timeit iter_fib(25)
    每次循环 7.22μs ± 171 ns（7 次运行的平均值 ± 标准偏差，每次运行 100 000 次循环）
In [10]: %timeit fibonacci(25)
    每次循环 16.7ms ± 910μs（7 次运行的平均值 ± 标准偏差，每次运行 100 次循环）
```

从上面的示例可以看到，迭代版函数的运行速度比递归版的快得多。一般来说，迭代函数比执行相同任务的递归函数运行得更快。那么为什么还要使用递归函数呢？ 一些求解方法具有自然的递归结构。在这些情况下，通常很难编写相应的迭代函数。使用递归函数的主要价值在于相比于迭代函数，它通常可以更紧凑。改进紧凑性的代价是增加了运行时间。

输入参数和运行时间之间的关系将在后面关于复杂性的章节中详细讨论。

提示！只要方便，就尝试编写迭代函数。你的函数将运行得更快。

注意在使用递归调用时，我们需要确保它可以达到基线条件，否则它将进入无限递归。在 Python 中，在无法达基线条件的大型输出中执行递归函数将导致"超出最大递归深度错误"。尝试使用以下示例生成 RecursionError。

```
In []: factorial(5000)
```

在 Python 中，我们可以使用 sys 模块设置更高的递归次数限制来解决递归限制问题。如果你运行以下代码，则不会出现错误消息。

```
In []: import sys
       sys.setrecursionlimit(10**5)
       factorial(5000)
```

6.2 分而治之

分而治之是解决难题的有效策略。利用分而治之的方法，可以从许多类似的简单问题的解决方案中找到解决难题的思路。难题被分解后，就变得容易处理了。本节将介绍两个经典的分而治之的例子：汉诺塔问题和快速排序算法。

6.2.1 汉诺塔问题

汉诺塔由 3 个垂直的杆（或塔）和 N 个不同大小的圆盘组成，每个圆盘的中心都有一个孔，以便杆可以从中滑动。初始配置是所有圆盘按照大小降序堆叠在其中一个杆上（即最大的圆盘在杆底部）。汉诺塔问题的目标是在遵守以下三个规则的情况下，将所有圆盘从初始所在的杆移动到其他杆上：

1. 一次只能移动一个圆盘。

2. 只能移动每一个杆上顶部的圆盘。

3. 圆盘不能放在较小圆盘的上方。

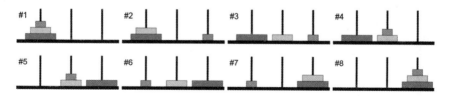

图 6.3　汉诺塔的插图：通过 8 个步骤，把所有圆盘从第 1 个杆移动到第 3 个杆，一次只能移动一个，方法是仅移动当前杆顶部的圆盘，并仅将较小的圆盘放置在较大圆盘的上方

图 6.3 展示了包含 3 个圆盘的汉诺塔问题的求解步骤。

传说，一群印度僧侣在一个寺院里求解包含 64 个圆盘的汉诺塔问题。当他们解决问题时，世界将毁灭。幸运的是，解决这个问题所需的移动次数是 $2^{64}-1$，因此即使他们每毫秒移动一个圆盘，也需要 5.84 亿年才能完成。

解决汉诺塔问题的关键是将其分解为更小、更容易处理的问题，我们将这些问题称为**子问题**。对于汉诺塔问题，比较容易看出，移动一个圆盘很容易（只有三个规则），但移动一个塔很难，解决方法也并不明显。因此，我们将移动大小为 N 的堆栈的问题分解为子问题，即移动大小为 $N-1$ 的堆栈。

思考一个由 N 个圆盘组成的堆栈，我们希望将此堆栈从 1 号塔移动到 3 号塔，然后编写 my_tower(N) 将大小为 N 的堆栈移动到目标塔（例如，展示移动过程）。如何编写 my_tower 可能还不清楚。如果我们从子问题的角度考虑这个问题，那么我们需要将顶部的 $N-1$ 个圆盘移动到中间塔，然后将底部的圆盘移动到右塔，再将 $N-1$ 个圆盘从中间塔移动到右塔。可以在 my_tower 中编写移动圆盘 N 的指令，然后递归调用 my_tower(N-1) 来处理较小塔的移动，my_tower(N-1) 在执行时会对 my_tower(N-2) 进行递归调用，依此类推。三个步骤的分解如图 6.4 所示。

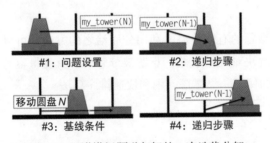

图 6.4　汉诺塔问题递归解的一次迭代分解

下面的代码是汉诺塔问题的递归解决方案，请注意它的紧凑性和简单性。代码准确地反映了解决方案的递归特性：首先将大小为 $N-1$ 的堆栈从原始塔"from_tower"移动到备选塔"alt_tower"，这是一项艰巨的任务，因此我们进行递归调用，该调用又将开启后续的递归调用，但最终会根据需要移动堆栈；然后将底部圆盘移动到目标塔"to_tower"；最后通过另一个递归调用将大小为 $N-1$ 的堆栈从备选塔移动到目标塔。

尝试一下！ 使用函数 my_towers 解决 N=3 的汉诺塔问题，并通过检查验证解决方案是否正确。

```
In [1]: def my_towers(N, from_tower, to_tower, alt_tower):
            """
            Displays the moves required to move a tower of size
            N from the "from_tower" to the "to_tower".

            "from_tower", "to_tower" and "alt_tower" are
```

```
           either 1, 2, 3 referring to tower 1, 2, and 3.
           """

           if N != 0:
               # recursive call that moves N-1 stack from
               # starting tower to alternate tower
               my_towers(N-1, from_tower, alt_tower, to_tower)

               # display to screen movement of bottom disk from
               # starting tower to final tower
               print("Move disk %d from tower %d to tower %d."\
                     %(N, from_tower, to_tower))

               # recursive call that moves N-1 stack from
               # alternate tower to final tower
               my_towers(N-1, alt_tower, to_tower, from_tower)

In [2]: my_towers(3, 1, 3, 2)

Move disk 1 from tower 1 to tower 3.
Move disk 2 from tower 1 to tower 2.
Move disk 1 from tower 3 to tower 2.
Move disk 3 from tower 1 to tower 3.
Move disk 1 from tower 2 to tower 1.
Move disk 2 from tower 2 to tower 3.
Move disk 1 from tower 1 to tower 3.
```

以上解决方案就使用了分而治之的思想,我们通过递归调用解决较小的汉诺塔问题以解决汉诺塔问题,这些递归调用又通过递归调用解决更小的汉诺塔问题,所有递归调用共同构成了整个问题的解决方案。单个函数调用所做的工作实际上非常少:两次递归调用和移动一个圆盘。换句话说,函数调用只做很少的工作,即移动圆盘,其余工作都传递给其他调用完成,这在整个工程生命周期中非常有用。

6.2.2 快速排序

如果数字列表 A 中的元素按升序或降序排列,那么 A 是经过**排序**的。对列表排序的方法有很多,其中**快速排序**是一种分而治之的方法,它非常快速,使用单处理器进行排序(对于多处理器有更快的算法)。

提出快速排序是因为人们观察到:对列表进行排序很难,进行比较则相对容易。因此,我们不是对列表进行排序,而是通过对列表元素与轴值进行比较来分解列表。在每次递归调用快速排序时,先把输入列表中的元素分为三部分:小于轴值的元素、等于轴值的元素和大于轴值的元素;然后对小于轴值的元素组成的列表和大于轴值的元素组成的列表递归调用*快速排序*;最终得到的列表足够小(即长度为 1 或 0),因此现在对列表进行排序变得很简单。

思考以下快速排序的递归实现。

```
In [3]: def my_quicksort(lst):

            if len(lst) <= 1:
                # list of length 1 is easiest to sort
                # because it is already sorted

                sorted_list = lst
            else:

                # select pivot as the first element of the list
                pivot = lst[0]

                # initialize lists for bigger and smaller
                # elements as well those equal to the pivot
                bigger = []
                smaller = []
                same = []

                # put elements into appropriate array

                for item in lst:
                    if item > pivot:
                        bigger.append(item)
                    elif item < pivot:
                        smaller.append(item)
                    else:
                        same.append(item)

                sorted_list = my_quicksort(smaller) + same + \
                        my_quicksort(bigger)

            return sorted_list

In [4]: my_quicksort([2, 1, 3, 5, 6, 3, 8, 10])

Out[4]: [1, 2, 3, 3, 5, 6, 8, 10]
```

正如对汉诺塔问题所做的那样, 我们将排序问题 (难) 分解为许多比较问题 (简单)。

6.3 总结和习题

6.3.1 总结

1. 递归函数是调用自身的函数。

2. 当问题具有层次结构而不是迭代结构时, 递归函数很有用。

3. 分而治之是一种强大的解决问题的策略, 可以用来解决难题。

6.3.2 习题

1. 编写一个函数 my_sum(lst)，其中 lst 是一个列表，输出是 lst 中所有元素的总和。可以使用递归或迭代函数来解决问题，但不要使用 Python 的 sum 函数。

```
In [ ]: def my_sum(lst):
            # Write your function code here

            return out

In [ ]: # Output: 6
        my_sum([1, 2, 3])

In [ ]: # Output: 5050
        my_sum(range(1,101))
```

2. 切比雪夫多项式是递归定义的，其被分为两类：第一类和第二类。第一类切比雪夫多项式 $T_n(x)$ 和第二类切比雪夫多项式 $U_n(x)$ 由下列递推关系定义：

$$T_n(x) = \begin{cases} 1 & n = 0 \\ x & n = 1 \\ 2xT_{n-1}(x) - T_{n-2}(x) & \text{其他} \end{cases} \quad (6.3)$$

$$U_n(x) = \begin{cases} 1 & n = 0 \\ 2x & n = 1 \\ 2xU_{n-1}(x) - U_{n-2}(x) & \text{其他} \end{cases} \quad (6.4)$$

编写一个函数 my_chebyshev_poly1(n,x)，其输出 y 是在 x 处求的第 n 次第一类切比雪夫多项式值。请确保函数可以接收 x 的列表输入。你可以假设 x 是一个列表。输出变量 y 也必须是一个列表。

```
In [ ]: def my_chebyshev_poly1(n,x):
            # Write your function code here

            return y

In [ ]: x = [1, 2, 3, 4, 5]

In [ ]: # Output: [1, 1, 1, 1, 1]
        my_chebyshev_poly1(0,x)

In [ ]: # Output: [1, 2, 3, 4, 5]
        my_chebyshev_poly1(1,x)

In [ ]: # Output: [1, 26, 99, 244, 485]
        my_chebyshev_poly1(3,x)
```

3. 阿克曼函数 A 是一个由递归关系定义的函数，正在迅速得到普及：

$$A(m, n) = \begin{cases} n+1 & m = 0 \\ A(m-1, 1) & m > 0, n = 1 \\ A(m-1, A(m, n-1)) & m > 0, n > 0 \end{cases} \quad (6.5)$$

编写一个函数 my_ackermann(m,n)，其输出是以 m 和 n 为自变量计算的阿克曼函数值。

my_ackermann(4,4) 很大，很难写下来。虽然阿克曼函数没有很多实际用途，但逆阿克曼函数在机器人运动规划中有多种用途。

```
In [ ]: def my_ackermann(m,n):
             # write your own function code here
             return out
In [ ]: # Output: 3
        my_ackermann(1,1)

In [ ]: # Output: 4
        my_ackermann(1,2)

In [ ]: # Output: 9
        my_ackermann(2,3)

In [ ]: # Output: 61
        my_ackermann(3,3)

In [ ]: # Output: 125
        my_ackermann(3,4)
```

4. 函数 $C(n, k)$ 用于计算从 n 个对象中唯一选择 k 个对象有多少种不同方法，通常用于统计当中。例如，有 10 种口味的冰淇淋，那么每次选 3 种不同口味的冰淇淋，能选多少次？为了解决这个问题，我们必须计算 $C(10, 3)$，即从 10 种口味的冰淇淋中选择 3 种不同口味冰淇淋的方法数。函数 C 通常被称为 "n 选择 k"。你可以假设 n 和 k 是整数。

如果 $n = k$，那么显然 $C(n, k) = 1$，因为只有一种从 n 个对象中选择 n 个对象的方法。

如果 $k = 1$，则 $C(n, k) = n$，因为无论选择 n 个对象中的哪一个，都是从 n 个对象中选择 1 个对象的一种方式。对于所有其他情况：

$$C(n, k) = C(n-1, k) + C(n-1, k-1)$$

你明白为什么吗？

编写一个函数 my_n_choose_k(n,k) 来计算从 n 个对象中唯一选择 k 个对象而不重复的次数。

```
In [ ]: def my_n_choose_k(n,k):
             # Write your own function code here
             return out

In [ ]: # Output: 10
        my_n_choose_k(10,1)

In [ ]: # Output: 1
        my_n_choose_k(10,10)

In [ ]: # Output: 120
        my_n_choose_k(10,3)
```

5. 对于以现金支付的一切购买活动，卖家都必须退还买家多付的钱，这通常叫作 "找零"。正确找零所需的钞票和硬币可以通过递归关系来定义。如果支付的金额 cost 比成本 paid 多 100 美元，则退还一张 100 美元的钞票，这是递归调用 change 函数并从支付的金额中减去 100 美元的结果。如果支付的金额比成本多 50 美元，则退还一张 50 美元的钞票，这是递归调用 change 函数并从支付的金额中减去 50 美元的结果。可以为每种面额的美元提供类似的条款。

美元的面额有 100、50、20、10、5、1、0.25、0.10、0.05 和 0.01。对于找零问题，我们忽略不常见的 2 美元钞票。假设 cost 和 paid 是标量并且 paid ≥ cost。输出变量 change 必须是一个列表，如测试用例中所示。

使用递归函数 my_change(cost,paid) 进行编程，其中 cost 是商品的成本，paid 是支付的金额，输出 change 是卖家应退还的钞票和硬币列表。注意基线条件！

```
In [ ]: def my_change(cost, paid):
            # Write your own function code here
            return change
```

```
In [ ]: #Output:[50.0,20.0,1.0,1.0,0.25,0.10,0.05,0.01,0.01,0.01]
        my_change(27.57, 100)
```

6. 黄金分割率 ϕ 是 $\dfrac{F(n+1)}{F(n)}$ 在 n 趋于无穷大时的极限，其中 $F(n)$ 是第 n 个斐波那契数，它的精确值是 $\dfrac{1+\sqrt{5}}{2}$，大约为 1.62。设 $G(n) = \dfrac{F(n+1)}{F(n)}$ 是黄金分割率的第 n 个近似值，$G(1) = 1$。

可以证明，ϕ 也是如下连分数的极限：

$$\varphi = 1 + \cfrac{1}{1 + \cfrac{1}{1 + \cfrac{1}{1 + \ddots}}}$$

编写一个递归函数 my_golden_ratio(n)，其输出是根据连分数递归关系得到的黄金分割率的第 n 个近似值。在编写函数时，使用连分数近似得到黄金分割率，而不是使用 $G(n)=F(n+1)/F(n)$ 得到；然而，对于这两种定义，$G(1)=1$ 都成立。研究表明，长宽比（即长度除以宽度）接近黄金分割率的矩形比不接近黄金分割率的矩形更令人赏心悦目。许多宽屏电视和电影屏幕的长宽比是多少？

```
In [ ]: def my_golden_ratio(n):
            # Write your own function code here
            return out
```

```
In [ ]: # Output: 1.618181818181818
        my_golden_ratio(10)
```

```
In [ ]: import numpy as np
        (1 + np.sqrt(5))/2
```

7. 两个整数 a 和 b 的最大公约数是能同时整除这两个数的最大整数，这里我们用 gcd(a,b) 函数来计算最大公约数，gcd 函数可以递归编写。如果 b 等于 0，则 a 是最大公约数；否则，gcd(a,b) = gcd(b,a%b)，其中 a%b 是 a 除以 b 的余数。假设 a 和 b 是整数。编写一个递归函数 my_gcd(a,b) 来计算 a 和 b 的最大公约数。假设 a 和 b 是整数。

```
In [ ]: def my_gcd(a, b):
            # Write your own function code here
            return gcd
```

```
In [ ]: # Output: 2
        my_gcd(10, 4)
```

```
In [ ]: # Output: 11
        my_gcd(33, 121)
```

```
In [ ]: # Output: 1
        my_gcd(18, 1)
```

8. 帕斯卡三角形是一种数字排列，其每一行都由 $(x+y)^{p-1}$ 二项式展开的系数组成，其中 p 是大于或等于 1 的正整数。例如，$(x+y)^2 = 1x^2 + 2xy + 1y^2$，因此帕斯卡三角形的第三行是 1 2 1。设 R_m 代表帕斯卡三角形的第 m 行，$R_m(n)$ 是该行的第 n 个元素。根据定义，R_m 有 m 个元素，并且 $R_m(1) = R_m(n) = 1$。其余元素使用以下递归关系计算：$R_m(i) = R_{m-1}(i-1) + R_{m-1}(i)$，其中 $i = 2, \cdots, m-1$。帕斯卡三角形的前几行如图 6.5 所示。

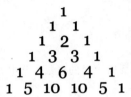

图 6.5   帕斯卡三角形的前几行

编写一个函数 my_pascal_row(m)，其输出 row 是帕斯卡三角形的第 m 行元素，且必须是一个列表。假设 m 是严格的正整数。

```
In [ ]: def my_pascal_row(m):
            # Write your own function code here
            return row
```

```
In [ ]: # Output: [1]
        my_pascal_row(1)
```

```
In [ ]: # Output: [1, 1]
        my_pascal_row(2)
```

```
In [ ]: # Output: [1, 2, 1]
        my_pascal_row(3)
```

```
In [ ]: # Output: [1, 3, 3, 1]
        my_pascal_row(4)
```

```
In [ ]: # Output: [1, 4, 6, 4, 1]
        my_pascal_row(5)
```

9. 思考以下形式的 $n \times n$ 矩阵：

$$A = \begin{bmatrix} 1 & 1 & 1 & 1 & 1 \\ 1 & 0 & 0 & 0 & 0 \\ 1 & 0 & 1 & 1 & 0 \\ 1 & 0 & 0 & 1 & 0 \\ 1 & 1 & 1 & 1 & 0 \end{bmatrix}$$

该矩阵中的元素形成一个右螺旋。编写一个递归函数 my_spiral_ones(n) 来形成给定形式的 $n \times n$ 矩阵。请确保递归步骤的顺序正确（即向右，向下，向左，向上，向右，等等）。

```
In [ ]: def my_spiral_ones(n):
            # Write your own function code here
            return A
```

```
In [ ]: # Output: 1
```

```
        my_spiral_ones(1)
In [ ]: # Output:
        # array([[1, 1],
        #        [0, 1]])
        my_spiral_ones(2)

In [ ]: # Output:
        #array([[0, 1, 1],
        #       [0, 0, 1],
        #       [1, 1, 1]])
        my_spiral_ones(3)

In [ ]: # Output:
        #array([[1, 0, 0, 0],
        #       [1, 0, 1, 1],
        #       [1, 0, 0, 1],
        #       [1, 1, 1, 1]])
        my_spiral_ones(4)

In [ ]: # Output:
        #array([[1, 1, 1, 1, 1],
        #       [1, 0, 0, 0, 0],
        #       [1, 0, 1, 1, 0],
        #       [1, 0, 0, 1, 0],
        #       [1, 1, 1, 1, 0]])
        my_spiral_ones(5)
```

10. 不使用递归重写 my_spiral_ones。
11. 为 my_towers(4) 绘制递归树。
12. 不使用递归重写本章的汉诺塔函数。
13. 为 my_quicksort([5 4 6 2 9 1 7 3]) 绘制递归树。
14. 不使用递归重写本章的 quicksort 函数。

面向对象编程

7.1　面向对象编程简介

　　到目前为止，我们编写的所有代码都属于**面向过程编程（POP）**的范畴，这种编程包含一系列指令，这些指令用于告诉计算机要做什么，然后被组织成函数。面向过程编程把程序分成变量、数据结构和例程的集合，由它们完成不同的任务。Python 是一种多范式编程语言，也就是说，它支持不同的编程方法。Python 编程的其中一种方法是使用**面向对象编程（OOP）**。它的学习曲线更陡峭，但非常强大，值得花时间去掌握。注意，Python 编程时不一定非得使用面向对象编程，你仍然可以使用面向过程编程编写出非常强大的程序。更进一步，面向过程编程适用于简单的小型程序，而面向对象编程更适合大型程序。接下来我们仔细分析面向对象编程。

　　面向对象编程将编程任务分解为**对象**，对象包括数据（称为属性）和**行为 / 函数**（称为方法）。面向对象编程有两个主要组件：**类**和**对象**。

　　类是定义数据和行为 / 函数的逻辑分组的蓝图，它提供了创建数据结构以模拟现实世界实体的方法。例如，我们可以创建一个 people 类，该类包含姓名、年龄等数据，还包含一些行为 / 函数，用来打印一组人的年龄和性别。类是蓝图，对象是具有实际值的类的实例，如一个叫"钢铁侠"的 35 岁的人。换句话说，类就像一个定义所需信息的模板，而对象是填充模板后得到的一个特定副本。此外，对同一个类实例化的各对象彼此**独立**。例如，有另一个人是 33 岁的"蝙蝠侠"，它也可以实例化自 people 类，但它和刚刚 35 岁的"钢铁侠"是两个独立的实例。

　　要在 Python 中实现上述示例，请参阅下面的代码。如果你不理解语法，也请不要担心，下一节将提供更多有用的示例。

```
In [1]: class People():
            def __init__(self, name, age):
                self.name = name
                self.age = age

            def greet(self):
                print("Greetings, " + self.name)

In [2]: person1 = People(name = "Iron Man", age = 35)
        person1.greet()
        print(person1.name)
        print(person1.age)
```

```
Greetings, Iron Man
Iron Man
35


In [3]: person2 = People(name = "Batman", age = 33)
        person2.greet()
        print(person2.name)
        print(person2.age)

Greetings, Batman
Batman
33
```

在上面的代码示例中，我们首先定义了一个以 name 和 age 作为数据的类 People，该类还包括一个函数 greet。然后我们实例化了一个具有特定名称和年龄的对象：person1。可以清楚地看到，类定义了整个结构，而对象只是类的一个实例。

使用面向对象编程的诸多好处如下：它为程序提供了清晰的模块化结构，增强了代码的可重用性；提供了解决复杂问题的简单方法；有助于定义更抽象的数据类型来模拟现实世界的场景；隐藏了实现细节，留下了一个明确定义的接口；结合了数据和操作。

在大型项目中使用面向对象编程还具有其他优势，你可以在线搜索以了解更多信息。至此，你可能还没有完全了解面向对象编程的优势，等你参与复杂的大型项目后就会充分理解。在本书的学习过程中，我们将继续学习更多关于面向对象编程的知识，它的有用性也将变得显而易见。

7.2　类和对象

上一节介绍了面向对象编程的两个主要组件：类（用于定义数据和函数的逻辑分组的蓝图）和对象（具有实际值的已定义类的实例）。在本节中，我们将更详细地介绍这两个组件。

7.2.1　类

类定义了我们想要的数据结构。类似于函数，类被定义为一个代码块，从 class 语句开始。定义类的语法是：

```
class ClassName(superclass):

    def __init__(self, arguments):
        # define or assign object attributes

    def other_methods(self, arguments):
        # body of the method
```

　　请注意，类的定义与函数非常相似。在使用类之前，需要先对它实例化。对于类名，"首字母大写"是标准约定。如果你想要创建一个新类，以便从另一个已定义的类中**继承**属性和方法，那么需要使用**超类**。我们将在下一节中详细讨论**继承**。__init__ 是 Python 类中的一种特殊方法，一旦类被实例化（创建）为对象，该方法就会立即运行。类在实例化之前就已为对象指定初始值。注意 init 之前和之后的两个下划线，表示这是语言为特殊用途保留的特殊方法。通过 __init__ 方法，你可以在创建对象时直接指定属性。other_methods 方法用于定义应用于属性的实例方法，就像我们前面讨论的函数一样。你可能会注意到，在类中有一个参数 self 用于定义方法。这是为什么？定义类的实例方法时，必须将此额外参数作为第一个参数。这个特殊的参数是指对象本身，通常我们使用 self 来命名它。实例方法可以通过使用 self 参数自由访问同一对象的属性和其他方法。请参阅下面的示例。

示例: 定义一个名为 Student 的类，在 __init__ 方法中定义属性 sid（学生 ID）、name、gender、type，类包括一个方法 say_name，用于打印学生姓名。除了 type 的其余所有属性都由用户传入，type 的值固定为 "learning"。

```
In [1]: class Student():

            def __init__(self, sid, name, gender):
                self.sid = sid
                self.name = name
                self.gender = gender
                self.type = "learning"

            def say_name(self):
                print("My name is " + self.name)
```

　　从上面的例子中，我们可以看到 Student 这个简单的类包含了前面提到的类的所有必要部分。__init__ 方法将在我们创建对象时初始化属性 sid、name 和 gender，我们需要传入这些属性的初始值，而属性 type 取固定值，即 "learning"。类中定义的所有其他方法都可以以"self.属性"的方式访问这些属性，例如，在 say_name 方法中，我们可以使用 self.name 访问 name 属性。类中定义的方法也可以在其他不同的方法中访问和使用（使用 self.方法）。让我们看看下面的例子。

尝试一下! 往 Student 类中添加一个方法 report，该方法不仅打印学生姓名，还打印学生 ID。该方法具有另一个参数 score，需传入 0 到 100 之间的数字作为其值。

```
In [2]: class Student():

            def __init__(self, sid, name, gender):
                self.sid = sid
                self.name = name
                self.gender = gender
                self.type = "learning"
```

```
    def say_name(self):
        print("My name is " + self.name)

    def report(self, score):
        self.say_name()
        print("My id is: " + self.sid)
        print("My score is: " + str(score))
```

7.2.2 对象

如前所述，**对象**是具有实际值的已定义类的实例。可能存在许多与同一个类相关联的实例，这些实例具有不同的值，并且彼此独立（如前面所示）。另外，当我们创建一个对象并使用该对象调用类中的方法时，不需要给 self 参数赋值，因为 Python 会自动提供。请参阅以下示例。

示例：创建两个对象（"001","Susan","F"）和（"002","Mike","M"），并都调用方法 say_name。

```
In [3]: student1 = Student("001", "Susan", "F")
        student2 = Student("002", "Mike", "M")

        student1.say_name()
        student2.say_name()
        print(student1.type)
        print(student1.gender)

My name is Susan
My name is Mike
learning
F
```

在上面的代码中，我们创建了两个对象，student1 和 student2，它们分别具有不同的属性值。每个对象都是 Student 类的一个实例，并具有一组唯一的属性值。键入 student1.，按下 TAB，可以查看该对象中定义的所有属性和方法。要访问对象的某个属性，请键入 "对象名 . 属性"，如 student1.type。要调用对象的某个方法，则需要括号，因为你正在调用函数，如 student1.say_name()。

尝试一下！调用 student1 和 student2 的方法 report，分数分别为 95 分和 90 分。请注意，这里不需要 "self" 作为参数。

```
In [4]: student1.report(95)
        student2.report(90)

My name is Susan
My id is: 001
My score is: 95
My name is Mike
My id is: 002
My score is: 90
```

我们可以看到，这两个方法调用分别打印出了与两个对象关联的数据。注意我们传入的 score 值只对方法 report 有效（在这个方法的范围内有效）。另外可以看到，report 方法中的 say_name 方法调用也起了作用，实现这点只要调用包含 self 的方法即可。

7.2.3 类属性与实例属性

我们上面介绍的属性实际上叫作实例属性，也就是说它们只属于一个特定的实例。当你使用实例属性时，需要在类中使用" self. 属性"。还有其他属性叫作类属性，从某类创建的所有实例将共享类属性。下面我们看一个关于如何定义和使用类属性的示例。

示例：修改 Student 类，添加一个类属性 n，由它记录我们创建了多少个对象。另外，添加一个方法 num_instances 来打印创建次数信息。

```
In [5]: class Student():

            n = 0

            def __init__(self, sid, name, gender):
                self.sid = sid
                self.name = name
                self.gender = gender
                self.type = "learning"
                Student.n += 1

            def say_name(self):
                print("My name is " + self.name)

            def report(self, score):
                self.say_name()
                print("My id is: " + self.sid)
                print("My score is: " + str(score))

            def num_instances(self):
                print(f"We have {Student.n}-instance in total")
```

在定义类属性时，我们必须在所有其他方法之外定义它，而且**不使用** self。要访问类属性，需使用"类名.属性"，在本例中为 Student.n。由类创建的所有实例将共享类属性，下面的代码有助于理解这点。

```
In [6]: student1 = Student("001", "Susan", "F")
        student1.num_instances()
        student2 = Student("002", "Mike", "M")
        student1.num_instances()
        student2.num_instances()

We have 1-instance in total
```

```
We have 2-instance in total
We have 2-instance in total
```

和之前一样,我们创建了两个对象,student1 和 student2,实例属性为 sid 和 name,还有一个属性 gender 只属于特定对象。例如,student1.name 是 "Susan",student2.name 是 "Mike"。当我们创建对象 student2 并使用该对象调用 num_instances 方法后,使用 student1 对象调用 num_instances 方法的结果也发生了变化,因为 Student.n 的值变了。这符合我们对类属性的期望,因为它在所有创建的对象之间共享。现在我们了解了类和实例之间的区别,就可以在 Python 中很好地使用基本的面向对象编程。在充分利用面向对象编程之前,我们还需要了解继承、封装和多态的概念。让我们开始下一节吧!

7.3 继承、封装和多态

通过结合属性和方法,我们已经看到了面向对象编程使用类和对象的建模能力。除了前两节的内容,还有三个更重要的概念:(1)**继承**,使面向对象编程的代码更加模块化,更容易重用,能够建立类与类之间的关系;(2)**封装**,可以对其他对象隐藏类的一些私有细节;(3)**多态**,允许我们以不同的方式使用同一个操作。下面简要讨论这些概念。

7.3.1 继承

继承能使我们定义一个从另一个类中继承所有方法和属性的类。人们约定俗成地将新类叫作**子类**,将被继承的类叫作**父类**或**超类**。回顾一下类结构的定义,基本的继承结构是 class ClassName(superclass),这意味着新类可以访问父类的所有属性和方法。继承使子类和父类建立起关系。通常,父类是常规类型,子类是特定类型。下面给出一个示例。

尝试一下! 定义一个名为 Sensor 的类,该类具有属性 name、location 和 record_date,这些属性的值在创建对象时传递,还有一个属性 data 作为存储数据的空字典。用 t 和 data 作为输入参数,创建一个方法 add_data,以接收时间戳和数据数组。在此方法中,将 t 和 data 分别赋值给以 "time" 和 "data" 为键的 data 属性。另外,创建一个 clear_data 方法,以删除数据。

```
In [1]: class Sensor():
            def __init__(self, name, location, record_date):
                self.name = name
                self.location = location
                self.record_date = record_date
                self.data = {}

            def add_data(self, t, data):
                self.data["time"] = t
```

```
        self.data["data"] = data
        print(f"We have {len(data)} points saved")

    def clear_data(self):
        self.data = {}
        print("Data cleared!")
```

现在我们用类来存储常规的传感器信息，可以创建一个传感器对象来存储数据。

示例：创建一个传感器对象。

```
In [2]: import numpy as np

        sensor1 = Sensor("sensor1", "Berkeley", "2019-01-01")
        data = np.random.randint(-10, 10, 10)
        sensor1.add_data(np.arange(10), data)
        sensor1.data

We have 10 points saved


Out[2]: {"time": array([0, 1, 2, 3, 4, 5, 6, 7, 8, 9]),
        "data": array([ 3, 2, 5, -1, 2, -2, 6, -1, 5, 4])}
```

7.3.1.1 继承和扩展新方法

假设我们有一种不同类型的传感器，例如，加速度计。它与 Sensor 类共享相同的属性和方法，并且它也有不同的属性和方法，需要基于 Sensor 类添加或修改。我们应该怎么办？是否从头开始创建一个不同的类？这就是继承可以让我们更轻松的地方，新类能够从 Sensor 类继承所有的属性和方法。我们可以考虑是否要扩展属性和方法。我们首先创建这个新类 Accelerometer，并添加一个新方法 show_type 来报告它是什么类型的传感器。

```
In [3]: class Accelerometer(Sensor):

            def show_type(self):
                print("I am an accelerometer!")

        acc = Accelerometer("acc1", "Oakland", "2019-02-01")
        acc.show_type()
        data = np.random.randint(-10, 10, 10)
        acc.add_data(np.arange(10), data)
        acc.data
I am an accelerometer!
We have 10 points saved


Out[3]: {"time": array([0, 1, 2, 3, 4, 5, 6, 7, 8, 9]),
        "data": array([ -1, 4, 7, -10, -2, -6, 2, -8, 9, 3])}
```

创建新类 Accelerometer 的过程非常简单，它继承自类 Sensor（表示为父类），

实际上包含 Sensor 类的所有属性和方法。创建完后我们添加了一个新方法 show_
type，Sensor 类中并没有该方法，我们通过添加新方法的方式成功扩展了子类。这显
示了继承的力量：我们在一个新类中重用了 Sensor 类的大部分内容，并扩展了功能。
基本上，继承为现实世界实体的建模建立了一个逻辑关系：作为父类的 Sensor 类更通
用，并将所有特征传递给子类 Accelerometer。

7.3.1.2　继承和方法重写

通过继承创建类时，我们可以改变父类提供的方法实现，这称为方法重写，如下例
所示。

示例：创建一个类 UCBAcc（在加州大学伯克利分校创建的一种特定类型的加速度计），
该类继承自类 Accelerometer，并且替换了 show_type 方法，同时会打印出传感
器名称 。

```
In [4]: class UCBAcc(Accelerometer):

            def show_type(self):
                print(f"I am {self.name}, created at Berkeley!")

        acc2 = UCBAcc("UCBAcc", "Berkeley", "2019-03-01")
        acc2.show_type()

I am UCBAcc, created at Berkeley!
```

可以看到新类 UCBAcc 实际上用新功能覆盖了之前的 show_type 方法。在这个例
子中，我们不仅继承了父类的特性，还修改 / 改进了父类的一些方法。

7.3.1.3　使用 super 方法继承和更新父类的属性

我们来创建一个继承自 Sensor 类的 NewSensor 类，在该类中添加新的属性
brand 来更新父类的属性。当然，我们可以重新定义整个 __init__ 方法，如下所示，
它能够覆盖父类中的 __init__ 方法。

```
In [5]: class NewSensor(Sensor):
            def __init__(self,name,location,record_date,brand):
                self.name = name
                self.location = location
                self.record_date = record_date
                self.brand = brand
                self.data = {}

        new_sensor = NewSensor("OK", "SF", "2019-03-01", "XYZ")
        new_sensor.brand

Out[5]: "XYZ"
```

有更好的方法可以达到同样的效果。如果使用 super 方法，就可以避免显式引用
父类，如下例所示：

示例： 在继承类中重新定义属性。

```
In [6]: class NewSensor(Sensor):
            def __init__(self,name,location,record_date,brand):
                super().__init__(name, location, record_date)
                self.brand = brand

        new_sensor = NewSensor("OK", "SF", "2019-03-01", "XYZ")
        new_sensor.brand

Out[6]: "XYZ"
```

可以看到，使用 super 方法，我们不需要列出所有属性的定义，这有助于在可预见的未来保持代码的可维护性。因为子类不会隐式调用父类的 __init__ 方法，所以必须使用 super().__init__，如上例所示。

7.3.2 封装

封装是面向对象编程的基本概念之一，它描述了限制访问类中的方法和属性这一思想。封装对用户隐藏了复杂的细节，并能防止数据被意外修改。在 Python 中，通过使用私有方法或使用以下划线（即 "_" 或 "__"）作为前缀的属性来实现封装，如下例所示。

示例：

```
In [7]: class Sensor():
    def __init__(self, name, location):
        self.name = name
        self._location = location
        self.__version = "1.0"

    # a getter function
    def get_version(self):
        print(f"The sensor version is {self.__version}")

    # a setter function
    def set_version(self, version):
        self.__version = version

    In [8]: sensor1 = Sensor("Acc", "Berkeley")
    print(sensor1.name)
    print(sensor1._location)
    print(sensor1.__version)

    Acc
    Berkeley
```

```
AttributeError                Traceback (most recent call last)

<ipython-input-8-ca9b481690ba> in <module>
    2 print(sensor1.name)
    3 print(sensor1._location)
----> 4 print(sensor1.__version)


AttributeError: 'Sensor' object has no attribute '__version'
```

上面的例子展示了封装是如何工作的。我们使用单下划线，定义了一个不能被直接访问的私有属性（请注意，这么做是惯例，其实没有什么可以阻止你实际访问它）。使用双下划线，定义了一个无法被直接访问或修改的属性 __version。要访问双下划线属性，我们需要使用 getter 和 setter 方法在内部访问它。示例如下所示。

```
In [9]: sensor1.get_version()

The sensor version is 1.0

In [10]: sensor1.set_version("2.0")
sensor1.get_version()

The sensor version is 2.0
```

单下划线和双下划线也适用于私有方法，因为类似于私有属性，所以在此不再讨论。

7.3.3 多态

多态是面向对象编程的另一个基本概念，它意味着多种形式。多态使得能以不同的底层形式（如数据类型或类）来使用同一个接口。例如，我们可以跨类或子类使用通用的命名方法。前面已经有一个例子，即在我们重写 UCBAcc 类中的 show_type 方法时，父类 Accelerometer 和子类 UCBAcc 都有一个名为 show_type 的方法，但两个方法的实现方式不同。这种在不同情况下以不同形式使用单一名称的能力大大降低了复杂性。关于多态性的讨论我们就不展开了，有兴趣的可以上网多查查以深入了解。

7.4 总结和习题

7.4.1 总结

1. 面向对象编程和面向过程编程不同。面向对象编程有很多好处，通常更适合在大型项目中使用。
2. 类是结构的蓝图，它允许我们对属性和方法进行分组，而对象是类的实例。
3. "继承"的概念是面向对象编程的关键，它允许我们从父类中引用属性或方法。
4. "封装"的概念允许我们对其他对象隐藏类的一些私有细节。
5. "多态"的概念让我们可以针对不同的数据输入以不同的方式使用一个通用的操作。

7.4.2 习题

1. 描述类和对象的区别。

2. 描述为什么使用 self 作为方法的第一个参数。

3. 什么是构造函数？为什么要使用它？

4. 描述类属性和实例属性的区别。

5. 以下是采用坐标 x,y 的类 Point 的定义。往类中添加绘制点位置的方法 plot_point。

```
import matplotlib.pyplot as plt

class Point():
    def __init__(self, x, y):
        self.x = x
        self.y = y
```

6. 使用问题 5 中的类并添加一个方法 calculate_dist，该方法接收另一个点的 x 和 y，并返回计算出的两点之间的距离。

7. 什么是继承？

8. 如何从父类继承并添加新方法？

9. 当从父类继承时，需要用一个新方法替换父类中的旧方法，应该怎么做？

10. 什么是 super 方法？为什么需要它？

11. 创建一个类来模拟一些现实世界的对象，并创建一个新类来继承它。请参阅下面的示例。应该实现一个不同的类，并尽可能多地结合学过的概念。

```
In [1]: class Car():
            def __init__(self, brand, color):
                self.brand = brand
                self.color = color

            def start_my_car(self):
                print("I am ready to drive!")


        class Truck(Car):
            def __init__(self, brand, color, size):
                super().__init__(brand, color)
                self.size = size

            def start_my_car(self, key):
                if key == "truck_key":
                    print("I am ready to drive!")
                else:
                    print("Key is not right")

            def stop_my_car(self, brake):
                if brake:
                    print("The engine is stopped!")
                else:
                    print("I am still running!")
        truck1 = Truck("Toyota", "Silver", "Large")
        truck1.start_my_car("truck_key")
        truck1.stop_my_car(brake = False)
```

复杂度

8.1 复杂度和大 O 表示法

函数的**复杂度**是问题的规模与运行函数直至完成的难度之间的关系。问题的规模通常用 n 表示，n 一般用来描述更具体的内容，如数组的长度。难度可以通过多种方式来衡量，其中一种合适的方式是使用**基本运算**：加法、减法、乘法、除法、赋值和函数调用。虽然每个基本运算所需的时间不同，但运行完一个函数所需的基本运算次数与运行时间具有足够的相关性，而且次数计算起来要容易得多。

> **尝试一下！** 依据 n，计算运行以下函数直至完毕会进行多少次基本运算。
>
> ```
> In [1]: def f(n):
>             out = 0
>             for i in range(n):
>                 for j in range(n):
>                     out += i*j
>
>             return out
> ```

我们来计算其中基本运算的运行次数：

n^2 次加法、0 次减法、n^2 次乘法、0 次除法、$2n^2+n+1$ 次赋值、0 次函数调用，总共为 $4n^2+n+1$ 次。

赋值次数为 $2n^2+n+1$，是因为 out += i*j 运行了 n^2 次，j 被赋值了 n^2 次，i 被赋值了 n 次，out = 0 运行了 1 次。因此，函数 f 的复杂度可以描述为 $4n^2+n+1$。

复杂度的常用表示法称为**大 O 表示法**。随着问题规模变得非常大，大 O 表示法建立了基本运算的运行次数的增长与问题规模之间的关系。由于每台机器上的硬件可能不同，因此不对硬件进行评估，我们就无法准确计算函数运行完成所需的时间，这仅对特定机器有效。在特定机器上计算一组特定输入所需的时间并不重要。重要的是"完成时间"，由于这种类型的分析与硬件无关，因此基本运算运行次数的增长直接响应于问题规模的增加。随着 n 变大，n 的最高次幂占主导地位，因此大 O 表示法中只包含最高次幂项。此外，不需要系数来表征增长，因此把系数也删除。在上面的例子中，我们计算出要进行 $4n^2+n+1$ 次基本运算才能运行完函数。那么在大 O 表示法中，我们会说该函数的复杂度是 $O(n^2)$（发音为"O n 方"）。我们称一切复杂度为 $O(n^c)$ 的算法（其中 c 是关于 n 的某个常数）为**多项式时间算法**。

尝试一下! 用大 O 表示法确定迭代版斐波那契函数的复杂度。

```
In [2]: def my_fib_iter(n):

            out = [1, 1]

            for i in range(2, n):
                out.append(out[i - 1] + out[i - 2])

            return out
```

因为随着 n 的变大,唯一需要更多时间运行的代码行是 for 循环,所以我们可以将注意力集中在 for 循环和其中的代码上。for 循环中代码的运行时间并不会随着 n 变大而增加(即它是常量)。因此,基本运算的运行次数是 Cn,其中 C 是表示 for 循环中基本运算的常数,这些运算将运行 n 次。这为 my_fib_iter 提供了 $O(n)$ 的复杂度。

有时候求一个函数的精确复杂度可能很困难。在这些情况下,求出复杂度的上限甚至近似值就足够了。

尝试一下! 求递归版斐波那契函数的复杂度上限。你认为这是上限的一个很好的近似值吗?你认为递归版斐波那契函数可能是多项式时间算法吗?

```
In [3]: def my_fib_rec(n):

            if n < 2:
                out = 1
            else:
                out = my_fib_rec(n-1) + my_fib_rec(n-2)

            return out
```

随着 n 变大,绝大部分函数调用会对另外两个函数进行调用:一个是加法,另一个是对输出进行赋值。每次函数调用加法和赋值不会随着 n 增长,所以我们可以在大 O 表示法中忽略它们。但是,函数调用的次数大约增长了 2^n,因此 my_fib_rec 的复杂度上限为 $O(2^n)$。

关于 $O(2^n)$ 是否能很好地近似递归版斐波那契函数的复杂度上限,一直存在争论。

由于递归调用的次数随 n 的变大呈指数增长,因此递归版斐波那契函数不可能是多项式时间算法。也就是说,对于任何常数 c,都有一个 n 使得 my_fib_rec 需要完成比 $O(n^c)$ 更多次基本运算。对于某个常数 c,复杂度为 $O(c^n)$ 的任何函数都被称为**指数时间**算法。

尝试一下! 使用大 O 表示法,下面函数的复杂度是多少?

```
In [4]: def my_divide_by_two(n):

            out = 0
            while n > 1:
```

```
        n /= 2
        out += 1

    return out
```

同样，对于较大的 n，只有 while 循环运行时间更长，因此我们可以将注意力集中在 while 循环和其中的代码上。在 while 循环中，有两个赋值运算：一个除法赋值和一个加法赋值。这两个运算的运行时间对于 n 而言都是常数。所以复杂度只取决于 while 循环的运行次数。

while 循环在每次循环中都将 n 减半，直到 n 不大于 1。因此循环次数 I 是方程 $\dfrac{n}{2^I}=1$ 的解，通过一些操作，可得解为 $I=\log n$，因此 my_divide_by_two 的复杂度是 $O(\log n)$。回忆一下对数运算的规则，会发现对数的底是什么并不重要，因为所有对数都是彼此的标量倍数，因此这里省略了底。任何复杂度为 $O(\log n)$ 的函数都被称为**对数时间**算法。

8.2　复杂度问题

那么为什么复杂度很重要呢？因为不同复杂度的任务需要用不同的时间完成。图 8.1 是一个快速草图，展示了对于复杂度分别为 $\log(n)$、n、n^2 的函数，其运行时间如何随着问题规模的变大而变化。

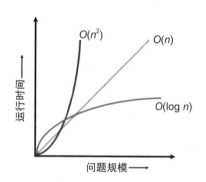

图 8.1　复杂度为 $\log(n)$、n 和 n^2 的函数的运行时间

我们再看一个例子。假设有一个以指数时间运行的算法，如复杂度为 $O(2^n)$，设 N 为使用现有计算资源（用 R 表示）和该算法可以解决的最大问题。这个 R 可以是你愿意等待函数完成的时间量，也可以是你在厌倦等待之前看到的计算机执行基本运算的次数。使用相同的算法，给定一台速度是原来两倍的新计算机，可以解决多大的问题？

如果我们用旧计算机建立 $R=2^N$，那么使用新计算机，我们就有 $2R$ 的计算资源，因此我们要求 N'，使得 $2R=2^{N'}$。通过一些代换，我们可以得到 $2\times 2^N=2^{N'}\rightarrow 2^{N+1}=2^{N'}\rightarrow N'=N+1$。因此，使用指数时间算法，将计算资源加倍将解决比旧计算机能解决的问题大一个单位的问题。这虽然是一个非常小的差异，但当 N 变大时，相对改进会趋于 0。

使用多项式时间算法，可以做得更好。这一次我们假设 $R=N^c$，其中 c 是大于 1 的常数。然后令 $2R=N'^c$，如果使用与前面类似的代换，将得到 $N'=2^{1/c}N$。所以用 c 次方的多项式时间算法，可以解决的问题比旧计算机能解决的更大。当 c 很小时，如小于 5，这带来的差异比使用指数算法带来的差异要大得多。

最后，我们思考一个对数时间算法。设 $R=\log N$，则 $2R=\log N'$，再进行一些代换，我们得到 $N'=N^2$。这意味着我们有了双倍的资源，可解决的问题变为原问题大小的平方！

经过这番分析，我们知道指数时间算法不能进行很好的扩展。也就是说，随着问题规模变大，完成指数时间算法花费的时间比你愿意等待的时间要长（长得多）。对于上一节的示例，my_fib_rec(100) 将执行 2^{100} 次基本运算以完成计算。就算你的计算机每秒可以执行 100 万亿次基本运算（远远快于地球上最快的计算机），也需要大约 4 亿年才能完成，而使用 my_fib_iter(100) 完成相同任务所需的时间不到 1ns。

计算斐波那契数有指数时间算法（递归）和多项式时间算法（迭代）。如果有选择的话，我们显然会选择多项式时间算法。然而，有一类问题还没有发现其多项式时间算法。换句话说，对于这类问题只有指数时间算法。这些问题被称为 NP 完全问题，有一项调查正试图确定是否存在针对这些问题的多项式时间算法。NP 完全问题的示例包括旅行推销员、集合覆盖和集合包装问题。这些问题的解决方案虽然在理论上还处于构建阶段，但在物流和运筹学领域有着广泛的应用。事实上，一些保证 Web 和银行应用程序安全的加密算法依赖于破解它们的 NP 完整性。对 NP 完全问题和复杂度理论的进一步讨论超出了本书的范围，但这些问题对于许多工程应用非常有趣并且很重要。

8.3　分析器

8.3.1　使用魔术命令

许多程序员会花费很长时间来使自己的代码运行速度提高一倍或获得更小的改进，即使这样做不会改变程序的复杂度 O。

有多种方法可以检查 Jupyter Notebook 中代码的运行时间。下面介绍的是执行检查操作的魔术命令：

- %time：获取单个语句的运行时间。
- %timeit：获取单个语句的重复运行时间。
- %%time：获取单元格中所有代码的运行时间。
- %%timeit：获取单元格中所有代码的重复运行时间。

请注意，双百分比的魔术命令用于获取单元格中所有代码的运行时间，单百分比的魔术命令仅适用于单个语句。

```
In [1]: %time sum(range(200))

    CPU 时间：用户 6μs，系统：1μs，总计：7μs，墙上时钟时间：9.06μs

Out[1]: 19900
```

```
In [2]: %timeit sum(range(200))
```

每次循环 1.24μs±70.6 ns（7 次运行的平均值 ± 标准偏差，每次运行 1 000 000 次循环）

```
In [3]: %%time
        s = 0
        for i in range(200):
            s += i
```

CPU 时间：用户 15μs，系统：0ns，总计：15μs，墙上时钟时间：17.9μs

```
In [4]: %%timeit
        s = 0
        for i in range(200):
            s += i
```

每次循环 7.06μs±414 ns（7 次运行的平均值 ± 标准偏差，每次运行 100 000 次循环）

警告！有时使用 `timeit` 命令可能不合适，因为它会让代码运行许多次循环，花费大量的时间来完成任务。

8.3.2　使用 Python 分析器

除了魔术命令，还可以使用 Python **分析器**（有关更多讨论，请阅读 Python 文档）来分析编写的代码。在 Jupyter Notebook 中：

- `%prun` 是通过 Python 分析器运行单个语句。
- `%%prun` 是通过 Python 分析器运行单元格。

下面的示例反复对随机数求和：

```
In [6]: import numpy as np
```

```
In [7]: def slow_sum(n, m):

            for i in range(n):
                # we create a size m array of random numbers
                a = np.random.rand(m)

                s = 0
                # in this loop we iterate through the array
                # and add elements to the sum one by one
                for j in range(m):
                    s += a[j]
```

```
In [8]: %prun slow_sum(1000, 10000)
```

结果如图 8.2 所示。

图 8.2 显示以下列（来自 Python 分析器）：

- `ncalls` 是调用次数；

- tottime 是执行给定函数所花费的总时间（不包括调用子函数的时间）；
- percall 是 tottime 除以 ncalls 的商；
- cumtime 是执行这个函数和所有子函数花费的总时间（从调用到退出），即使对于递归函数，这个数字也是准确的；
- percall 是 cumtime 除以原始调用的商。

```
      1004 function calls in 1.413 seconds

 Ordered by: internal time

 ncalls  tottime  percall  cumtime  percall filename:lineno(function)
      1    1.320    1.320    1.413    1.413 <ipython-input-20-cc5de53096ac>:1(slow_sum)
   1000    0.093    0.000    0.093    0.000 {method 'rand' of 'mtrand.RandomState' objects}
      1    0.000    0.000    1.413    1.413 {built-in method builtins.exec}
      1    0.000    0.000    1.413    1.413 <string>:1(<module>)
      1    0.000    0.000    0.000    0.000 {method 'disable' of '_lsprof.Profiler' objects}
```

图 8.2　prun 的分析结果

8.3.3　使用 line 分析器

很多时候我们需要确定代码脚本中的哪一行花费的时间较长，以便重写该行提高效率。要做到这点，可以使用 line_profiler，它将逐行分析代码。Python 没有附带这个函数，因此我们需要安装它，然后就可以使用魔术命令

%lprun，在单个语句上运行逐行配置文件。

```
In [9]: # Note, you only need run this once
        !conda install line_profiler
```

安装完此软件包后，请加载 line_profiler 扩展名：

```
In [10]: %load_ext line_profiler
```

使用 line_profiler 分析代码的方式如下所示：

```
In [11]: %lprun -f slow_sum slow_sum(1000, 10000)
```

运行上述命令将逐行分析代码，结果如图 8.3 所示。

```
Timer unit: 1e-06 s

Total time: 6.1411 s
File: <ipython-input-20-cc5de53096ac>
Function: slow_sum at line 1

Line #      Hits         Time  Per Hit   % Time  Line Contents
==============================================================
     1                                           def slow_sum(n, m):
     2
     3      1001        301.0      0.3      0.0      for i in range(n):
     4                                                  # we create a size m array of random numbers
     5      1000      87876.0     87.9      1.4          a = np.random.rand(m)
     6
     7      1000        439.0      0.4      0.0          s = 0
     8                                                  # in this loop we iterate through the array
     9                                                  # and add elements to the sum one by one
    10  10001000    2463579.0      0.2     40.1          for j in range(m):
    11  10000000    3588901.0      0.4     58.4              s += a[j]
```

图 8.3　line_profiler 对代码的逐行分析结果

结果包括对每一行代码的概括。请注意，第 10 行和第 11 行代码的运行时间占用了总运行时间的大部分。

通常，当代码运行时间比你希望的要长时，意味着代码中出现了**瓶颈**，大部分时间都花在了运行瓶颈代码上面。也就是说，存在代码行的执行时间比程序中其他代码行的执行时间长。解决程序中的瓶颈代码通常会使性能得到最大的改进，即使代码中还有其他更容易改进的地方。

提示！从瓶颈开始提高代码性能。

8.4 总结和习题

8.4.1 总结

1. 函数的复杂度是问题的规模与运行函数直至完成的难度之间的关系。

2. 大 O 表示法是一种标准的函数复杂度分类方法，这种方法与计算机和操作系统无关。

3. 对数时间算法比多项式时间算法执行速度快，多项式时间算法比指数时间算法执行速度快。

4. Python 分析器是一个有用的工具，用于确定代码在何处运行缓慢，以便提高其性能。

8.4.2 习题

1. 如何定义以下问题的规模？
- 解决拼图难题。
- 向班级分发讲义。
- 步行上课。
- 在字典中查找名字。

2. 对于上一题给出的问题，根据你定义的规模，你认为那些问题的大 O 复杂度分别是多少？

3. 你可能会惊讶地发现，在含有 n 个单词的列表中查找一个单词是一种对数时间算法。不从列表的开头开始，而是从中间开始；如果中间的单词是你要找的词，那么你就完成了；如果该词出现在你要查找的词之后，则在第一个单词和当前词的中间查找；如果它在你要查找的单词之前，则查找当前词和结尾的中间位置。不断重复这个过程，直到你找到想要词。这种算法被称为二分搜索。它以对数时间运行，因为搜索空间在每次迭代时减半，所以它最多需要 $\log_2(n)$ 次迭代就能找到单词。因此，运行时间的增加和列表长度为对数关系。

有一种方法可以在 $O(1)$ 或常数时间内查找单词。这意味着无论列表有多长，所需的查找时间都相同！你能想到这是怎么做到的吗？提示：研究散列函数。

4. 计算包含以下递归关系的算法的复杂度是多少？假设实现是（a）递归的和（b）迭代的，根据 n 将以下算法分类为对数时间、多项式时间或指数时间。

Tribonacci，$T(n)$:

$$T(n)=T(n-1)+T(n-2)+T(n-3)$$
$$T(1)=T(2)=T(3)=1$$

Timmynacci, $t(n)$:

$$t(n)=t(n/2)+t(n/4)$$
$$t(n)=1，当 n < 1 时$$

5. 第 6 章给出的汉诺塔问题的大 O 复杂度是多少？其是上限值还是精确值？

6. 快速排序算法的大 O 复杂度是多少？

7. 在 `line_profiler` 中运行以下两个迭代函数，以查找斐波那契数，并使用魔术命令获取重复运行时间。第一个函数将内存预先分配给存储所有斐波那契数的数组。第二个函数在 for 循环的每次迭代中扩展列表。

```
In [ ]: import numpy as np

        def my_fib_iter1(n):
            out = np.zeros(n)

            out[:2] = 1

            for i in range(2, n):
                out[i] = out[i-1] + out[i-2]

            return out

        def my_fib_iter2(n):

            out = [1, 1]
            for i in range(2, n):
                out.append(out[i-1]+out[i-2])

            return np.array(out)
```

数字的表示

9.1 base*N* 和二进制

十进制是一种在小学时就学习的表示数字的方式。在十进制中，用 $0 \sim 9$ 的不同组合来表示数字，数字的每一位都是 10 的幂的系数。

示例：写出 147.3 的十进制扩展。

$147.3 = 1 \cdot 10^2 + 4 \cdot 10^1 + 7 \cdot 10^0 + 3 \cdot 10^{-1}$

由于数字的每一位都与 10 的幂相关联，因此十进制也称为 **base10**，它基于 10 个数字（$0 \sim 9$）。base10 数字没有什么特别之处，只是你更习惯于使用它们。例如，在 base3 中，只有数字 0、1 和 2，数字 121（base3）$= 1 \cdot 3^2 + 2 \cdot 3^1 + 1 \cdot 3^0 = 9 + 6 + 1 = 16$（base10）。

就本章而言，数字的表示法很有用，即除非上下文清楚，否则每个数字后面都将有进制表示。例如，11（base10）表示 base10 中的 11。

对于计算机来说，数字通常用 base2 或**二进制**数表示。在二进制中，可用的数字只有 0 和 1，数字的每一位都是 2 的幂的系数。二进制数中的数字也称为**位**。请注意，二进制数仍然是数字，它们的加法和乘法过程与你在小学学的十进制数的加法和乘法完全相同。

尝试一下！将数字 11（base10）转换成二进制。

11（base10）$= 8 + 2 + 1 = 1 \cdot 2^3 + 0 \cdot 2^2 + 1 \cdot 2^1 + 1 \cdot 2^0 = 1011$（base2）

尝试一下！将 37（base10）和 17（base10）转换为二进制，将所得的数字以二进制形式相加和相乘。用十进制验证结果是否正确。

转换为二进制：

37（base10）$= 32 + 4 + 1 = 1 \cdot 2^5 + 0 \cdot 2^4 + 0 \cdot 2^3 + 1 \cdot 2^2 + 0 \cdot 2^1 + 1 \cdot 2^0 = 100101$（base2）

17（base10）$= 16 + 1 = 1 \cdot 2^4 + 0 \cdot 2^3 + 0 \cdot 2^2 + 0 \cdot 2^1 + 1 \cdot 2^0 = 10001$（base2）

获得十进制加法和乘法的结果：

37 + 17 = 54

37 × 17 = 629

执行二进制加法（见图 9.1）。

执行二进制乘法（见图 9.2）。

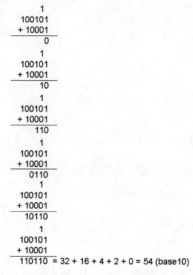

图 9.1   二进制加法

二进制数对于计算机很有用，因为数字 0 和 1 的算术运算可以使用"与""或"和"非"表示，能够快速计算。

人类可以将数字抽象成任意大的值，与此不同，计算机具有固定位数，一次能够存储的数位有限。例如，一台 32 位计算机只能表示和处理 32 位二进制数。如果 32 位都用于表示正整二进制数，那么意味着计算机可以表示的数字有 $\sum_{n=0}^{31} 2^n = 4\ 294\ 967\ 296$ 个。这个数字根本算不上很大，除了基本运算外，完全不足以执行任何其他运算。例如，无法完全合理地计算"0.5 + 1.25"的总和，因为所有位都用于表示整数了。

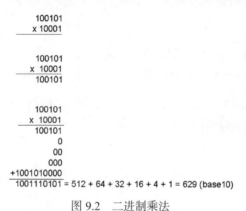

图 9.2   二进制乘法

9.2   浮点数

对于任何给定的计算机，其位数通常是固定的。使用二进制表示法导致数字的范围和精度不足以进行相关的工程计算。为了用相同的位数得到工程计算所需的数字范围，我们使用**浮点数**。浮点数不是将每个位用作 2 的幂的系数，而是将位分为三个不同的部分：**符号指示符** s，表示数字是正数还是负数；**特征**或**指数** e，是 2 的幂；**尾数** f，是指数的系数。几乎所有平台都将 Python 浮点数映射到 IEEE754 双精度（总共 64 位）。1 位分配给符号指示符，11 位分配给指数，52 位分配给尾数。将 11 位分配给指数使得这部分可以有 2048 个取值。由于我们希望能够生成非常精确的数字，因此让其中一些值表示负指数，即允许数字介于 0 和 1（base10）之间。为此，从指数中减去 1023 以对其进行规格化，从指数中减去的值通常称为**偏移量**。尾数是介于 1 和 2 之间的数字。在二进制中，这意味着尾数的前导项将恒为 1，因此存储它是一种浪费。为了节省空间，把前导项 1 删除。在 Python 中，我们可以使用 sys 包获取浮点数信息，如下所示：

```
In [1]: import sys
        sys.float_info
```

```
Out[1]: sys.float_info(max=1.7976931348623157e+308, max_exp=1024,
        max_10_exp=308, min=2.2250738585072014e-308,
        min_exp=-1021, min_10_exp=-307, dig=15,
        mant_dig=53, epsilon=2.220446049250313e-16,
        radix=2, rounds=1)
```

64 位浮点数可以表示为 $n = (-1)^s 2^{e-1023}(1+f)$。

尝试一下！

1 10000000010 1000000000000000000000000000000000000000000000000000（IEEE754）

对应的 base10 中的数字是多少？

十进制的指数是 $1 \cdot 2^{10} + 1 \cdot 2^1 - 1023 = 3$。

尾数为 $1 \cdot 1/2^1 + 0 \cdot 1/2^2 + \cdots = 0.5$。

因此，$n = (-1)^1 \cdot 2^3 \cdot (1+0.5) = -12.0$（base10）。详见图 9.3。

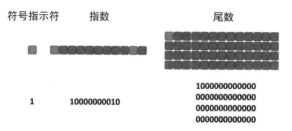

符号指示符　　　　指数　　　　　　　尾数

1　　　　　10000000010

1000000000000
1000000000000
0000000000000
0000000000000

图 9.3　−12.0 在 64 位计算机中的表示，1 个方块代表 1 位，浅灰色方块代表 1，灰色方块代表 0

尝试一下！ 15.0（base10）在 IEEE754 中的表示是什么？小于 15.0 的最大数字是多少？大于 15.0 的最小数字是多少？

因为这个数是正数，所以 s=0。小于 15.0 的 2 的最大次幂是 8，对应指数是 3，因此：

$3 + 1023 = 1026$（base10）$= 10000000010$（base2）。

那么尾数是：

$15/8 - 1 = 0.875$（base10）$= 1 \cdot 1/2^1 + 1 \cdot 1/2^2 + 1 \cdot 1/2^3 =$11100000000000000000 00000000000000000000000000000000（base2）。

将上述三部分组合，将产生以下转换：15.0（base10）= 0 10000000010 111000000 00000000000000000000000000000000000000000000（IEEE754）。

小于该数字的最大数字是 0 10000000010 110111111111111111111111111111111111111 111111111111111 = 14.99999999999999822364316 05997。

大于该数字的最小数字是 0 10000000010 11100000000000000000000000000000000000 00000000000000001 = 15.0000000000000017763568394003。

因此，IEEE754 数字 0 10000000010 111000000000000000000000000000000000000000 00000000000000 不仅代表数字 15.0，还代表所有介于其近邻之间的实数。因此，任何在此区间内有结果的计算都将被赋值为 "15.0"。

我们把从一个数字到下一个数字的距离称为**间距**。因为尾数会乘以 2^{e-1023}，所以所得数字的间距随着指数的增长而增长，这个间距可以使用 numpy 中的函数 spacing 来计算。

尝试一下！使用 spacing 函数确定 1e9 处的间距。验证向 1e9 添加一个小于 1e9 处间距一半的数字是否会产生相同的数字。

```
In [2]: import numpy as np

In [3]: np.spacing(1e9)

Out[3]: 1.1920928955078125e-07

In [4]: 1e9 == (1e9 + np.spacing(1e9)/3)

Out[4]: True
```

当 e 为 0 [即 $e = 00000000000$(base2)] 和 e 为 2047 [即 $e = 11111111111$(base2)] 时，浮点数的取值存在一些特殊情况，这些值是保留的；当为 0 时，f 中的前导项取值为 0，结果是一个**次正规数**，由 $n = (-1)^s 2^{-1022}(0 + f)$ 计算（注意，它是 -1022 而不是 -1023）；当为 2047 且 f 非零时，结果为 "非数字"，这意味着该数字未定义；当为 2047，且 f 和 s 均为 0 时，结果为正无穷大；当为 2047，且 $f = 0$、$s = 1$ 时，结果为负无穷大。

尝试一下！分别为 64 位计算机能表示的最大浮点数 0 11111111110 1111111111111111 1111111111111111111111111111111111111111（IEEE754）和 64 位计算机能表示的最小浮点数 0 00000000001 0000000000000000000000000000000000000000000000000000（IEEE754）计算对应的 base10 值。请注意，为了符合前面所述的规则，指数分别为 2046 和 1。使用 sys.float_info.max 和 sys.float_info.min 验证 Python 中函数的计算结果是否与自己的计算结果一致。

```
In [5]: l = (2**(2046-1023))*((1 + sum(0.5**np.arange(1, 53))))
        l
```

Out[5]: 1.7976931348623157e+308

```
In [6]: sys.float_info.max
```

Out[6]: 1.7976931348623157e+308

```
In [7]: s = (2**(1-1023))*(1+0)
        s
```

Out[7]: 2.2250738585072014e-308

```
In [8]: sys.float_info.min
```

Out[8]: 2.2250738585072014e-308

大于计算机能够表示的最大浮点数的数字会导致**溢出**，Python 通过将结果赋给 inf 来处理这种情况。小于最小次正规数的数字则会导致**下溢**，Python 通过将结果赋值为 0 来处理这种情况。

尝试一下！ 证明将上一个示例中的最大浮点数与 2 相加，所得结果还是该浮点数。因为 Python 浮点数没有足够的精度来存储 sys.float_info.max 之后的 +2，所以该操作本质上等同于加零。还要证明将上一个示例中的最大浮点数自身与自身相加也会导致溢出，并且 Python 将溢出结果赋给 inf。

```
In [9]: sys.float_info.max + 2 == sys.float_info.max
```

Out[9]: True

```
In [10]: sys.float_info.max + sys.float_info.max
```

Out[10]: inf

尝试一下！ 对于 64 位计算机的最小次正规数：$s = 0$、$e = 00000000000$ 和 $f = 0000000$ 0000000000000000000000000000000000000000001。根据次正规数的特殊规则，所表示的浮点数为 $(-1)^0 2^{1-1023} 2^{-52} = 2^{-1074}$。请证明 2^{-1075} 下溢为零，并且结果无法与零区分开。证明 2^{-1074} 没有下溢。

```
In [11]: 2**(-1075)
```

Out[11]: 0.0

```
In [12]: 2**(-1075) == 0
```

Out[12]: True

```
In [13]: 2**(-1074)
```

Out[13]: 5e-324

使用 IEEE754 与使用二进制相比，我们获得了什么？使用 64 位二进制可以得到 2^{64} 个数字。由于二进制和 IEEE754 之间的位数没有变化，因此 IEEE754 也必须给我们 2^{64} 个数字。在二进制中，数字之间具有恒定的间距。因此，不能同时拥有范围（即能够表示的最小数字和最大数字之间的大距离）和精度（即数字之间的小间距）。如何控制这些参数取决于数字中放置小数点的位置。IEEE754 克服了这一限制，对小数字使用非常高的精度，对大数字使用非常低的精度。这种限制通常是可以接受的，因为相对于数字本身的大小，大数字的间距仍然很小。因此，如果所考虑的数字是万亿或更高级别的数字，那么即使间距有数百万之大，也与正常计算无关。

本节介绍了浮点数的表示。David Patterson 和 John Hennessy 在《计算机组织和设计》（Computer Organization and Design）中对这一概念进行了详细的描述。

9.3　舍入误差

在上一节中，我们讨论了如何在计算机中用 base2 表示浮点数。这有一个不足，即浮点数不能以理想的精度存储，这些数字是由有限的字节数来近似的。计算机中使用的数字近似值与其正确（真）值之间的差异称为**舍入误差**，这是数值计算中常见的误差之一。另一种是**截断误差**，将在第 18 章介绍。差异在于：截断误差是通过截断一个无限和，并用一个有限和来逼近它而产生的误差。

9.3.1　表示误差

舍入误差的最常见形式是浮点数中的表示误差。一个简单的例子是如何表示 π？我们知道 π 是一个无限不循环小数。通常，我们只使用有限小数。例如，使用 3.14159265，但此近似值与真正的 π 之间存在误差。另一个例子是 1/3，其真实值是 0.333333333⋯，无论我们选择多少个十进制数字表示该数，都会存在舍入误差。当我们多次舍入数字时，误差会累积。例如，把 4.845 舍入到小数点后两位，为 4.85，再舍入到小数点后一位，就是 4.9，总误差是 0.55。而如果我们只舍入一次，所得数字就是 4.8，误差是 0.045。

9.3.2　浮点运算导致的舍入误差

从上面的例子来看，4.845 和 4.8 之间的误差应该是 0.045。但是如果用 Python 验证，会看到 4.9-4.845 并不等于 0.055。

```
In [1]: 4.9 - 4.845 == 0.055

Out[1]: False
```

为什么会发生这种情况？如果用 Python 计算 4.9-4.845，实际结果为 0.055000000 000000604。这是因为浮点数不能用精确的数字表示，只是一个近似值，当将它用于算术运算时，会产生一个小的误差。

```
In [2]: 4.9 - 4.845

Out[2]: 0.055000000000000604

In [3]: 4.8 - 4.845

Out[3]: -0.04499999999999993
```

下面的另一个例子表明，0.1+0.2+0.3 不等于 0.6，误差是由相同的原因造成的。

```
In [4]: 0.1 + 0.2 + 0.3 == 0.6

Out[4]: False
```

尽管不能使数字更接近其预期的精确值，但可用 round 函数实现事后舍入，以便具有不精确值的结果彼此之间具有可比性：

```
In [5]: round(0.1 + 0.2 + 0.3, 5)  == round(0.6, 5)

Out[5]: True
```

9.3.3 舍入误差的累积

由于表示不精确而存在舍入误差，因此当我们对初始输入进行一系列计算时，这些误差可能会被放大或累积。例如，将数字 1 加上 1/3 再减去 1/3，结果应该为 1。但在下面的例子中，我们对 1 加了 iterations 次 1/3，并减去相同次数的 1/3，并没有得到数字 1 的结果，而且 iterations 越大，累积的误差就越大。

```
In [6]: # If we only do once
        1 + 1/3 - 1/3

Out[6]: 1.0

In [7]: def add_and_subtract(iterations):
            result = 1

            for i in range(iterations):
                result += 1/3

            for i in range(iterations):
                result -= 1/3
            return result

In [8]: # If we do this 100 times
        add_and_subtract(100)

Out[8]: 1.0000000000000002

In [9]: # If we do this 1000 times
        add_and_subtract(1000)

Out[9]: 1.0000000000000064
```

```
In [10]: # If we do this 10000 times
         add_and_subtract(10000)

Out[10]: 1.0000000000001166
```

9.4 总结和习题

9.4.1 总结

1. 数字可以用几种不同的方式表示，每种表示方式都有优点和缺点。

2. 计算机只能使用有限的数位（即二进制位）来表示数字。

3. 二进制和 IEEE754 是计算机使用的有限数字表示法。

4. 舍入误差是数值方法中一种重要误差。

9.4.2 习题

1. 编写一个函数 my_bin_2_dec(b)，其中 b 是一个二进制数，由一列 1 和 0 的组合表示。b 的最后一个元素代表 2^0 的系数，b 的倒数第二个元素代表 2^1 的系数，依此类推。输出变量 d 应该是 b 的十进制表示形式。下面提供了测试用例。

```
In [ ]: def my_bin_2_dec(b):
            # write your function code here
            return d

In [ ]: # Output: 7
        my_bin_2_dec([1, 1, 1])

In [ ]: # Output: 85
        my_bin_2_dec([1, 0, 1, 0, 1, 0, 1])

In [ ]: # Output: 33554431
        my_bin_2_dec([1]*25)
```

2. 编写一个函数 my_dec_2_bin(d)，其中 d 是十进制的正整数，b 是 d 的二进制表示。输出 b 必须是一列 1 和 0 的组合，除非十进制输入值是 0，否则前导项必须是 1。下面提供了测试用例。

```
In [ ]: def my_dec_2_bin(d):
            # write your function code here
            return b

In [ ]: # Output: [0]
        my_dec_2_bin(0)

In [ ]: # Output: [1, 0, 1, 1, 1]
        my_dec_2_bin(23)

In [ ]: # Output: [1, 0, 0, 0, 0, 0, 1, 1, 0, 0, 0, 1]
        my_dec_2_bin(2097)
```

3. 使用问题 1 和问题 2 中编写的两个函数来计算 d = my_bin_2_dec(my_dec_2_bin(12654))。能得到相同的数吗？

4. 编写函数 my_bin_adder(b1,b2)，其中 b1、b2 和输出变量 b 是二进制数，如问题 1 所示。输出变量应计算为 b = b1 + b2。不要使用问题 1 和 2 中的函数来编写此函数（即，不要将

b1 和 b2 转换为十进制，再将它们相加，然后将结果转换回二进制）。该函数应该能够接受任意长度的输入 b1 和 b2（即非常长的二进制数），并且 b1 和 b2 不必具有相同的长度。

```
In [ ]: def my_bin_adder(b1, b2):
            # write your function code here
            return b
```

```
In [ ]: # Output: [1, 0, 0, 0, 0, 0]
        my_bin_adder([1, 1, 1, 1, 1], [1])
```

```
In [ ]: # Output: [1, 1, 1, 0, 0, 1, 1]
        my_bin_adder([1, 1, 1, 1, 1], [1, 0, 1, 0, 1, 0, 0])
```

```
In [ ]: # Output: [1, 0, 1, 1]
        my_bin_adder([1, 1, 0], [1, 0, 1])
```

5. 为尾数分配更多的位对指数有什么影响？为指数分配更多的位对尾数有什么影响？为符号指示符分配更多的位有什么影响？

6. 编写一个函数 my_ieee_2_dec(ieee)，其中 ieee 是一个包含 64 个 1 和 0 字符的字符串，代表一个 64 位的 IEEE754 数。输出应该是 d，它是 ieee 的等效十进制表示。输入变量 ieee 将始终是定义 64 位浮点数的 64 个 1 和 0 元素的字符串。

```
In [ ]: def my_ieee_2_dec(ieee):
            # Write your function here
            return d
```

```
In [ ]: # Output: -48
        ieee ="1100000001001000000000000000000000000000000000000000000000000000"
        my_ieee_2_dec(ieee)
```

```
In [ ]: # Output: 3.3999999999999991118215802999
        ieee ="0100000000001011001100110011001100110011001100110011001100110011"
        my_ieee_2_dec(ieee)
```

7. 编写一个函数 my_dec_2_ieee(d)，其中 d 是十进制数，输出变量 ieee 是一个包含 64 个 1 和 0 字符的字符串，表示最接近 d 的 64 位 IEEE754。假设 d 不会导致 64 位 ieee 数字溢出。

```
In [ ]: def my_dec_2_ieee(d):
            # write your function code here
            return ieee
```

```
In [ ]: #Output:"0100000000010111001011110101000111001110000110001101001000110100 0"
        d = 1.518484199625
        my_dec_2_ieee(d)
```

```
In [ ]: #Output:"1100000001110011010100100100010010010001001010011000100010010000"
        d = -309.141740
        my_dec_2_ieee(d)
```

```
In [ ]: #Output:"1100000011011000101010010000000000000000000000000000000000000000"
        d = -25252
        my_dec_2_ieee(d)
```

8. 定义 ieee_baby 为 6 位的数字表示，其中第一位是符号指示符位，第二位和第三位分配给指数，第四位、第五位和第六位分配给尾数。指数的标准化值为 1。写出 ieee_baby 可以表示的所有十进制数。ieee_baby 中最大/最小间距分别是多少？

9. 使用 np.spacing 函数确定间距为 1 的最小数字。

10. 使用二进制与十进制的优缺点是什么？

11. 写出数字 13（base10）在 base1 中的表示。你将如何在 base1 中进行加法和乘法运算？

12. 如果你的手指用二进制数数，最大能数到多少？

13. 设 b 是一个有 n 位的二进制数。你能想出不涉及任何算术运算的将 b 乘以和除以 2 的方法吗？提示：想一想如何将十进制数乘以和除以 10。

错误、良好的编程实践和调试

10.1 错误类型

我们之前已经提到过错误，但尚未详细讨论过它们。程序员需要关注三种基本类型的错误：**语法错误**、**运行时错误**和**逻辑错误**。**语法**是管理语言的一组规则。在书面和口头语言中，可以曲解甚至破坏规则以适应说话者或作者。然而，在编程语言中，规则是严格的。当程序员使用不正确的语法编写指令时，就会发生语法错误，Python 无法理解你的意思。例如，1=x 在 Python 编程语言中是不合法的，因为数字不能作为变量被赋值。如果程序员尝试执行这些指令或任何其他有语法错误的语句，Python 将向程序员返回错误消息并指出错误发生的位置。请注意，虽然 Python 可以识别由解析器检测到的语法错误的位置，但导致错误发生的语法错误可能与所识别的特定行相距甚远。

示例：语法错误的示例。

```
In [1]: 1 = x
          File "<ipython-input-1-7a7b257d8e3d>", line 1
        1 = x
             ^
    SyntaxError: can't assign to literal

In [2]: (1)


          File "<ipython-input-2-800df0a5e99c>", line 1
        (1)
          ^
    SyntaxError: invalid syntax

In [3]: if True
            print("Here")


          File "<ipython-input-3-025e9fce1ee3>", line 1
        if True
               ^
    SyntaxError: invalid syntax
```

错误消息的最后一行显示了发生的情况——语法错误（SyntaxError），前几行指示了代码上下文中错误发生的位置。总的来说，语法错误通常很容易被检测到、被发现以及被修复。

　　即使代码中的所有语法都是正确的，代码在运行过程中也仍然可能产生错误。运行期间发生的错误称为**异常**或**运行时错误**。异常更难找到，只有在程序运行时才能被检测到。请注意，异常不是致命的。稍后我们将学习如何在 Python 中处理异常，如果我们不处理，Python 将终止程序运行。让我们看看下面的一些例子。

```
In [4]: 1/0


-------------------------------------------------

ZeroDivisionError       Traceback (most recent call last)

<ipython-input-4-9e1622b385b6> in <module>
----> 1 1/0
ZeroDivisionError: division by zero

In [5]: x = [2]
        x + 2


-------------------------------------------------

TypeError               Traceback (most recent call last)

<ipython-input-5-29a14b9fefb9> in <module>
      1 x = [2]
----> 2 x + 2


TypeError: can only concatenate list (not "int") to list

In [6]: print(a)


-------------------------------------------------

NameError               Traceback (most recent call last)

<ipython-input-6-bca0e2660b9f> in <module>
----> 1 print(a)


NameError: name "a" is not defined
```

　　如上例所示，存在不同的内置异常：`ZeroDivisionError`、`TypeError` 和 `NameError`。可以在 Python 文档⊖中找到内置异常的完整列表。此外，还可以定义自己的异常类型，

⊖　https://docs.python.org/3/library/exceptions.html#bltin-exceptions。

但我们在此不做处理；如果你对如何定义自定义异常感兴趣，请查看文档[⊖]。

大多数异常很容易定位，因为 Python 会终止程序运行并告诉你问题所在。编写完函数后，经验丰富的程序员通常会多次运行该函数，允许函数"抛出"任何错误，以便他们修复这些错误。请注意，没有异常并不意味着函数正常工作。

逻辑错误是最难发现的错误之一。包含逻辑错误的函数不会抛出错误。虽然程序会顺利运行，但存在错误，因为输出不是你期望的。例如，思考以下阶乘函数的错误实现。

```
In [7]: def my_bad_factorial(n):
            out = 0
            for i in range(1, n+1):
                out = out*i

            return out

In [8]: my_bad_factorial(4)

Out[8]: 0
```

对于正确实现的阶乘函数，只要输入有效，函数就不会产生运行时错误。但是，如果你尝试运行 my_bad_factorial，就会发现输出始终为 0，因为 out 被初始化为了 0 而不是 1。因此，out = 0 是一个逻辑错误，虽然函数不会产生运行时错误，但输出结果会不正确。

虽然逻辑错误似乎不太可能发生——或者至少不会和其他类型的错误一样容易发现——但当程序变得更长、更复杂时，这种错误很容易产生，而且众所周知它很难被发现。当出现逻辑错误时，你别无选择，只能仔细梳理每一行代码，直到找到问题所在。对于这些情况，必须准确知道 Python 将如何响应你给出的每个命令，而不是做假设。你还可以使用 Python 的调试器，这个将在本章的最后一节中介绍。

10.2　避免错误

有许多技术可以帮助你预防错误的发生，并使你在错误发生时更容易找到它们。熟悉编程中常见的错误类型是一个"边学习边做"的过程，我们不可能把它们都列在这里，因此我们将在下面的小节中介绍一些方法来帮助你养成良好的编程习惯。

10.2.1　规划你的程序

写文章时，有一个需要遵循的结构和方向是很重要的。为了使你的文章结构更具体，写文章通常从一个大纲开始，其中包含你希望在文章中阐述的要点。这一点在编程时更为重要，因为计算机不会解释你写的内容。在编写复杂的程序时，你应该从程序的大纲开始，列出你希望程序执行的所有任务以及执行这些任务的顺序。

⊖　https://docs.python.org/3/tutorial/errors.html#user-defined-exceptions。

许多新手程序员因急于完成任务，会在没有合理规划所需完成任务的情况下，匆匆忙忙地进入编程部分。随意的规划会导致写出同样随意的代码，代码中充满错误。把时间花在你计划要做的事情上是值得的。与不假思索地编写程序相比，预先计划可确保你更快地完成编写。

那么计划一个程序包括哪些内容呢？回想一下第 3 章，函数被定义为一系列指令，旨在执行特定任务。**模块**是执行特定任务的一个函数或一组函数。根据模块设计程序很重要，尤其是对于需要反复执行的任务。每个模块都应该完成一个小的、明确定义的任务，并且尽可能少地依赖于其他函数（即具有非常有限的输入集和输出集）。

一个好的经验总结是从上到下计划，然后从下到上编程。也就是说，决定整个程序应该做什么，确定完成主要任务所需的代码，然后分解主要任务，直到模块足够小（你有信心在编写它时不产生任何错误）。

10.2.2　经常进行测试

在模块中编写代码时，应该使用你知道答案的测试用例测试每个模块，并编写足够多的用例以确保函数正常工作（包括边界条件）。例如，如果你正在编写一个用来判断一个数字是否为素数的函数，则应该编写输入为 0（边界条件）、1（边界条件）、2（简单是）、4（简单否）和 97（复杂否）时的测试用例。如果运行所有测试用例时都没有出错，那么你可以继续执行其他模块，确信当前模块工作正常。**如果后续模块依赖或调用你正在处理的模块，则这一点尤其重要。**如果你不测试你的代码并假设错误代码是正确的，那么在后续的模块中收到错误消息时，你将不知道错误是产生在你正处理的模块中还是先前的模块中，这将使发现错误的难度呈指数级增长。

你应该经常进行测试，即使是测试单个模块或函数。在处理包含多个步骤的特定模块时，还应执行中间测试，以确保该模块在测试点之前是正确的。然后，如果你遇到错误，就可以预判它可能出现在你上次测试之后编写的代码部分。注意，匆忙编写代码的倾向是一个错误，即使是经验丰富的程序员也会犯这个错误，他们会在不做测试的情况下编写一页又一页的代码，然后花上几个小时找某一个小错误发生在哪儿。

10.2.3　保持代码整洁

好工匠的工作区域没有不必要的杂乱，你应该和好工匠一样，尽可能保持代码的整洁。有许多策略可以用来保持代码的整洁。首先，应该使用尽可能少的指令编写代码。例如：

```
y = x**2 + 2*x+1
```

优于

```
y=x**2
y=y+2*x
y=y+1
```

即使结果是一样的，但你输入的每个字符都有可能导致发生错误，因此减少编写的代码量将降低引入错误的风险。此外，编写完整的表达式将有助于你和其他人了解代码在做什么。在上一面的例子中，在第一种情况下，很明显可以看出是在计算 x 处 x+1 的二次方值，而在第二种情况下，则不明显。你还可以通过使用变量而不是值来保持代码整洁。

示例：将 10 个随机数相加的不良代码。

```
In [1]: import numpy as np

        s = 0
        a = np.random.rand(10)
        for i in range(10):
            s = s + a[i]
```

示例：将 10 个随机数相加的优良代码。

```
In [2]: n = 10
        s = 0
        a = np.random.rand(n)

        for i in range(n):
            s = s + a[i]
```

第二种实现方式更好，原因有二：首先，用 n 表示要相加的随机数的数量，对于所有阅读代码的人来说更容易理解，并且它在代码中出现的位置也更合理（即当创建随机数数组以及在 for 循环中索引数组时）；其次，如果想改变要相加的随机数的数量，只需要在开始的一个地方改变 n。这减少了在编写代码和更改随机数数量值时出错的机会。

同样，使用哪种方式对于这么小的一段代码并不重要，但是当代码变得更加复杂并且必须多次使用同一个值时，它将变得非常重要。

示例：将 10 个随机数相加的更佳实现方式。

```
In [3]: s = sum(np.random.rand(10))
```

当你更为熟悉 Python 时，会希望使用尽可能少的行来完成相同的工作；因此，熟悉常用函数以及如何使用它们将使你的代码更加简洁高效。

还可以通过为变量指定简短的描述性名称来保持代码整洁。如前例所述，对于这样一个简单的任务，变量名 n 是足够的；变量名 x 可能是一个好名字，因为 x 通常用于保存位置值而不是数字；但是，theNumberOfRandomNumbersToBeAdded 是一个糟糕的变量名，尽管它是描述性的。

最后，可以通过经常注释来保持代码整洁。虽然不注释肯定是不好的做法，但过度注释也同样是不好的做法。不同程序员在注释的多少上会有分歧，注释程度由你自己决定。

10.3 异常

通常，编写能够优雅地处理某些类型的错误或异常的程序很重要。更具体地说，这些类型的错误或异常不能引发会使程序停止的严重错误。**try-except 语句**是一个代码块，能使程序在发生错误时执行替代操作。

结构： `try-except` 语句。
```
try:
    代码块 1
except 异常名称:
    代码块 2
```

Python 将首先尝试执行 `try` 语句中的代码（代码块 1）。如果没有异常发生，则跳过 `except` 语句并完成 **try-except** 语句的执行。如果发生异常，则跳过该异常子句的其余部分，之后若异常类型与"异常名称"匹配，则执行 `except` 语句中的代码（代码块 2），如果此代码块中没有任何内容停止程序，那么程序将继续执行 **try-except** 语句之外的其余代码；若异常类型与"异常名称"不匹配，则将异常传递给外部 `try` 语句，如果未找到其他处理程序，则程序执行将停止并显示错误消息。

示例： 捕获异常。
```
In [1]: x = "6"
        try:
            if x > 3:
                print("X is larger than 3")
        except TypeError:
            print("Oops! x is not a valid number. Try again...")
Oops! x is not a valid number. Try again...
```

示例： 如果处理程序试图捕获 `except` 语句未捕获的异常，则会发生错误并停止执行。
```
In [2]: x = "6"
        try:
            if x > 3:
                print("X is larger than 3")
        except ValueError:
            print("Oops! x is not a valid number. Try again...")


        ---------------------------------------------------

        TypeError               Traceback (most recent call last)

        <ipython-input-2-899d928e7a1f> in <module>
          1 x = "6"
          2 try:
```

```
----> 3      if x > 3:
      4          print("X is larger than 3")
      5 except ValueError:


TypeError: ">" not supported between instances of "str"
             and "int"
```

当然，try 语句后面可能有多个 except 语句用来处理不同类型的异常，或者不指定异常类型以便 except 语句捕获所有异常。

```
In [3]: x = "s"

        try:
            if x > 3:
                print(x)
        except:
            print(f"Something is wrong with x = {x}")

Something is wrong with x = s
```

示例：处理多种异常。

```
In [4]: def test_exceptions(x):
            try:
                x = int(x)
                if x > 3:
                    print(x)
            except TypeError:
                print("x was not a valid number. Try again...")
            except ValueError:
                print("Cannot convert x to int. Try again...")
            except:
                print("Unexpected error")

In [5]: x = [1, 2]
        test_exceptions(x)

x was not a valid number. Try again...


In [6]: x = "s"
        test_exceptions(x)

Cannot convert x to int. Try again...
```

Python 中另一个有用的功能是我们可以在某些情况下使用 raise 函数引发一些异常。例如，我们需要 x 小于或等于 5，那么当 x 大于 5 时，就可以使用下面的代码引发异常。程序将显示我们的异常并停止执行。

```
In [7]: x = 10

        if x > 5:
            raise(Exception("x should be <= 5"))


        ---------------------------------------------------

        Exception               Traceback (most recent call last)

        <ipython-input-7-99b32b52c4f8> in <module>
          2
          3 if x > 5:
----> 4        raise(Exception("x should be <= 5"))
        Exception: x should be <= 5
```

警告! 永远不要使用 **try-except** 语句代替良好的编程习惯。例如，不要草率地编写代码，然后将程序封装在 **try-except** 语句中，除非你采取了所有能想到的措施来确保程序正常工作。

10.4 类型检查

Python 是一种强类型、动态类型的编程语言。这意味着任何变量都可以在任何时候采用任何数据类型（这是动态类型部分），但是一旦为变量分配了类型，就无法更改（这是强类型部分）。例如，你可以紧跟 x = "s" 写 x = 1，因为 Python 是一种动态类型语言；不可以运行 "3" + 5，因为 Python 是一种强类型语言，即字符串 "3" 不能在运行时转换为整型。在静态类型编程语言中，必须在使用变量之前声明要执行的数据类型，并且不能在函数范围内更改变量的数据类型。

在 Python 中，无法确保使用函数的用户是否正在输入函数所期望的数据类型的变量。例如，第 3 章中的函数 my_adder 旨在将三个数字相加，但是用户可以输入字符串、列表、字典或函数，每一种类型都会导致不同级别的问题。对此，可以对函数的输入变量进行类型检查，并使用错误函数强制发生错误。

尝试一下! 修改 my_adder 以检查输入变量是否为浮点型。只要有一个输入变量不是浮点数，该函数就应向使用 raise 函数的用户返回一个适当的错误。尝试给你的函数输入错误的变量值，以验证它们已经过检查。

```
In [1]: def my_adder(a, b, c):
            # type check
            if isinstance(a, float) and isinstance(b, float) and
               isinstance(c, float):
                pass
            else:
                raise(TypeError("Inputs must be floats"))
```

```
            out = a + b + c
            return out

In [2]: my_adder(1.0, 2.0, 3.0)

Out[2]: 6.0

In [3]: my_adder(1.0, 2.0, "3.0")


        -------------------------------------------------

        TypeError          Traceback (most recent call last)

        <ipython-input-3-14e4b71b8c1d> in <module>
    ----> 1 my_adder(1.0, 2.0, "3.0")


        <ipython-input-1-c2a54d39e3d9> in my_adder(a, b, c)
    ----> 6           raise(TypeError("Inputs must be floats"))
         7
         8       out = a + b + c
         9       return out


        TypeError: Input arguments must be floats

In [4]: my_adder(1, 2, 3)


        -------------------------------------------------

        Exception          Traceback (most recent call last)

        <ipython-input-4-fc54adcab3d7> in <module>
    ----> 1 my_adder(1, 2, 3)


        <ipython-input-1-c2a54d39e3d9> in my_adder(a, b, c)
         4           pass
         5       else:
    ----> 6           raise(TypeError("Inputs must be floats"))
         7
         8       out = a + b + c


        TypeError: Inputs must be floats
```

注意！1、2、3 是整数而不是浮点数，因此，输入这三个数引发了一条错误消息，我们需要更改函数以确保输入任何类型的数字都能将它们相加。

```
In [5]: def my_adder(a, b, c):
            # type check
            if isinstance(a, (float, int, complex)) and
               isinstance(b, (float, int, complex)) and
               isinstance(c, (float, int, complex)):
                pass
            else:
                raise(TypeError("Inputs must be numbers"))

            out = a + b + c
            return out

In [6]: my_adder(1, 2, 3)

Out[6]: 6

In [7]: my_adder(1.0, 2, 3)

Out[7]: 6.0

In [8]: my_adder(1j, 2+2j, 3+2j)

Out[8]: (5+5j)
```

10.5 调试

调试是从代码中系统性地消除错误或缺陷的过程。Python 的一些功能可以为调试提供帮助。Python 中的标准调试工具是用于交互式调试的 pdb（Python DeBugger），它可以逐行遍历代码，找出可能导致严重错误的原因。pdb 的 IPython 版本是 ipdb（IPython DeBugger），我们不会过多地介绍该工具，其详细信息请查看文档[⊖]。本节将介绍 Jupyter Notebook 中的基本调试步骤，以及使用两个非常有用的魔术命令 %debug 和 %pdb 来查找引起问题的代码。有两种方法可以调试代码：（1）在遇到异常时激活调试器；（2）在运行代码前激活调试器。

10.5.1 在遇到异常时激活调试器

可以调用 %debug 运行因异常停止的代码。例如，我们有一个函数，它的功能是对输入数字进行平方，然后将所得平方与数字自身相加，如下所示：

```
In [1]: def square_number(x):

            sq = x**2
            sq += x

            return sq
```

⊖ https://docs.python.org/3/library/pdb.html。

```
In [2]: square_number("10")


---------------------------------------------------

TypeError                 Traceback (most recent call last)

<ipython-input-2-e0b77a2957d5> in <module>
----> 1 square_number("10")


<ipython-input-1-3fc6a3900214> in square_number(x)
      1 def square_number(x):
      2
----> 3     sq = x**2
      4     sq += x
      5


TypeError: unsupported operand type(s) for ** or pow():
            "str" and "int"
```

找到这个异常后，我们可以使用魔术命令 %debug 来激活调试器，这将会打开一个交互式调试器，此时可以在调试器中键入命令以获取有用的信息。

```
In [3]: %debug

> <ipython-input-1-3fc6a3900214>(3)square_number()
      1 def square_number(x):
      2
----> 3     sq = x**2
      4     sq += x
      5
ipdb> h

Documented commands (type help <topic>):
========================================
EOF     cl         disable  interact  next   psource  rv         unt
a       clear      display  j         p      q        s          until
alias   commands   down     jump      pdef   quit     source     up
args    condition  enable   l         pdoc   r        step       w
b       cont       exit     list      pfile  restart  tbreak     whatis
break   continue   h        ll        pinfo  return   u          where
bt      d          help     longlist  pinfo2 retval   unalias
c       debug      ignore   n         pp     run      undisplay

Miscellaneous help topics:
==========================
exec  pdb

ipdb> p x
```

```
'10'
ipdb> type(x)
<class 'str'>
ipdb> p locals()
{'x': '10'}
ipdb> q
```

可以看到，我们激活 ipdb 后，就可以键入命令获取代码的信息了。在上面的例子中，我们输入了以下命令：

- h：获取帮助功能列表；
- p x：打印 x 的值；
- type(x)：获取 x 的类型；
- p locals()：打印所有的局部变量。

可以在 pdb 中键入一些最常用的命令，例如：

- n(ext)：向下运行一行代码；
- c(ontinue)：运行到下一个断点；
- p(rint)：打印变量；
- l(ist)：当前所在的位置；
- Enter：重复上一个命令；
- s(tep)：进入子程序；
- r(eturn)：从子程序返回；
- h(elp)：获得帮助；
- q(uit)：退出调试器。

10.5.2 在运行代码前激活调试器

我们还可以在运行代码前打开调试器，然后在运行完代码后将其关闭。

```
In [4]: %pdb on

Automatic pdb calling has been turned ON


In [5]: square_number("10")


-------------------------------------------------------

     TypeError              Traceback (most recent call last)

     <ipython-input-5-e0b77a2957d5> in <module>
----> 1 square_number("10")


     <ipython-input-1-3fc6a3900214> in square_number(x)
```

```
        1 def square_number(x):
        2
----> 3        sq = x**2
        4        sq += x
        5
```

```
        TypeError: unsupported operand type(s) for ** or pow():
                "str" and "int"
```

```
> <ipython-input-1-3fc6a3900214>(3)square_number()
      1 def square_number(x):
      2
----> 3        sq = x**2
      4        sq += x
      5
```

```
ipdb> p x
"10"
ipdb> c
```

```
In [6]: # let's turn off the debugger
        %pdb off
```

```
Automatic pdb calling has been turned OFF
```

10.5.3　添加断点

通常在代码中插入断点非常有用。断点是代码中的一行，函数在运行到该行时将停止运行。

```
In [7]: import pdb
```

```
In [8]: def square_number(x):

            sq = x**2

            # we add a breakpoint here
            pdb.set_trace()

            sq += x

            return sq
```

```
In [9]: square_number(3)
```

```
> <ipython-input-8-e48ec2675aea>(8)square_number()
-> sq += x
(Pdb) l
```

```
 3          sq = x**2
 4
 5          # we add a breakpoint here
 6          pdb.set_trace()
 7
 8  ->      sq += x
 9
10          return sq
[EOF]
(Pdb) p x
3
(Pdb) p sq
9
(Pdb) c
```

```
Out[9]: 12
```

添加 pdb.set_trace() 后，函数会在此行停止运行并激活 pdb 调试器。此时可以检查在这行之前赋值的所有变量值，并使用命令 c 继续运行代码。

Python 的调试器对于查找和修复代码中的错误非常有帮助。我们鼓励将调试器用于大型程序。

10.6 总结和习题

10.6.1 总结

1. 编码难免出错。错误之所以很重要，是因为它能够告诉你有些东西并不是按照你认为的方式在工作。

2. 错误分为三种：语法错误、运行时错误和逻辑错误。

3. 你可以通过良好的编码习惯来减少编码中的错误数量。

4. try-except 语句可用于在不停止代码的情况下处理异常。

5. 调试器是一个 Python 工具，用于帮助查找错误。

10.6.2 习题

本章没有习题，请尽情学习本章的知识。

读 写 数 据

11.1 文本文件

到目前为止，我们已经能使用 print 函数将数据打印到屏幕上。还有很多方法可以将数据存储到磁盘上，并与其他程序或同事共享。例如，在一个笔记本中有一些字符串，我们想在另一个笔记本中使用它们，最简单的方法是先将字符串存储在一个文本文件中，然后在另一个笔记本中打开它。通常以 .txt 为扩展名的文本文件是仅包含纯文本的文件，它被定义为纯字符代码序列。请注意，你编写的程序和读取文本文件的程序通常希望文本文件采用特定的格式，即以特定方式组织。

要处理文本文件，我们需要使用 open 函数，它返回一个文件对象，通常包括两个参数：

```
f = open( 文件名 , 模式 )
```

上面的 f 是函数返回的文件对象。参数"文件名"是字符串类型，用于告诉计算机要打开的文件所在的位置；"模式"也是字符串类型，用于描述文件的使用方式。常见的模式有：

- "r"：这是默认模式，它打开一个文件进行读取。
- "w"：此模式打开一个文件进行写入。如果文件不存在，它会创建一个新文件。
- "a"：以附加模式打开文件，以便将数据附加到文件末尾。如果文件不存在，它会创建一个新文件。
- "b"：以二进制模式打开文件。
- "r+"：打开一个文件（不创建）进行读写。
- "w+"：打开或创建用于写入和读取的文件，丢弃现有内容。
- "a+"：打开或创建一个用于读取和写入的文件，并将数据附加到文件末尾。

11.1.1 写入文件

尝试一下！创建一个名为 test.txt 的文本文件，并在其中写入几行。

```
In [1]: f = open("test.txt", "w")
        for i in range(5):
            f.write(f"This is line {i}\n")

        f.close()
```

在上面的代码中，我们首先打开了一个文件名参数为 "test.txt" 的文件对象 f；

使用 "w" 表示模式，这表示我们要写入文件。我们写了五行（注意所写入字符串末尾的换行符 \n），然后关闭了文件对象。文件内容如图 11.1 所示。

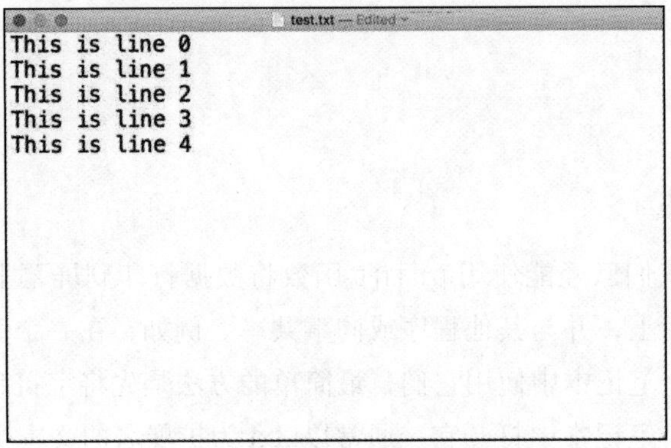

图 11.1　我们在文本文件中编写的内容

注意最好在文件末尾使用 f.close() 关闭文件。如果你自己不关闭，Python 最终会关闭。请注意，有时写入文件时，在关闭文件之前，数据可能不会写入磁盘。文件打开的时间越长，丢失数据的可能性就越大。

11.1.2　附加文件

接下来，我们在 test.txt 文件中附加一个字符串。这与我们写入文件的方式非常相似，只有一个区别：模式不是 "w"，而是 "a"。结果参见图 11.2。

```
In [2]: f = open("test.txt", "a")
        f.write(f"This is another line\n")
        f.close()
```

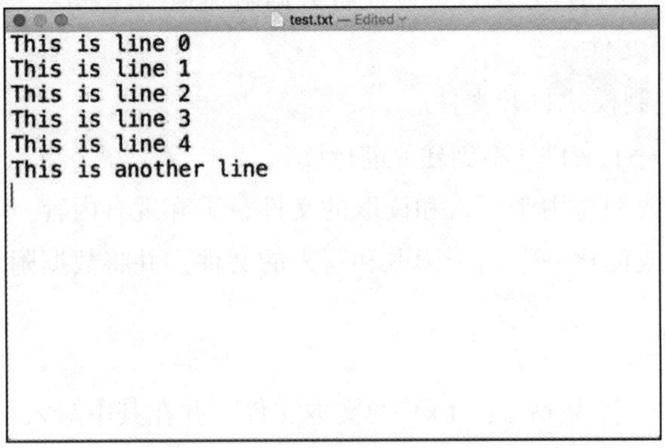

图 11.2　在现有文件的末尾附加一行

11.1.3　读取文件

我们可以从磁盘读取文件并将文件内容存储到变量中。下面我们读入刚创建的 test.txt 文件，并将文件中的所有内容存储到一个变量 content 中。

```
In [3]: f = open("./test.txt", "r")
        content = f.read()
            f.close()
            print(content)

    This is line 0
    This is line 1
    This is line 2
    This is line 3
    This is line 4
    This is another line
```

这样，我们就将文件中的所有行存储到了一个单字符串变量中。为了证明这是一个字符串，我们可以验证变量 content 的类型。

```
In [4]: type(content)

Out[4]: str
```

有时我们需要逐行读取文件中的内容并将其存储在列表中：使用 f.readlines() 可以实现这一点。

```
In [5]: f = open("./test.txt", "r")
        contents = f.readlines()
        f.close()
        print(contents)

["This is line 0\n","This is line 1\n","This is line 2\n",
"This is line 3\n","This is line 4\n","This is another line\n"]


In [6]: type(contents)

Out[6]: list
```

11.1.4 处理数字和数组

由于我们稍后将使用数值方法，并且经常使用数字或数组，因此我们可以使用上述方法将数字或数组保存到文件中，并将其读回内存。这样虽然可行，但有点笨拙。程序员通常使用 numpy 包直接保存或读取数组。下面是一个例子。

尝试一下！ 将数组 [[1.20, 2.20, 3.00], [4.14, 5.65, 6.42]] 存储到名为 my_array.txt 的文件中，并将其读回赋值给名为 my_arr 的变量。

```
In [7]: import numpy as np

In [8]: arr = np.array([[1.20, 2.20, 3.00], [4.14, 5.65, 6.42]])
        arr

Out[8]: array([[1.2 , 2.2 , 3.  ],
```

```
              [4.14, 5.65, 6.42]])

In [9]: np.savetxt("my_arr.txt", arr, fmt="%.2f",
               header = "Col1 Col2 Col3")
```

上面的示例演示了如何使用 np.savetxt 函数将二维数组保存到文本文件中。函数的第一个参数是文件名，第二个参数是我们要保存的对象，第三个参数是定义的输出格式（这里传入 "% .2f" 表示我们想要输出有两位小数的数字），第四个参数是我们希望写入文件的头内容。结果见图 11.3。

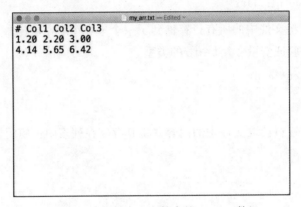

图 11.3　我们保存在文件中的 numpy 数组

```
In [10]: my_arr = np.loadtxt("my_arr.txt")
         my_arr

Out[10]: array([[1.2 , 2.2 , 3.  ],
              [4.14, 5.65, 6.42]])
```

通过使用 np.loadtxt 函数将文件内容直接读入数组非常简单，该函数会跳过首行内容。有许多不同的参数可以控制如何读取文件，下一节将探讨更多相关内容；在此，除了上面介绍的内容之外，我们不做更多的介绍。如果需要帮助，请查看文档或使用问号。

11.2　CSV 文件

通常，科学数据以**逗号分隔值**（CSV）文件格式存储，这是一种使用逗号分隔数值的分隔文本文件。CSV 文件是一种非常有用的格式，可以以纯文本形式存储大型数据表（数字和文本）。文件中的每一行都是一条数据记录，每条数据记录都由一个或多个用逗号分隔的字段组成。可以使用 Microsoft Excel 打开 CSV 文件来可视化其行和列。

Python 有自己的 CSV 模块来读写 CSV 文件，这里我们不打算进一步讨论，文档[⊖]中提供了有关此模块的详细信息。本节我们将使用 numpy 包来处理 CSV 文件，因此最好将 CSV 文件直接读入 numpy 数组。

⊖　https://docs.python.org/3/library/csv.html。

11.2.1　写入和打开 CSV 文件

下面是一个简单示例。

```
In [1]: import numpy as np

In [2]: data = np.random.random((100,5))

In [3]: np.savetxt("test.csv", data, fmt = "%.2f",
           delimiter=",", header = "c1, c2, c3, c4, c5")
```

首先，我们使用 `np.random` 函数生成了 100 行 5 列的随机数据，并将其分配给 `data` 变量，然后使用 `np.savetxt` 函数将数据保存到 CSV 文件。请注意，`savetxt` 函数的前三个参数与上一节中使用的前三个参数相同，但这里多了一个分隔符参数，我们将其值设置为 `","`，表示要使用逗号分隔数值。

现在，我们可以使用 Microsoft Excel 打开 CSV 文件，见图 11.4。我们也可以使用文本编辑器打开 CSV 文件，请注意，各数值用逗号分隔（图 11.5）。

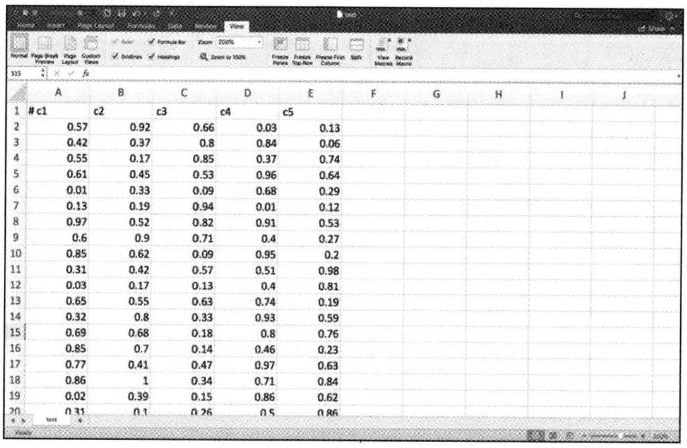

	A	B	C	D	E
1	# c1	c2	c3	c4	c5
2	0.57	0.92	0.66	0.03	0.13
3	0.42	0.37	0.8	0.84	0.06
4	0.55	0.17	0.85	0.37	0.74
5	0.61	0.45	0.53	0.96	0.64
6	0.01	0.33	0.09	0.68	0.29
7	0.13	0.19	0.94	0.01	0.12
8	0.97	0.52	0.82	0.91	0.53
9	0.6	0.9	0.71	0.4	0.27
10	0.85	0.62	0.09	0.95	0.2
11	0.31	0.42	0.57	0.51	0.98
12	0.03	0.17	0.13	0.4	0.81
13	0.65	0.55	0.63	0.74	0.19
14	0.32	0.8	0.33	0.93	0.59
15	0.69	0.68	0.18	0.8	0.76
16	0.85	0.7	0.14	0.46	0.23
17	0.77	0.41	0.47	0.97	0.63
18	0.86	1	0.34	0.71	0.84
19	0.02	0.39	0.15	0.86	0.62
20	0.31	0.1	0.26	0.5	0.86

图 11.4　使用 Microsoft Excel 打开 CSV 文件

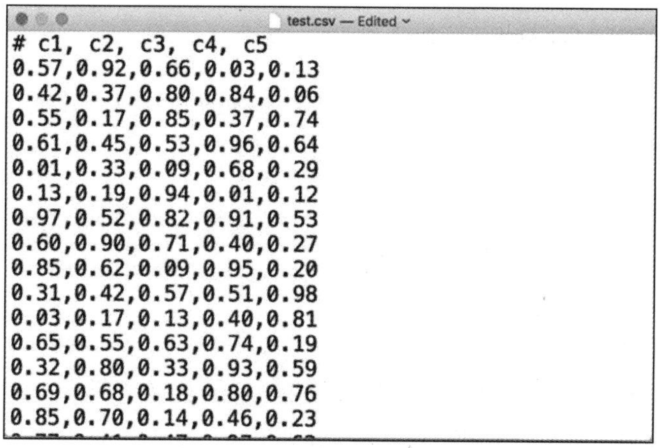

```
test.csv — Edited
# c1, c2, c3, c4, c5
0.57,0.92,0.66,0.03,0.13
0.42,0.37,0.80,0.84,0.06
0.55,0.17,0.85,0.37,0.74
0.61,0.45,0.53,0.96,0.64
0.01,0.33,0.09,0.68,0.29
0.13,0.19,0.94,0.01,0.12
0.97,0.52,0.82,0.91,0.53
0.60,0.90,0.71,0.40,0.27
0.85,0.62,0.09,0.95,0.20
0.31,0.42,0.57,0.51,0.98
0.03,0.17,0.13,0.40,0.81
0.65,0.55,0.63,0.74,0.19
0.32,0.80,0.33,0.93,0.59
0.69,0.68,0.18,0.80,0.76
0.85,0.70,0.14,0.46,0.23
```

图 11.5　使用文本编辑器打开 CVS 文件

11.2.2　读取 CSV 文件

和前面一样，我们可以使用 `np.loadtxt` 函数读入 CSV 文件。下面我们将刚刚保存到磁盘的 CSV 文件读入 `my_csv` 变量并输出前 5 行，这里需要再次使用分隔符参数指定文件中的数值用逗号分隔。

```
In [4]: my_csv = np.loadtxt("./test.csv", delimiter=",")
        my_csv[:5, :]

Out[4]: array([[0.84, 0.99, 0.56, 0.24, 0.71],
               [0.33, 0.8 , 0.32, 0.28, 0.83],
               [0.89, 0.19, 0.25, 0.63, 0.84],
               [0.08, 0.49, 0.76, 0.34, 0.69],
               [0.66, 0.65, 0.73, 0.48, 0.12]])
```

11.2.3　numpy 之外

用 `numpy` 处理 CSV 文件非常方便，还有许多软件包也可以处理 CSV 文件。`Pandas` 包很流行，可以轻松处理 `Dataframe` 中的表格数据。我们鼓励你自行探索用于处理 CSV 文件的不同方式。

11.3　pickle 文件

本节将介绍另一种将数据存储到磁盘的方式，即 **pickle**。我们已经讨论过将数据保存到文本文件或 CSV 文件中的相关内容，但在某些情况下，我们希望将字典、元组、列表或任何其他类型的数据存储到磁盘中，以便以后使用或发送给同事。这就是 pickle 的用武之地，该文件可以序列化对象，以便将它们保存到文件中并在以后再次加载。

pickle 可用于序列化 Python 对象的结构，这是将内存中的对象转换为字节流的过程，该字节流可以作为二进制文件存储在磁盘上。当我们将二进制文件加载回 Python 程序时，可以把二进制文件反序列化回 Python 对象。

11.3.1　写入 pickle 文件

尝试一下！创建一个字典并将其保存到磁盘上的 pickle 文件中。要使用 pickle，首先需要导入相关模块。

```
In [1]: import pickle

In [2]: dict_a = {"A":0, "B":1, "C":2}
        pickle.dump(dict_a, open("test.pkl", "wb"))
```

使用 pickle 序列化一个对象时，我们运行 `pickle.dump` 函数，它接收两个参数：第一个参数是待序列化的对象，第二个参数是 `open` 函数返回的文件对象。请注意，`open` 函数的"模式"参数值是 `"wb"`，表示正在写入二进制文件。

11.3.2　读取 pickle 文件

接下来，我们使用 `pickle.load` 函数加载刚刚保存在磁盘上的 pickle 文件。

```
In [3]: my_dict = pickle.load(open("./test.pkl", "rb"))
        my_dict

Out[3]: {"A": 0, "B": 1, "C": 2}
```

可以看到，pickle 文件的读取过程和写入过程非常相似，这里 open 函数的"模式"参数值是 `"rb"`，表示正在读取二进制文件。此函数将二进制文件反序列化回原始对象，在本例中原始对象为字典类型。这也是 pickle 格式流行的原因之一，写入和读取 Python 数据结构非常容易，无须添加额外的代码来更改 Python 数据结构。

11.3.3　读取 Python 2 的 pickle 文件

有时，你可能需要从使用 Python 2 而不是 Python 3 生成 pickle 文件的同事那里打开 pickle 文件。你可以使用 Python 2 对其进行解压缩，也可以在 Python 3 中使用 `pickle.load` 函数，设置函数的参数 `encoding = "latin1"`。

```
infile = open(filename,"rb")
new_dict = pickle.load(infile, encoding="latin1")
```

警告！ pickle 文件的一个缺点是它不是通用的文件格式，这意味着其他编程语言不容易使用它。文本文件和 CSV 文件可以轻松地与不使用 Python 的其他同事共享，因为他们可以使用 R、Matlab®、Java 等打开这两种文件。但是 pickle 文件是专门为 Python 设计的，并且数据不是为与其他编程语言一起使用而设计的。

11.4　JSON 文件

JSON 是我们引入的另一种文件格式，它代表 **JavaScript 对象表示法**（JavaScript Object Notation）。JSON 文件的文件名通常以扩展名".json"结尾。与依赖 Python 的 pickle 不同，JSON 是一种独立于编程语言的数据格式，因此很受使用者的喜爱。此外，JSON 通常占用的磁盘空间更少，并且与 pickle 相比，操作 JSON 文件更快；请在线搜索有关使用 JSON 与 pickle 的优缺点的更多详细信息。总之，使用 JSON 存储数据是一种很好的做法。本节将简要探讨如何在 Python 中处理 JSON 文件。

11.4.1　JSON 格式

JSON 中的文本使用带引号的字符串表示，这些字符串包含在 {} 内，以键值对形式存储；该结构几乎与 Python 中使用的字典相同。例如：

```
{
  "school": "UC Berkeley",
  "address": {
    "city": "Berkeley",
```

```
    "state": "California",
    "postal": "94720"
  },

  "list":[
    "student 1",
    "student 2",
    "student 3"
    ]
}
```

11.4.2   写入 JSON 文件

在 Python 中处理 JSON 最简单的方法是使用 json 库。也有其他可用的库，如 simplejson、jyson 等。本节将仅使用 json 库，Python 本机支持该库，使得能够写入和读取 JSON 文件。

尝试一下！ 创建一个字典并将其保存到磁盘上的 JSON 文件中。我们需要先导入 json 模块。

```
In [1]: import json
In [2]: school = {
  "school": "UC Berkeley",
  "address": {
    "city": "Berkeley",
    "state": "California",
    "postal": "94720"
  },

  "list":[
      "student 1",
      "student 2",
      "student 3"
      ],

  "array":[1, 2, 3]
}
json.dump(school, open("school.json", "w"))
```

要使用 JSON 序列化对象，需要运行 json.dump 函数，它有两个参数：第一个参数是待序列化的对象，第二个参数是 open 函数返回的文件对象。注意，open 函数的"模式"参数值是 "w"，表示它正写入文件。

11.4.3   读取 JSON 文件

现在我们使用 json.load 函数读取刚刚保存在磁盘上的 JSON 文件。

```
In [3]: my_school = json.load(open("./school.json", "r"))
my_school
```

可以看到，json 模块的使用其实和上一节中 pickle 模块的使用很像。JSON 支持字符串和数字，以及嵌套列表、元组和对象。我们建议你自行探索。

11.5　HDF5 文件

科学计算往往需要存储大量会被快速访问的数据，在此场景下，我们之前介绍的文件格式均不适用。为了存储大量数据，**HDF5**（分层数据格式）诞生了。它是一种强大的二进制数据格式，对文件大小没有限制。它提供并行 IO（输入 / 输出）并在"幕后"执行一系列低级优化，以加快查询速度并最小化存储需求。

HDF5 文件保存两种类型的对象：数据集（类似数组的数据集合，如 numpy 数组）和组（类似文件夹的容器，用于保存数据集和其他组）。还有一些属性可以与数据集和组相关联以描述某些特性。HDF5 中所谓的分层是指数据可以像文件系统一样保存，具有文件夹、子文件夹（在 HDF5 中称为组、子组）等文件夹结构。组的操作就像字典一样，有键和值：键是组的名称，值是子组或数据集。

在 Python 中对 HDF5 文件进行读写，需要借助一些包或包装器。最常见的两个包是 PyTables[⊖] 和 h5py[⊖]。我们这里只介绍 h5py。可以使用 conda（如果需要复习，请参阅第 1 章）安装 h5py。

安装好 h5py 后，请按照 h5py 文档[⊜]中的 Quick Start Guide 进行操作。下面是一个演示如何创建和读取 HDF5 文件的示例。我们将首先导入 numpy 和 h5py。

```
In [1]: import numpy as np
        import h5py
```

示例：假设我们已部署了仪器来监控加利福尼亚州旧金山湾区的加速度和 GPS 位置。我们在伯克利和奥克兰部署了两个加速度计，并在旧金山部署了一个 GPS 站。它们以不同的采样率记录数据，伯克利的加速度计每 0.04 秒采样一次数据，奥克兰的传感器每 0.01 秒采样一次。旧金山的 GPS 每 60 秒采样一次位置。请把这两种类型的数据，以及记录数据的位置、记录的开始时间、站名和采样间隔等属性存入 HDF5 中。

```
In [2]: # Generate random data for recording
        acc_1 = np.random.random(1000)
        station_number_1 = "1"
        # unix timestamp
        start_time_1 = 1542000276
        # time interval for recording
        dt_1 = 0.04
        location_1 = "Berkeley"

        acc_2 = np.random.random(500)
```

⊖ https://www.pytables.org。

⊖ https://www.h5py.org。

⊜ http://docs.h5py.org/en/latest/quick.html。

```
        station_number_2 = "2"
        start_time_2 = 1542000576
        dt_2 = 0.01
        location_2 = "Oakland"

In [3]: hf = h5py.File("station.hdf5", "w")

In [4]: hf["/acc/1/data"] = acc_1
        hf["/acc/1/data"].attrs["dt"] = dt_1
        hf["/acc/1/data"].attrs["start_time"] = start_time_1
        hf["/acc/1/data"].attrs["location"] = location_1

        hf["/acc/2/data"] = acc_2
        hf["/acc/2/data"].attrs["dt"] = dt_2
        hf["/acc/2/data"].attrs["start_time"] = start_time_2
        hf["/acc/2/data"].attrs["location"] = location_2

        hf["/gps/1/data"] = np.random.random(100)
        hf["/gps/1/data"].attrs["dt"] = 60
        hf["/gps/1/data"].attrs["start_time"] = 1542000000
        hf["/gps/1/data"].attrs["location"] = "San Francisco"

In [5]: hf.close()
```

上面的代码展示了 HDF5 中的核心概念：组、数据集和属性。首先，我们创建了一个用于写入的 HDF5 对象：station.hdf5。然后我们将数据存储到两个顶级组中：acc 和 gps。这两个顶级组都包含标记为 1 或 2 的子组，以指示站点名。每个子组都会包含下一层子组，即数据，用于存储我们收集到的数组数据。接下来，我们为组或数据添加属性。在本例中，我们已将 dt、start_time 和 location 作为属性添加到数据集。你可以看到，它与文件夹式的结构非常相似，数据 acc_1 保存在 /acc/1/data 下。最后，我们关闭文件对象。

在 HDF5 中保存数据很容易。我们还可以使用函数 create_dataset 和 create_group，如文档⊖中所示。

11.5.1 读取 HDF5 文件

现在假设你要将 station.hdf5 发送给想要访问数据的同事，那么以下是他 / 她要编写的内容。

```
In [6]: hf_in = h5py.File("station.hdf5", "r")

In [7]: list(hf_in.keys())

Out[7]: ["acc", "gps"]

In [8]: acc = hf_in["acc"]
```

⊖ http://docs.h5py.org/en/latest/quick.html。

```
In [9]: list(acc.keys())

Out[9]: ["1", "2"]

In [10]: data_1 = hf_in["acc/1/data"]

In [11]: data_1.value[:10]

Out[11]: array([0.41820889, 0.89832446, 0.40229251, 0.41287538,
               0.16173359, 0.75855904, 0.89288185, 0.82944522,
               0.84228139, 0.50365515])

In [12]: list(data_1.attrs)

Out[12]: ["dt", "start_time", "location"]

In [13]: data_1.attrs["dt"]

Out[13]: 0.04

In [14]: data_1.attrs["location"]

Out[14]: "Berkeley"
```

使用 h5py 读取 HDF5 也很容易。在我们读入 HDF5 到 hf_in 之后，我们可以使用
keys 函数查看 HDF5 中有哪些组。然后我们可以访问组成员并查看 hf_in ["acc"] 子
组中包含的内容，或者直接指定数据集的路径为 hf_in ["acc / 1 / data"] 并获取
数组数据。请记住，与数据关联的属性也可以作为字典进行访问。

11.6　总结和习题

11.6.1　总结

1. 必须经常把数据存储到磁盘，以便以后的 Python 会话或其他程序读取。

2. 其他程序创建的数据可能需要被 Python 读取。

3. Python 具有读写多种标准格式数据的函数，这些格式有：文本文件、CSV 文件、pickle 文件和
HDF5 文件。

11.6.2　习题

1. 创建一个列表并将其保存在一个文本文件中，以便列表中的每个项目都占一行。

2. 将问题 1 中的相同列表保存到 CSV 文件中。

3. 创建一个二维 numpy 数组，然后将其保存到 CSV 文件，并从文件中读取二维数组。

4. 将问题 2 中的相同数组保存到一个 pickle 文件中并读取回来。

5. 创建一个字典并将其保存到 JSON 文件中。

6. 创建一个一维 numpy 数组，并将其保存到一个名为"data"的 JSON 文件中，然后读取该数组。

可视化和绘图

12.1 二维绘图

在 Python 中，`matplotlib` 是绘制数据时最重要的包。请查看 matplotlib gallery[⊖]以了解可以执行的操作。通常，首先应该做的事是导入 `matplotlib` 包。在 Jupyter Notebook 中，可以直接在笔记本中显示图形，还可以使用魔术命令——`%matplotlib notebook` 进行平移、放大和缩小等交互操作。下面是一些例子。

```
In [1]: import numpy as np
        import matplotlib.pyplot as plt
        %matplotlib notebook
```

基本的绘图函数是 `plot (x, y)`。`plot` 函数的输入参数是列表 / 数组 `x` 和 `y`，会生成 x 和 y 相应点的可视化显示。

尝试一下! 给定列表 x=[0，1，2，3] 和 y=[0，1，4，9]，使用 `plot` 函数生成 x-y 的绘图。

```
In [2]: x = [0, 1, 2, 3]
        y = [0, 1, 4, 9]
        plt.plot(x, y)
        plt.show()
```

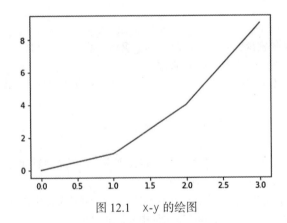

图 12.1　x-y 的绘图

请注意，在图 12.1 中，默认情况下，`plot` 函数用蓝线连接每个点（在非印刷版本中，线段为蓝色）。为了使函数看起来平滑，可以使用更精细的离散化点。`plt.plot`

函数完成了绘制图形的主要工作,而 plt.show 函数告诉 Python 我们已经完成绘制并要求显示图形。使用绘图下方的按钮可以移动线条、放大或缩小或保存图形。注意在绘制图 12.2 之前,需要先单击图右上方的停止交互按钮关闭交互图,否则下一个图会与当前图绘制在同一帧中,也可以使用魔术函数 %matplotlib inline 关闭交互功能。

尝试一下!绘制函数 $f(x)=x^2$ 的图,其中 $-5 \leqslant x \leqslant 5$。

```
In [3]: %matplotlib inline

In [4]: x = np.linspace(-5,5, 100)
        plt.plot(x, x**2)
        plt.show()
```

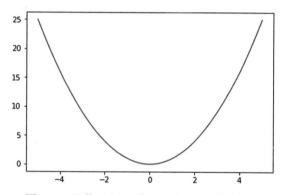

图 12.2   函数 $f(x)=x^2$ 在 $-5 \leqslant x \leqslant 5$ 时的绘图

要更改标记或线条,需将第三个输入参数添加到 plot 函数中,该参数是一个字符串,用于指定绘图中要使用的线条颜色和样式。例如,plot(x,y,"ro") 将使用红色(r)、圆点(o)绘制 x 元素与 y 元素的映射图。可能的参数值如表 12-1 所示。

表 12-1   plot 函数第三个参数的可能取值及说明

参数值	说明	参数值	说明
b	蓝色	T	T
g	绿色	s	正方形
r	红色	d	菱形
c	青色	v	三角形(向下)
m	洋红色	^	三角形(向上)
y	黄色	<	三角形(向左)
k	黑色	>	三角形(向右)
w	白色	p	五角形
.	点	h	六角形
o	圆点	-	实线
x	x- 记号	:	点线
+	加号	-.	虚点线
*	星号	-	虚线

尝试一下！ 使用绿色虚线绘制函数 $f(x) = x^2$ 在 $-5 \leqslant x \leqslant 5$ 时的图形。

```
In [5]: x = np.linspace(-5,5, 100)
        plt.plot(x, x**2, "g-")
        plt.show()
```

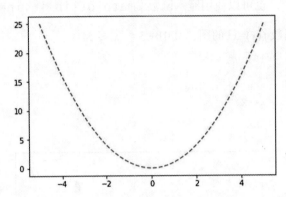

图 12.3   使用绿色虚线绘制 $-5 \leqslant x \leqslant 5$ 的函数 $f(x) = x^2$ 的图形。

在 plt.show() 语句之前，可以添加 plot 语句，以在一个图中绘制更多数据集对应的图形（另请参见图 12.4）。

尝试一下！ 在一个图中绘制函数 $f(x) = x^2$ 和 $g(x) = x^3$ 的图形，其中 $-5 \leqslant x \leqslant 5$。分别为两个函数使用不同的颜色和样式。

```
In [6]: x = np.linspace(-5,5,20)
        plt.plot(x, x**2, "ko")
        plt.plot(x, x**3, "r*")
        plt.show()
```

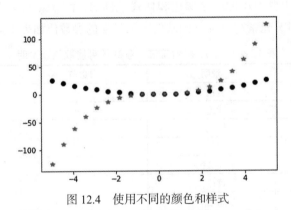

图 12.4   使用不同的颜色和样式

在工程和科学中，通常都会为绘图提供标题和轴标签，这样人们就知道绘图是关于什么的。有时你还想改变图形的大小。可以使用 title 函数将标题添加到绘图中，该函数将字符串作为输入，并将该字符串作为绘图的标题。函数 xlabel 和 ylabel 以相同的方式命名轴标签。要更改图形的大小，请创建图形对象并调整其大小。请注意，每次调用 plt.figure 函数时，都会创建一个新的图形对象并在其上进行绘制。

尝试一下！ 将标题和轴标签添加到图 12.4 中。使图形更大，使其宽 10 英寸，高 6 英寸（结果参见图 12.5）。

```
In [7]: plt.figure(figsize = (10,6))

        x = np.linspace(-5,5,20)
        plt.plot(x, x**2, "ko")
        plt.plot(x, x**3, "r*")
        plt.title(f"Plot of Various Polynomials from {x[0]} to
                 {x[-1]}")
        plt.xlabel("X axis", fontsize = 18)
        plt.ylabel("Y axis", fontsize = 18)
        plt.show()
```

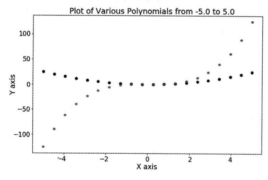

图 12.5　向图形中添加标题和轴标签

如图 12.5 所示，我们可以通过在 `plt.xlabel` 函数中指定 `fontsize` 参数来更改图形的任意部分，如 *x* 轴和 *y* 轴的轴标签大小。有一些预定义的样式可以自动更改样式。以下打印出了样式列表。

```
In [8]: print(plt.style.available)

["seaborn-dark", "seaborn-darkgrid", "seaborn-ticks",
"fivethirtyeight", "seaborn-whitegrid", "classic",
"_classic_test", "fast", "seaborn-talk",
"seaborn-dark-palette", "seaborn-bright",
"seaborn-pastel", "grayscale", "seaborn-notebook",
"ggplot", "seaborn-colorblind", "seaborn-muted",
"seaborn', "Solarize_Light2", "seaborn-paper",
"bmh", "tableau-colorblind10", "seaborn-white",
"dark_background", "seaborn-poster", "seaborn-deep"]
```

我最喜欢的预定义样式之一是 `seaborn` 样式，我们可以使用 `plt.style.use` 函数更改其值。如果我们将其更改为 `"seaborn-poster"`，那么图形中的所有内容都将变大（另请参见图 12.6）。

```
In [9]: plt.style.use("seaborn-poster")

In [10]: plt.figure(figsize = (10,6))
```

```
x = np.linspace(-5,5,20)
plt.plot(x, x**2, "ko")
plt.plot(x, x**3, "r*")
plt.title(f"Plot of Various Polynomials from {x[0]} to
          {x[-1]}")
plt.xlabel("X axis")
plt.ylabel("Y axis")
plt.show()
```

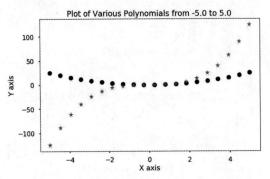

图 12.6   使用 "seaborn-poster" 样式

可以使用 legend 函数，并在 plot 函数中添加 label 参数，为绘图创建图例。legend 函数还可以接收 loc 参数来指定放置图例的位置，将其值从 0 更改至 10，看看会发生什么（另请参见图 12.7）。

```
In [11]: plt.figure(figsize = (10,6))

         x = np.linspace(-5,5,20)
         plt.plot(x, x**2, "ko", label = "quadratic")
         plt.plot(x, x**3, "r*", label = "cubic")
         plt.title(f"Plot of Various Polynomials from {x[0]} to
                   {x[-1]}")
         plt.xlabel("X axis")
         plt.ylabel("Y axis")
         plt.legend(loc = 2)
         plt.show()
```

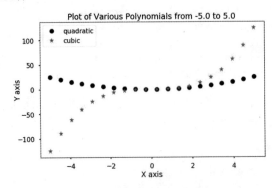

图 12.7   在绘图中使用图例

最后，可以使用 xlim 或 ylim 函数更改两个轴的数值显示范围来进一步自定义绘图的外观。使用 grid 函数将打开图 12.8 所示的网格。

尝试一下！ 更改绘图的数值显示范围，使 x 轴从 −6 到 6 可见，y 轴从 −10 到 10 可见。打开网格。

```
In [12]: plt.figure(figsize = (10,6))

         x = np.linspace(-5,5,100)
         plt.plot(x, x**2, "ko", label = "quadratic")
         plt.plot(x, x**3, "r*", label = "cubic")
         plt.title(f"Plot of Various Polynomials from {x[0]} to
                    {x[-1]}")
         plt.xlabel("X axis")
         plt.ylabel("Y axis")
         plt.legend(loc = 2)
         plt.xlim(-6.6)
         plt.ylim(-10,10)
         plt.grid()
         plt.show()
```

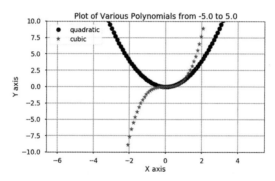

图 12.8　更改绘图的数值显示范围，并打开网格

我们可以使用 subplot 函数在单个图形上创建一个绘图表。subplot 函数接收三个输入参数，所代表的内容分别是：绘图行数、绘图列数，以及应绘图的区域。可以通过输入不同的绘图区域，再次调用 subplot 函数来移动子绘图。

有其他绘图函数也可以绘制 x-y 数据，如 scatter、bar、loglog、semilogx 和 semilogy。scatter 函数的工作原理与 plot 完全相同，只是它默认用红色圆点绘图（即 plot(x,y,"ro") 等同于 scatter(x,y)）。bar 函数绘制以 x 为中心、高度为 y 的条形图。loglog、semilogx 和 semilogy 函数绘制 x 和 y 轴上的数据，区别在于，三个函数分别是：x 轴和 y 轴为对数标度，x 轴为对数标度且 y 轴为线性标度，y 轴为对数标度且 x 轴为线性标度（另见图 12.9）。

尝试一下！ 给定列表 x=np.arrange(11) 和函数 $y=x^2$，创建一个 2×3 的绘图表，6 个子绘图分别是使用 plot、scatter、bar、loglog、semilogx 和 semiology

函数绘制的 x 和 y 的关系图。适当地给每个子绘图加上标题和标签。此处使用网格，不使用图例。

```
In [13]: x = np.arange(11)
         y = x**2

         plt.figure(figsize = (14, 8))

         plt.subplot(2, 3, 1)
         plt.plot(x,y)
         plt.title("Plot")
         plt.xlabel("X")
         plt.ylabel("Y")
         plt.grid()

         plt.subplot(2, 3, 2)
         plt.scatter(x,y)
         plt.title("Scatter")
         plt.xlabel("X")
         plt.ylabel("Y")
         plt.grid()

         plt.subplot(2, 3, 3)
         plt.bar(x,y)
         plt.title("Bar")
         plt.xlabel("X")
         plt.ylabel("Y")
         plt.grid()

         plt.subplot(2, 3, 4)
         plt.loglog(x,y)
         plt.title("Loglog")
         plt.xlabel("X")
         plt.ylabel("Y")
         plt.grid(which="both")

         plt.subplot(2, 3, 5)
         plt.semilogx(x,y)
         plt.title("Semilogx")
         plt.xlabel("X")
         plt.ylabel("Y")
         plt.grid(which="both")

         plt.subplot(2, 3, 6)
         plt.semilogy(x,y)
         plt.title("Semilogy")
         plt.xlabel("X")
         plt.ylabel("Y")
         plt.grid()
```

```
plt.tight_layout()

plt.show()
```

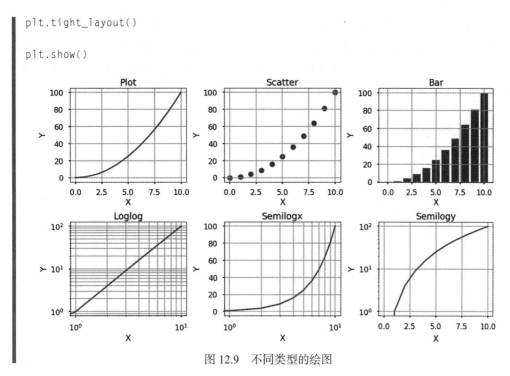

图 12.9　不同类型的绘图

可以看到，在代码最后，我们使用了 `plt.tight_layout` 函数来确保各子绘图不会相互重叠。重新运行代码并查看不使用这个函数的效果。

有时我们希望以特定格式保存绘图，如 pdf、jpeg、png 格式等。可以使用函数 `plt.savefig` 来实现这一点（另请参见图 12.10）。

```
In [14]: plt.figure(figsize = (8,6))
         plt.plot(x,y)
         plt.xlabel("X")
         plt.ylabel("Y")
         plt.savefig("image.pdf")
```

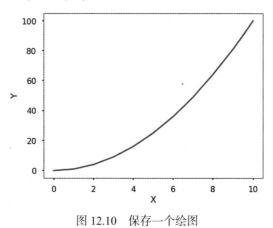

图 12.10　保存一个绘图

最后，还有其他用于在二维空间中绘制图形的函数。`errorbar` 函数绘制 x-y 数据，但每个元素都有误差棒。polar 函数绘制 θ 与 r 的关系，而不是 x 与 y 的关系。stem 函数在 x 处绘制茎，在 y 处绘制高度。hist 函数生成数据集的直方图。boxplot 函数给出数据集的统计摘要。pie 函数生成一个饼图。这些函数的用法留给你自己去探索。记住查看 matplotlib 库中的示例 $^{\ominus}$。

12.2 三维绘图

要绘制三维图形，首先需要导入 mplot3d 工具包，它能将简单的三维绘图功能添加到 matplotlib 库中。

```
In [1]: import numpy as np
        from mpl_toolkits import mplot3d
        import matplotlib.pyplot as plt
        plt.style.use("seaborn-poster")
```

一旦导入 mplot3d 工具包，我们就可以创建三维坐标轴并向坐标轴中添加数据。首先来创建三维坐标轴（另请参见图 12.11）。

```
In [2]: fig = plt.figure(figsize = (10,10))
        ax = plt.axes(projection="3d")
        plt.show()
```

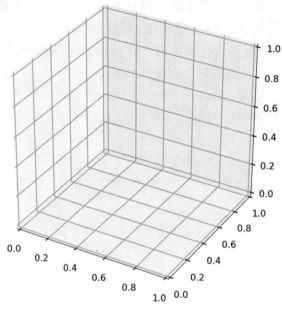

图 12.11　三维坐标轴

ax = plt.axes(projection="3d") 创建了一个三维坐标轴对象。要向其中添加数据，请使用 plot 三维函数。可以更改标题，也可以为绘图设置 x、y、z 标签。

　⊖　https://matplotlib.org/gallery/index.html#gallery。

尝试一下！思考这个参数化数据集：*t* 是从 0 到 10π 的向量，增长为 π/50，*x* = sin(*t*)，*y* = cos(*t*)。使用 plot3D 绘制 (*x*, *y*, *t*) 数据集的三维图形。打开网格功能，使 3 个轴相等，并添加轴标签和标题。使用魔术命令 %matplotlib notebook 激活交互式绘图，以便移动和旋转绘图。

```
In [3]: %matplotlib notebook

In [4]: fig = plt.figure(figsize = (8,8))
        ax = plt.axes(projection="3d")
        ax.grid()
        t = np.arange(0, 10*np.pi, np.pi/50)
        x = np.sin(t)
        y = np.cos(t)
        ax.plot3D(x, y, t)
        ax.set_title("3D Parametric Plot")

        # Set axes label
        ax.set_xlabel("x", labelpad=20)
        ax.set_ylabel("y", labelpad=20)
        ax.set_zlabel("t", labelpad=20)

        plt.show()
```

请参阅笔记本中的交互式示例。

尝试旋转上图以获得绘图的三维视图。你可能会注意到，我们还用 labelpad = 20 设置了 3 个轴的轴标签，这将使标签不会与刻度标签文本重叠。

我们还可以使用 scatter 函数绘制三维散点图（另请参见图 12.12）。

尝试一下！使用随机生成的 50 个数据点为 x、y 和 z 制作三维散点图。将点颜色设置为红色，点大小设置为 50。

```
In [5]: # Turn off the interactive plot
        %matplotlib inline

In [6]: x = np.random.random(50)
        y = np.random.random(50)
        z = np.random.random(50)

        fig = plt.figure(figsize = (10,10))
        ax = plt.axes(projection="3d")
        ax.grid()

        ax.scatter(x, y, z, c = "r", s = 50)
        ax.set_title("3D Scatter Plot")

        # Set axes label
        ax.set_xlabel("x", labelpad=20)
        ax.set_ylabel("y", labelpad=20)
```

```
ax.set_zlabel("z", labelpad=20)

plt.show()
```

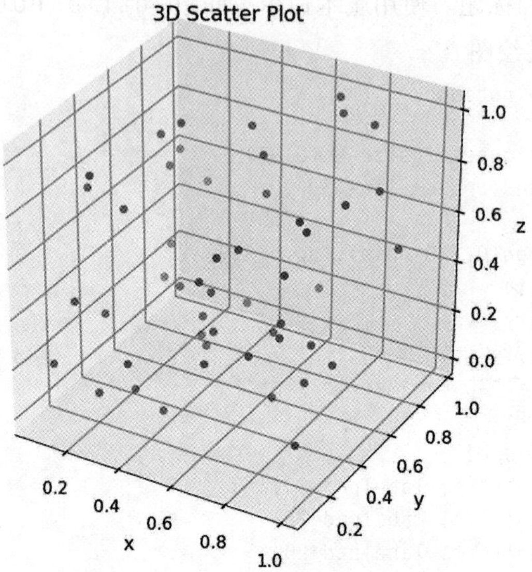

图 12.12　三维散点图

在三维空间中绘图时，有时需要绘制曲面图而不是线图。在三维曲面绘图中，曲面上的点满足关系 $z=f(x, y)$。在绘制曲面时，必须给出所有 (x, y) 对，使用向量实现这点并不简单。因此，在曲面绘图中，你必须创建的第一个数据结构称为网格。给定 x 和 y 的列表 / 数组后，网格是包含 x 和 y 中值的所有可能组合的列表。在 Python 中，网格由两个数组 X 和 Y 表示，X[i,j] 和 Y[i,j] 定义了所有可能的 (x, y) 对，然后可以创建第三个数组 Z，使得 Z[i,j]=f(X[i,j],Y[i,j])。可以使用 Python 中的 np.meshgrid 函数创建网格。meshgrid 函数的输入参数是 x 和 y，均为包含独立数据集的列表；输出变量 X 和 Y 已在上面描述过。

尝试一下！ 使用 meshgrid 函数为 x=[1,2,3,4] 和 y=[3,4,5] 创建网格。

```
In [7]: x = [1, 2, 3, 4]
        y = [3, 4, 5]

        X, Y = np.meshgrid(x, y)
        print(X)

[[1 2 3 4]
 [1 2 3 4]
 [1 2 3 4]]


In [8]: print(Y)

[[3 3 3 3]
```

```
[4 4 4 4]
 [5 5 5 5]]
```

接下来，我们可以这样在 Python 中绘制三维曲面：使用绘制三维曲面的函数 plot_surface(X,Y,Z)，其中 X 和 Y 是 meshgrid 函数的输出数组，Z=f(X,Y) 或 Z[i,j] = f(X[i,j],Y[i,j])（见图 12.13）。

尝试一下！ 使用 plot_surface 函数绘制曲面 $f(x, y) = \sin(x) \cdot \cos(y)$，其中 $-5 \leqslant x \leqslant 5, -5 \leqslant y \leqslant 5$。注意在离散化 x 和 y 中的值时要足够精细，以使绘图看起来平滑。

```
In [9]: fig = plt.figure(figsize = (12,10))
        ax = plt.axes(projection="3d")

        x = np.arange(-5, 5.1, 0.2)
        y = np.arange(-5, 5.1, 0.2)

        X, Y = np.meshgrid(x, y)
        Z = np.sin(X)*np.cos(Y)

        surf = ax.plot_surface(X, Y, Z, cmap = plt.cm.cividis)

        # Set axes label
        ax.set_xlabel("x", labelpad=20)
        ax.set_ylabel("y", labelpad=20)
        ax.set_zlabel("z", labelpad=20)

        fig.colorbar(surf, shrink=0.5, aspect=8)

        plt.show()
```

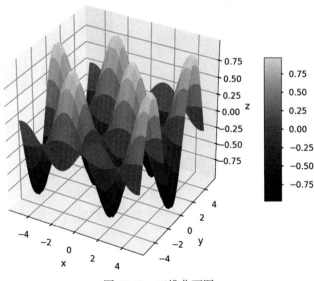

图 12.13　三维曲面图

请注意，曲面图针对不同的高度显示不同的颜色，黄色表示较高，蓝色表示较低（印刷版中为浅灰色较高，深灰色较低）。这是因为我们在曲面图中使用了颜色图 plt. cm.cividis，你可以为曲面图更改不同的配色方案，这留给你作为额外的练习。在图 12.13 中，我们还绘制了一个颜色条来显示不同值的相应颜色。

三维曲面图也有不同的子绘图（见图 12.14）。可以调用我们创建的图形对象的 add_subplot 方法来生成三维案例的子绘图。

尝试一下！ 制作 1×2 的绘图表，以线框图和曲面图的形式绘制上一个示例中的 X、Y、Z 数据。

```
In [10]: fig = plt.figure(figsize=(12,6))


         ax = fig.add_subplot(1, 2, 1, projection="3d")
         ax.plot_wireframe(X,Y,Z)
         ax.set_title("Wireframe plot")

         ax = fig.add_subplot(1, 2, 2, projection="3d")
         ax.plot_surface(X,Y,Z)
         ax.set_title("Surface plot")

      plt.tight_layout()

      plt.show()
```

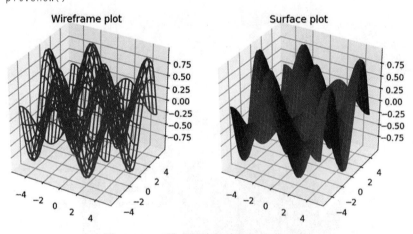

图 12.14　三维空间中的线框图和曲面图

Python 中与绘图相关的函数还有很多，至此我们介绍的只是一部分，但它们应该足以让你入门，这样你可以发现 Python 中的哪些绘图函数最适合你，并获得足够的背景知识来学习如何正确使用它们。你可以在 mplot3d 教程网站上寻找更多不同类型的三维绘图示例[⊖]。

⊖　https://matplotlib.org/mpl_toolkits/mplot3d/tutorial.html。

12.3　使用地图

通常在工程和科学领域中，我们不可避免地与地图交互或使用数据的地理表示。有许多不同的 Python 包可以绘制地图，如 basemap⊖、cartopy⊜、folium⊜等。folium 包能够为网页绘制交互式地图。但大多数时候，我们只需要绘制一张静态地图来显示空间特征，basemap 和 cartopy 就可以完成这项工作。本节将简单介绍如何使用 cartopy 包绘制带数据的地图。首先，执行 conda install cartopy 安装 cartopy。

地图的基本原理很简单：它是具有特定投影的二维图。x 轴为经度，取值范围是从 -180 到 180，它描述了地球表面上某个点的东西向位置。y 轴为纬度，取值范围是从 -90 到 90，它描述了地球表面上某个点的南北向位置。在指定纬度和经度对后，可以在地球上唯一确定一点。

cartopy 包提供了非常好的 API，可以与 matplotlib 交互以绘制地图。我们只需要告诉 matplotlib 使用特定的地图投影，就可以向图中添加其他地图特征了。

尝试一下！ 使用 cartopy 的 Plate Carree 投影（用谷歌搜索它）绘制世界地图，并在地图上绘制海岸线。

```
In [1]: import cartopy.crs as ccrs
        import matplotlib.pyplot as plt
        %matplotlib inline

In [2]: plt.figure(figsize = (12, 8))
        ax = plt.axes(projection=ccrs.PlateCarree())
        ax.coastlines()
        ax.gridlines(draw_labels=True)
        plt.show()
```

上面的示例使用 Plate Carree 投影绘制了地图。此外，我们打开了网格并在地图上绘制了标签。我们建议你查看其他支持 cartopy 的投影⑳。

上面绘制的地图背景是空白的，我们可以使用 stock_img 轻松地在 cartopy 中添加漂亮的地图背景。

```
In [3]: plt.figure(figsize = (12, 8))
        ax = plt.axes(projection=ccrs.PlateCarree())
        ax.coastlines()
        ax.stock_img()
        ax.gridlines(draw_labels=True)
        plt.show()
```

可以使用 ax.set_extent 函数在地图上放大地球的任何地方，该函数接收一个列

⊖　https://matplotlib.org/basemap/。

⊜　https://scitools.org.uk/cartopy/docs/latest/。

⊜　https://github.com/python-visualization/folium。

⑳　https://scitools.org.uk/cartopy/docs/v0.16/crs/projections.html#cartopy-projections。

表，列表中前两个数字是 x 轴的数值显示范围，后两个数字是 y 轴的数值显示范围（另请参见图 12.15）。

尝试一下！ 放大地图上美国所在的位置。

```
In [4]: plt.figure(figsize = (10, 5))
        ax = plt.axes(projection=ccrs.PlateCarree())
        ax.coastlines()
        ax.set_extent([-125, -75, 25, 50])
        ax.gridlines(draw_labels=True)
        plt.show()
```

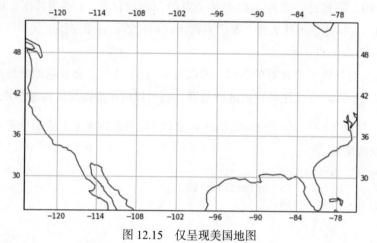

图 12.15　仅呈现美国地图

你是否注意到现在的地图上没有任何特征，如国家边界、州边界、湖泊/水域等。使用 cartopy 时，如果想将这些特征添加到地图中，就必须在代码中指定这些特征（另请参见图 12.16）。

尝试一下！ 对于图 12.15 所示的美国地图，添加以下特征：陆地、海洋、州和国家边界、湖泊和河流。

```
In [5]: import cartopy.feature as cfeature

In [6]: plt.figure(figsize = (10, 5))
        ax = plt.axes(projection=ccrs.PlateCarree())
        ax.coastlines()
        ax.set_extent([-125, -75, 25, 50])

        ax.add_feature(cfeature.LAND)
        ax.add_feature(cfeature.OCEAN)
        ax.add_feature(cfeature.STATES, linestyle=":")
        ax.add_feature(cfeature.BORDERS)
        ax.add_feature(cfeature.LAKES, alpha=0.5)
        ax.add_feature(cfeature.RIVERS)

        plt.show()
```

图 12.16 具有各种特征的美国地图

进一步将地图放大到更小的区域后，我们需要下载并使用高分辨率的海岸线和陆地，以获得一张看起来不错的地图（另请参见图 12.17）。

尝试一下！用 10m 分辨率的海岸线和陆地绘制旧金山湾区。试着把其中一个分辨率改到 50m，看看会发生什么。

```
In [7]: plt.figure(figsize = (10, 8))
        ax = plt.axes(projection=ccrs.PlateCarree())
        ax.coastlines(resolution="10m")
        ax.set_extent([-122.8, -122, 37.3, 38.3])

        # we can add high-resolution land and water
        LAND =
          cfeature.NaturalEarthFeature("physical", "land", "10m",
                      edgecolor="face",
                      facecolor=cfeature.COLORS["land"],
                      linewidth=.1)

        OCEAN =
          cfeature.NaturalEarthFeature("physical","ocean","10m",
                      edgecolor="face",
                      facecolor=cfeature.COLORS["water"],
                      linewidth=.1)

        ax.add_feature(LAND, zorder=0)
        ax.add_feature(OCEAN, zorder=0)
          plt.show()
```

图 12.17 分辨率更高的旧金山湾区地图

在许多情况下，我们希望将数据绘制到地图上并显示不同实体的空间位置。我们可以用与正常 matplotlib 轴完全相同的方式往地图上添加数据。默认情况下，附加数据与我们最初绘制的地图处在同一个轴坐标系。首先让我们尝试向图 12.17 所示的地图中添加一些数据（另请参见图 12.18）。

尝试一下！ 在旧金山湾区地图上添加加州大学伯克利分校和斯坦福大学的位置。

```
In [8]: plt.figure(figsize = (10, 8))

        # plot the map related stuff
        ax = plt.axes(projection=ccrs.PlateCarree())
        ax.coastlines(resolution="10m")
        ax.set_extent([-122.8, -122, 37.3, 38.3])

        ax.add_feature(LAND, zorder=0)
        ax.add_feature(OCEAN, zorder=0)
# plot the data related stuff
berkeley_lon, berkeley_lat = -122.2585, 37.8719
stanford_lon, stanford_lat = -122.1661, 37.4241

# plot the two universities as blue dots
ax.plot([berkeley_lon, stanford_lon],
        [berkeley_lat, stanford_lat],
        color="blue", linewidth=2, marker="o")

# add labels for the two universities
ax.text(berkeley_lon + 0.16, berkeley_lat - 0.02,
        "UC Berkeley", horizontalalignment="right")

ax.text(stanford_lon + 0.02, stanford_lat - 0.02,
        "Stanford", horizontalalignment="left")

plt.show()
```

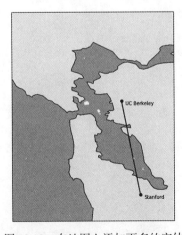

图 12.18　在地图上添加更多的实体

cartopy 包有非常多的功能。官方的例子可以在网上的图库⊖中找到，我们建议你自己去探索，以增强地图绘制能力。

12.4 动画和电影

动画是一系列静止帧或图形以足够快的速度连续显示，让人产生的它们在连续运动的错觉。动画和电影通常比单个图形更能传达信息。可以通过在循环（通常是 for 循环）内调用绘图函数来在 Python 中创建动画。在 Python 中制作动画的主要工具是 matplotlib.animation.Animation 基类，它提供了一个构建动画功能的框架。请参阅下面的示例。

尝试一下! 创建一个红色圆点沿着蓝色正弦波动的动画。

```
In [1]: import numpy as np
        import matplotlib.pyplot as plt
        import matplotlib.animation as manimation

In [2]: n = 1000
        x = np.linspace(0, 6*np.pi, n)
        y = np.sin(x)

        # Define the meta data for the movie
        FFMpegWriter = manimation.writers["ffmpeg"]
        metadata = dict(title="Movie Test", artist="Matplotlib",
            comment="a red circle following a blue sine wave")
        writer = FFMpegWriter(fps=15, metadata=metadata)

        # Initialize the movie
        fig = plt.figure()

        # plot the sine wave line
        sine_line, = plt.plot(x, y,"b")
        red_circle, = plt.plot([], [], "ro", markersize = 10)
        plt.xlabel("x")
        plt.ylabel("sin(x)")

        # Update the frames for the movie
        with writer.saving(fig, "writer_test.mp4", 100):
        for i in range(n):
            x0 = x[i]
            y0 = y[i]
            red_circle.set_data(x0, y0)
            writer.grab_frame()
```

⊖ https://scitools.org.uk/cartopy/docs/latest/gallery/index.html。

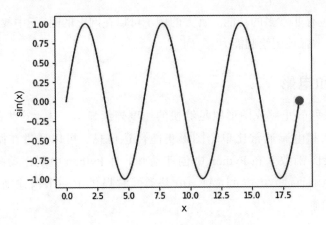

在制作电影之前，建议首先完成以下三个步骤：

- 定义电影的元数据；
- 确定背景中不需要更改的内容；
- 确定每个电影帧中哪些对象需要更改。

一旦完成了这三步，执行接下来的三个步骤，使用 Python 制作电影就相对容易了：

- 定义电影的元数据；
- 初始化电影背景图；
- 更新电影的帧。

使用上面的示例，我们可以清楚地看到代码与这三个步骤的关系。

1. 定义电影的元数据

```
FFMpegWriter = manimation.writers["ffmpeg"]
metadata = dict(title="Movie Test", artist="Matplotlib",
        comment="a red circle following a blue sine wave")
writer = FFMpegWriter(fps=15, metadata=metadata)
```

这段代码告诉 Python 我们想要使用 movie writer 创建一部电影，并需要提供片名、艺术家和任意必要的说明。另外，我们需要告诉 Python 电影的帧率，即 fps=15，也就是说要在 1s 内连续显示 15 帧（fps 代表帧率）。

2. 初始化电影背景图

```
fig = plt.figure()

# plot the sine wave line
sine_line, = plt.plot(x, y, "b")
red_circle, = plt.plot([], [], "ro", markersize = 10)
plt.xlabel("x")
plt.ylabel("sin(x)")
```

这里我们需要初始化电影的背景图。之所以叫背景图，是因为我们在背景图里绘制的图形不会在电影播放过程中发生变化。在这个例子中，正弦波曲线不会改变。同时，我们绘制一个空的红点（背景图中不会出现），它充当了电影后期会发生变化的事情的占位符。这相当于告诉 Python 将会有一个红点，稍后我们会更新红点的位置。在这种情况下，x 轴和 y 轴的轴标签不会改变，因此在此处绘制它们。

3. 更新电影的帧

```
with writer.saving(fig, "writer_test.mp4", 100):
    for i in range(n):
        x0 = x[i]
        y0 = y[i]
        red_circle.set_data(x0, y0)
        writer.grab_frame()
```

此代码块指定输出文件的名称、格式和图形分辨率（dpi——每英寸点数）。在本例中，我们希望输出文件的名称为 "writer_test"，格式为 "mp4"，图形的分辨率 dpi 为 100。接下来，我们对电影的核心部分进行编码：重复更新图形，即创建"动作"。我们使用 for 循环来更新图形，并且在每个循环中，更改红色圆点的位置（x 和 y 的值）。writer.grab_frame 函数将捕获各个帧中的更改并根据我们设置的 fps 显示这些帧。

以上就是制作一个简单电影的过程。

matplotlib 电影教程中提供了许多关于如何制作电影的示例⊖。你可以运行一些示例以更好地了解如何使用 Python 制作电影。

12.5　总结和习题

12.5.1　总结

1. 可视化数据是工程和科学应用中必不可少的工具。

2. Python 有许多不同的绘图工具包，可用于数据可视化。

3. 工程和科学中通常使用二维绘图、三维绘图和地图来交流研究成果。

4. 视频是以一定速度显示的一系列静态图像。

12.5.2　习题

1. 摆线是由车轮边缘上的点沿平面滚动所描绘的曲线。由半径为 r 的车轮生成的摆线的 (x, y) 坐标可以通过以下参数方程来描述：

$$x = r(\phi - \sin\phi)$$
$$y = r(1 - \cos\phi)$$

其中 ϕ 是车轮滚动的弧度数。

设增量为 1000，且 $r = 3$，生成 $0 \leqslant \phi \leqslant 2\pi$ 的摆线图。为你生成的图指定标题和标签。打开网格并修改轴数值的显示范围，以使绘图整洁美观。

⊖　https://matplotlib.org/api/animation_api.html。

2. 思考以下函数：

$$y(x) = \sqrt{\dfrac{100(1 - 0.01x^2)^2 + 0.02x^2}{(1 - x^2)^2 + 0.1x^2}}$$

使用 `plot`、`semilogx`、`semilogy` 和 `loglog` 函数为 $0 \leqslant x \leqslant 100$ 的 $y(x)$ 生成 2×2 的绘图表。对 x 的取值进行足够精细的离散化，使绘图看起来平滑。给每个子绘图指定轴标签和标题。打开网格。哪个子绘图似乎传达了最多的信息？

3. 在单个轴上绘制 $0 \leqslant x \leqslant 5$ 时函数 $y_1(x) = 3 + \exp(-x)\sin(6x)$ 和 $y_2(x) = 4 + \exp(-x)\cos(6x)$ 的图形。给出绘图的轴标签、标题和图例。

4. 使用 `np.random.randn` 函数生成 1000 个服从正态分布的随机数。查找 `plt.hist` 函数的帮助信息。使用 `plt.hist` 函数绘制随机数的直方图。使用 `plt.hist` 函数将随机数分布到 10 个箱子中。使用 `plt.bar` 函数创建输出的条形图，它看起来应该与 `plt.hist` 生成的图非常相似。你认为 `np.random.randn` 函数是正态分布数的一个很好的近似吗？

5. 表 `grade_dist = [42, 85, 67, 20, 5]` 中包含成绩为 A、B、C、D 和 F 的学生的人数。使用 `plt.pie` 函数生成 `grade_dist` 的饼图。在饼图上放置标题和图例。

6. 设 $-4 \leqslant x \leqslant 4$，$-3 \leqslant y \leqslant 3$，且 $z(x, y) = \dfrac{xy(x^2 - y^2)}{x^2 + y^2}$。用区间内的 100 个等间距数创建数组 x 和 y。使用 `meshgrid` 函数为 x 和 y 创建网格 X 和 Y。由 X 和 Y 计算矩阵 Z。创建一个 1×2 的绘图表，表中第一个子绘图是使用 `plt.plot_surface` 绘制的三维曲面 Z，第二个子绘图是使用 `plt.plot_wireframe` 绘制的三维线框图。为每个轴指定一个标题并标记轴。

7. 编写一个函数 `my_polygon(n)`，绘制一个有 n 条边、半径为 1 的正多边形。回想一下，正多边形的半径是它的质心到顶点的距离。使用 `plt.axis("equal")` 使正多边形看起来规则。记住给轴指定一个标签和一个标题。使用 `plt.title` 根据边数为绘图命名。提示：如果在极坐标中思考这个问题会容易得多。回想一下，围绕单位圆完整旋转的弧度是 2π。请注意，多边形上的第一个和最后一个点应分别是与极坐标角 0 和 2π 相关的点。

测试用例：

```
my_polygon(5)
```

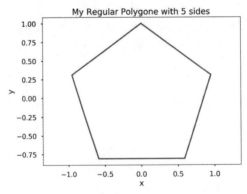

8. 编写一个函数 `my_fun_plotter(f, x)`，其中 f 是一个 lambda 函数，x 是一个数组。该函数应绘制以 x 为自变量的 f。请记住标记 x 轴和 y 轴。

测试用例：

```
my_fun_plotter(lambda x: np.sqrt(x) + np.exp(np.sin(x)),
               np.linspace(0, 2*np.pi, 100))
```

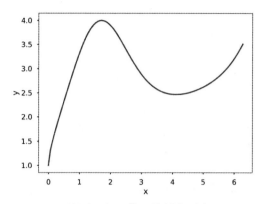

9. 使用 my_poly_plotter(n,x) 编写一个函数，绘制多项式 $p_k(x) = x^k$，$k = 1, \cdots, n$。确保你的绘图具有轴标签和标题。

测试用例：

```
my_poly_plotter(5, np.linspace(-1, 1, 200))
```

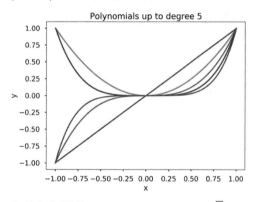

10. 假设等边三角形的三个顶点分别是 $P_1 = (0, 0)$，$P_2 = (0.5, \sqrt{2}/2)$，$P_3 = (1, 0)$。生成另一组点 $p_i = (x_i, y_i)$，使得 $p_1 = (0, 0)$ 并且 p_{i+1} 有 33% 的概率是 p_i 和 P_1 之间的中点，有 33% 的概率是 p_i 和 P_2 之间的中点，有 33% 的概率是 p_i 和 P_3 之间的中点。编写一个函数 my_sierpinski(n)，生成点 p_i（$i = 1, \cdots, n$）。该函数应该使用蓝点绘制点图（即 "b." 作为 plt.plot 函数的第三个参数）。

测试用例：

```
my_sierpinski(100)
```

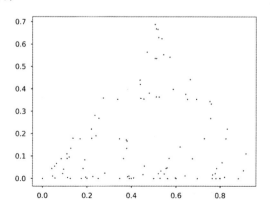

```
my_sierpinski(10000)
```

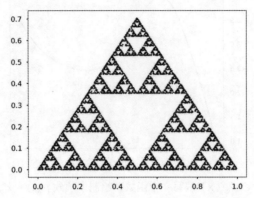

11. 假设你正在生成一组点 (x_i, y_i)，其中 $x_1 = 0$，$y_1 = 0$。$i = 2, \cdots, n$ 的点 (x_i, y_i) 根据以下概率关系生成：

1% 的概率：$x_i = 0$，$y_i = 0.16y_{i-1}$；

7% 的概率：$x_i = 0.2x_i-1 - 0.26y_i-1$，$y_i = 0.23x_i-1 + 0.22y_i-1 + 1.6$；

7% 的概率：$x_i = -0.15x_i-1 + 0.28y_i-1$，$y_i = 0.26x_i-1 + 0.24y_i-1 + 0.44$；

85% 的概率：$x_i = 0.85x_i-1 + 0.04y_i-1$，$y_i = -0.04x_i-1 + 0.85y_i-1 + 1.6$。

编写一个函数 my_fern(n)，生成点 (x_i, y_i)（$i = 1, \cdots, n$），并使用蓝点绘制它们。还可以使用 plt.axis("equal") 和 plt.axis("off") 使绘图更具吸引力。

测试用例：

```
my_fern(100)
```

My Fern with 100 Iterations

尝试使函数的参数 n = 10000，生成的图像称为随机分形。很多时候，存储分形生成代码比存储图像更便宜（即需要更少的空间）。这使得随机分形可用于压缩图像。

```
my_fern(10000)
```

12. 编写函数 my_parametric_plotter(x,y,t)，其中 x 和 y 分别是函数对象 x(t) 和 y(t)，t 是一维数组。函数 my_parametric_plotter 应该在三维绘图中生成曲线 (x(t), y(t), t)。记住为绘图指定标题并标记轴。

测试用例：

```
from mpl_toolkits import mplot3d
f = lambda t: np.sin(t)
g = lambda t: t**2
my_parametric_plotter(f, g, np.linspace(0, 6*np.pi, 100))
```

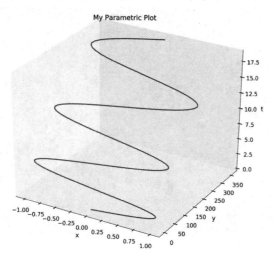

13. 编写函数 my_surface_plotter(f, x, y, option)，其中 f 是函数对象 f(x,y)。传入的 option 参数值如果是字符串 "surface"，则函数 my_surface_plotter 应该使用 plot_surface 生成 f(x,y) 的三维曲面图；如果是字符串 "contour"，则函数应该生成 f(x,y) 的等高线图。假设 x 和 y 是一维数组或列表。记住为绘图指定标题并标记轴。

测试用例：

```
from mpl_toolkits import mplot3d
f = lambda x, y: np.cos(y)*np.sin(np.exp(x))
my_surface_plotter(f, np.linspace(-1, 1, 20),
                   np.linspace(-2, 2, 40), "surface")
my_surface_plotter(f, np.linspace(-1, 1, 20),
                   np.linspace(-2, 2, 40), "contour")
```

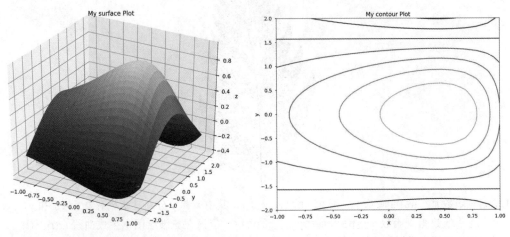

14. 编写一行代码，使之产生如下错误：

```
ValueError: x and y must have the same first dimension, ...
```

15. 我们可以使用在线程序 *Web Map Tile Service*（*WMTS*）在 cartopy 中制作地图。请为北美的主要部分绘制如下所示的地球夜地图，纬度范围是 $19.50139° \sim 64.85694°$，经度范围是 $-128.75583° \sim -68.01197°$。提示：查看 cartopy 网站上的图库。

Python 并行化

13.1 并行计算基础知识

我们现在已经掌握了 Python 的实用知识，很快我们将使用它来分析数据以及数值分析。在深入讨论之前，我们先介绍 Python 中的**并行计算**。并行计算意味着你将能够在 CPU 处理器的多个内核（或多核 CPU 处理器）上同时运行代码，或者在程序等待外部资源（即下载文件、API 调用等）时利用浪费的 CPU 周期来提高速度。并行计算的基本思想根植于同时执行多个任务以减少程序的运行时间。图 13.1 展示了并行计算与串行计算的简单思想，这是我们目前讨论的内容。例如，如果你有 100 万个数据文件，需要对每个文件进行相同的操作，那么你可以一次处理一个文件，也可以同时处理多个文件。又例如，如果你正在下载 100 万个网站，那么可以一次下载 10 个来减少总下载时间。因此，学习并行计算的基础知识将有助于设计更高效的代码。

大多数现代计算机使用多核设计，这意味着在单个计算组件上有多个独立的处理单元——所谓的内核——可用于执行不同的任务。例如，作者的笔记本电脑上有一个 CPU 处理器，上面有 6 个物理内核（见图 13.2），每一个物理内核都有 2 个逻辑内核，这将使内核总数达到 12（如果要打印出机器上的 CPU 总数，请参阅下一节）。

在 Python 中，当你希望执行并行计算时，有两种基本方法：**多处理**或**线程库**。我们先来看看进程和线程之间的区别。

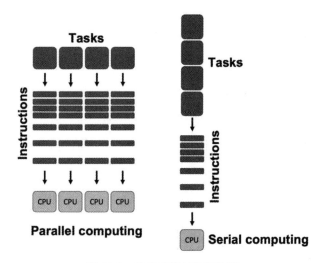

图 13.1　并行计算与串行计算

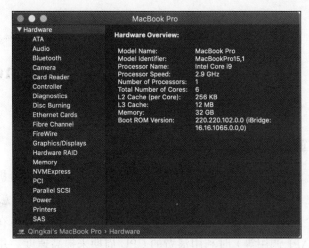

图 13.2　作者的多核处理器笔记本电脑上的硬件

13.1.1　进程和线程

进程是程序的一个实例（如 Python 解释器、Jupyter Notebook 等）。操作系统创建一个进程来运行程序，每个进程都有自己的内存块。**线程**是驻留在进程内的子进程。每个进程可以有多个线程；这些线程将共享进程的内存块。因此，由于共享内存，一个进程中多个线程的变量或对象都是共享的。如果在一个线程中更改一个变量，则所有其他线程的变量都会更改。对于不同的进程，情况则并非如此。如果在一个进程中更改一个变量，并不会更改其他进程中的该变量。进程和线程各有优缺点，可以在不同的任务中使用，以发挥各自的最大优势。

13.1.2　Python 的 GIL 问题

Python 是在个人计算机拥有多核处理器之前设计的（这显示了该语言有多古老），它受**全局解释器锁**（GIL）的固有限制，即任何时候都只能运行一个本地线程，无法让多个线程同时运行。Python 中也有解决多线程问题的方法，但下面仅介绍多进程库。

13.1.3　使用并行计算的缺点

使用并行计算存在缺点：启动和维护新进程所需的开销使代码变得更加复杂。也就是说，如果你的任务很小，那么使用并行计算实际上会花费更长的时间，因为系统初始化并维护新进程也需要时间。

13.2　多进程

多进程库是 Python 的标准库，用于支持使用进程进行并行计算，具有许多不同的特性，在此不一一讨论。我们建议你查看官方文档[⊖]。在这里，我们仅介绍并行计算的基础

　　⊖　https://docs.python.org/3/library/multiprocessing.html。

知识。下面首先导入库并把机器上可用于并行计算的 CPU 总数打印出来。

```
In [1]: import multiprocessing as mp

In [2]: print(f"Number of cpu: {mp.cpu_count()}")

Number of cpu: 12
```

下面的示例演示如何在一台机器中使用多个内核以减少程序执行时间。

示例：生成 0 到 10 之间的 10 000 000 个随机数，并将它们平方。将结果存储在列表中。

串行版本

```
In [3]: import numpy as np
        import time

        def random_square(seed):
            np.random.seed(seed)
            random_num = np.random.randint(0, 10)
            return random_num**2

In [4]: t0 = time.time()
        results = []
        for i in range(10000000):
            results.append(random_square(i))
        t1 = time.time()
        print(f"Execution time {t1 - t0} s")

Execution time 38.20956087112427 s
```

并行版本

使用多处理进行并行计算最简单的方法是使用 pool 类。这个类包括 4 种常用的方法：apply、map、apply_async 和 map_async。查看文档，了解它们之间的差异，以供你自己参考。我们将仅使用 map 函数对上面示例中的问题进行并行化。map(func, iterable) 函数接收两个输入参数，将函数 func 应用于 iterable 中的每个元素，然后收集结果。

```
In [5]: t0 = time.time()
        n_cpu = mp.cpu_count()

        pool = mp.Pool(processes=n_cpu)
        results = [pool.map(random_square, range(10000000))]
        t1 = time.time()
        print(f"Execution time {t1 - t0} s")

Execution time 7.130078077316284 s
```

使用上述并行版本的代码将运行时间从约 38 秒减少到约 7 秒。这实现了速度的一大提升，尤其是当我们运行需要大量计算的代码时。

pool.apply 函数与此类似，只是该函数可以接收更多参数。pool.map 和 pool. apply 将锁定主程序，直到所有进程完成，如果想以特定顺序获取某些应用程序的结果，这将非常有用。相反，如果不需要按特定顺序显示结果，也可以使用 pool. apply_async 或 pool.map_async，它们会一次提交所有进程，并在完成后立即检索结果。你可以在线查看以了解更多信息。

13.2.1　可视化执行时间

本节我们分别对串行版本和并行版本的程序执行时间与数据点数量的关系进行可视化。之后你会看到，在某一点之前，最好使用串行版本。

```
In [6]: import matplotlib.pyplot as plt
        plt.style.use("seaborn-poster")
        %matplotlib inline

        def serial(n):
            t0 = time.time()
            results = []
            for i in range(n):
                results.append(random_square(i))
            t1 = time.time()
            exec_time = t1-t0
            return exec_time

        def parallel(n):
            t0 = time.time()
            n_cpu = mp.cpu_count()

            pool = mp.Pool(processes=n_cpu)
            results = [pool.map(random_square,range(n))]
            t1 = time.time()
            exec_time = t1-t0
            return exec_time

In [7]: n_run = np.logspace(1, 7, num = 7)

        t_serial = [serial(int(n)) for n in n_run]
        t_parallel = [parallel(int(n)) for n in n_run]

In [8]: plt.figure(figsize = (10, 6))
        plt.plot(n_run, t_serial, "-o", label = "serial")
        plt.plot(n_run, t_parallel, "-o", label = "parallel")
        plt.loglog()
        plt.legend()
        plt.ylabel("Execution time (s)")
        plt.xlabel("Number of random points")
        plt.show()
```

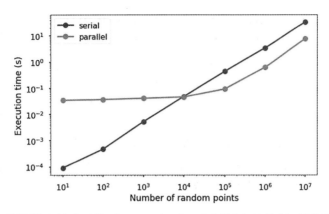

如图所示，当数据点较少（低于 10 000）时，串行版本的执行时间更快，因为并行版本启动和维护新进程会带来开销。在 10 000 之后，并行版本将是更好的选择。例如，当我们有 10^7 个数据点时，并行版本不到 10 秒就可以完成任务，而串行版本大约需要 50 秒。

13.3　使用 joblib 包

Python 还提供了其他第三方包可以简化并行计算，特别是对于一些日常任务，如 joblib 包[○]提供了一种简单的方法来执行并行计算（并且还有许多其他用途）。

首先，通过运行 pip install joblib 来安装这个包，然后使用这个新包运行前面的示例。

```
In [1]: from joblib import Parallel, delayed
        import numpy as np

        def random_square(seed):
            np.random.seed(seed)
            random_num = np.random.randint(0, 10)
            return random_num**2

In [2]: results = Parallel(n_jobs=8)\
            (delayed(random_square)(i) for i in range(1000000))
```

注意，代码的并行部分通过使用 joblib 包变成一行，非常方便。Parallel 是一个辅助类，它本质上为我们之前看到的多进程模块提供了一个方便的接口。delayed 函数用于捕获目标函数的参数，在本例中为 random_square。我们用 8 个 CPU 运行了上面的代码。如果要使用机器的所有计算能力，可以通过设置 n_jobs=-1 来使用机器上所有可用的 CPU，如果将其设置为 -2，则将使用个数比总数少 1 个的 CPU。此外，如果要输出状态消息，请启用 verbose 参数。

```
In [3]: results = Parallel(n_jobs=-1, verbose=1)\
            (delayed(random_square)(i) for i in range(1000000))
```

○　https://joblib.readthedocs.io/en/latest/index.html。

```
[Parallel(n_jobs=-1)]: Using backend LokyBackend with 12
                       concurrent workers.
[Parallel(n_jobs=-1)]: Done   60 tasks      | elapsed:    0.1s
[Parallel(n_jobs=-1)]: Done 176056 tasks    | elapsed:    3.0s
[Parallel(n_jobs=-1)]: Done 787056 tasks    | elapsed:   12.4s
[Parallel(n_jobs=-1)]: Done 1000000 out of 1000000 |
                       elapsed:   15.5s finished
```

joblib 中有多个后端，这意味着可使用不同的方式进行并行计算。如果你将后端设置为 multiprocessing，则在后台会创建一个多进程池，该池使用单独的 Python 工作进程在单独的 CPU 上并发执行任务。

```
In [4]: results = \
    Parallel(n_jobs=-1, backend="multiprocessing", verbose=1)\
    (delayed(random_square)(i) for i in range(1000000))

[Parallel(n_jobs=-1)]: Using backend MultiprocessingBackend
                       with 12 concurrent workers.
[Parallel(n_jobs=-1)]: Done 220 tasks       | elapsed:    0.0s
[Parallel(n_jobs=-1)]: Done 457032 tasks    | elapsed:    1.9s
[Parallel(n_jobs=-1)]: Done 1000000 out of 1000000 |
                       elapsed: 3.8s finished
```

13.4   总结和习题

13.4.1   总结

1. 并行计算可以通过使用计算机上的多个内核来减少执行时间。

2. 进程和线程的区别，在 Python 中使用基于进程的方法来实现并行性更容易。

3. 在使用多核时，使用 multiprocessing 包是解决问题的一种简单方法。

4. 使用 joblib 包将简化许多常见任务的并行计算代码。

13.4.2   习题

1. 什么是并行计算？

2. 请说明进程和线程的区别。

3. 使用 multiprocessing 包查找计算机上的处理器数量。

4. 使用 multiprocessing 包并行化以下代码并记录运行时间：

```
def plus_cube(x, y):
    return (x+y)**3

for x, y in zip(range(100), range(100)):
    results.append(plus_cube(x, y))
```

5. 能否举例说明 pool.map 和 pool.map_async 的区别？

6. Python 中的 GIL 是什么？

7. 使用 joblib 将上面的例子并行化，使用"多进程"作为后端。

数值方法简介

线性代数和线性方程组

14.1 线性代数基础知识

首先，我们介绍线性代数的一些基础知识，这些基础知识将用于描述和求解线性方程。在本章中，我们将仅介绍基础知识。如果你还需要其他的理论指导，那么我们建议你学习线性代数教科书。

14.1.1 集合

我们已经在第 2 章中讨论过集合数据结构，在这里我们从数学模型的角度来研究它。在数学中，集合是对象的集合。如前所述，**集合**通常用大括号 {} 表示。例如，S={ 橙子, 苹果, 香蕉 } 表示 S 是包含"橙子""苹果"和"香蕉"的集合。

空集是不包含任何对象的集合，通常用空括号（如 {}）或 $\varnothing$ 表示。给定两个集合 A 和 B，A 和 B 的**并集**由 $A \cup B$ 表示，等于包含 A 和 B 的所有元素的集合。A 和 B 的**交集**由 $A \cap B$ 表示，等于包含同时属于 A 和 B 的所有元素的集合。在集合表示法中，冒号用于表示**"诸如此类等"**。运用这些术语将会使表达更加清楚直观。符号 $\in$ 用于表示对象包含在集合中。例如，$a \in A$ 表示"a 是 A 的成员"或"a 在 A 中"。集合符号中的反斜杠 \ 表示**集合减号**。因此，如果 $a \in A$，则 $A \setminus a$ 表示"A 减去元素 a"。

这里有几种与数字相关的标准集，如**自然数**、**非负整数**、**整数**、**有理数**、**无理数**、**实数**和**复数**，如表 14-1 所示。

表 14-1　与数字相关的几种标准集

名称	符号	描述
自然数	$\mathbb{N}$	$\mathbb{N} = \{1, 2, 3, 4, \cdots\}$
非负整数	$\mathbb{W}$	$\mathbb{W} = \mathbb{N} \cup \{0\}$
整数	$\mathbb{Z}$	$\mathbb{Z} = \mathbb{W} \cup \{-1, -2, -3, \cdots\}$
有理数	$\mathbb{Q}$	$\mathbb{Q} = \left\{ \dfrac{p}{q} : p \in \mathbb{Z}, q \in \mathbb{Z} \setminus \{0\} \right\}$
无理数	$\mathbb{I}$	$\mathbb{I}$ 是无限不循环小数
实数	$\mathbb{R}$	$\mathbb{R} = \mathbb{Q} \cup \mathbb{I}$
复数	$\mathbb{C}$	$\mathbb{C} = \{a + bi : a, b \in \mathbb{R}, i = \sqrt{-1}\}$

▎**尝试一下！** 令 S 为所有实数 (x, y) 对的集合，使得 $x^2+y^2=1$。$S = \{(x, y) : x, y \in \mathbb{R}, x^2 + y^2 = 1\}$。

14.1.2 向量

集合 $\mathbb{R}^n$ 是 n 个实数元组的集合。以集合表示法，表示为 $\mathbb{R}^n = \{(x_1, x_2, x_3, \cdots, x_n): x_1, x_2, x_3, \cdots, x_n \in \mathbb{R}\}$。例如，集合 $\mathbb{R}^3$ 表示三维空间中的实三元组 (x, y, z) 坐标。

$\mathbb{R}^n$ 中的**向量**是 $\mathbb{R}^n$ 中的 n 个元组或点。在往向量中写入元素时，可以在**行向量**中水平写入（即向量的元素彼此左右相邻）或在**列向量**中竖直写入（即向量的元素彼此上下相接）。如果向量中的各个元素左右均无其他元素，则该向量通常是列向量。向量 v 的第 i 个元素用 v_i 表示。列向量的转置是相同长度的行向量，并且行向量的转置就是列向量。在数学中，转置用上标 T 或 v^T 表示。**零向量**是 $\mathbb{R}^n$ 中元素为全零的向量。

向量的范数是其长度的度量，有很多方法可以根据所使用的度量标准（即所选的距离公式）来定义向量的长度。最常见的根据距离公式计算向量长度的度量标准称为 L_2 **范数**。有时也称之为欧氏距离，其是指向量在一维、二维或三维空间中的"物理"长度。向量 v 的 L_2 范数由 $\|v\|_2$ 和 $\|v\|_2 = \sqrt{\sum_i v_i^2}$ 表示。L_1 范数或"曼哈顿距离"，其计算公式为 $\|v\|_1 = \sum_i |v_i|$，它以纽约市的网格状道路结构命名。通常，向量的 p 范数 L_p 为 $\|v\|_p = \sqrt[p]{(\sum_i v_i^p)}$。$L_\infty$ **范数**是 p 范数，其中 $p = \infty$。L_∞ 范数写为 $\|v\|_\infty$，其值等于 v 中的最大元素绝对值。

尝试一下！创建行向量和列向量，并显示其形状。

```
In [1]: import numpy as np
        vector_row = np.array([[1, -5, 3, 2, 4]])
        vector_column = np.array([[1],[2],[3],[4]])
        print(vector_row.shape)
        print(vector_column.shape)

(1, 5)
(4, 1)
```

在 Python 中，创建行向量和列向量可能比较复杂。如上例所示，为了获得 1 行 4 列或 4 行 1 列的向量，我们必须使用元素为列表的列表来指定它。你也可以通过 `np.array([1,2,3,4])` 来定义，然而你会发现所获得的向量不包含任何有关行或列的信息。

尝试一下！将上面定义的行向量转置为列向量，并计算其 L_1、L_2 和 L_∞ 范数。验证向量的 L_∞ 范数等于向量中元素绝对值的最大值。

```
In [2]: from numpy.linalg import norm
        new_vector = vector_row.T
        print(new_vector)
        norm_1 = norm(new_vector, 1)
        norm_2 = norm(new_vector, 2)
        norm_inf = norm(new_vector, np.inf)
        print("L_1 is: %.1f"%norm_1)
        print("L_2 is: %.1f"%norm_2)
```

```
        print("L_inf is: %.1f"%norm_inf)

[[ 1]
 [-5]
 [ 3]
 [ 2]
 [ 4]]
L_1 is: 15.0
L_2 is: 7.4
L_inf is: 5.0
```

向量加法定义为相加向量中元素的成对相加。例如，如果 v 和 w 是 $\mathbb{R}^n$ 中的两个向量，则 $u=v+w$ 等同于 $u_i=v_i+w_i$。

根据上下文，**向量乘法**可以有多种定义方式。向量的**标量乘法**是向量与标量（即属于实数的数字）的乘积。标量乘法定义为向量的每个元素与标量的乘积。更确切地说，如果 α 是标量并且 v 是向量，则 $u=\alpha v$ 定义为 $u_i=\alpha v_i$。请注意，以上就是 Python 实现向量标量乘法的方式。

尝试一下！ 证明 $\alpha(v+w)=\alpha v+\alpha w$（即向量加法可以与向量的标量乘法结合运算）。

根据向量加法与向量标量乘法的定义，$u=v+w$ 是满足 $u_i=v_i+w_i$ 的向量，$x=\alpha u$ 是满足 $x_i=\alpha(v_i+w_i)$ 的向量。根据 α、v_i、w_i，再结合乘法分配律以及公式 $x_i=\alpha v_i+\alpha w_i$，即可推出 $\alpha(v+w)=\alpha v+\alpha w$。

两个向量的**点积**是两个向量中各成对元素乘积的总和，用 · 表示，$v \cdot w$ 读作 "v 点乘 w"。因此，对于 v，$w \in \mathbb{R}^n$，$d=v \cdot w$ 定义为 $d=\sum_{i=1}^{n} v_i w_i$。**两个向量之间的角度 θ 由以下公式定义：**

$$v \cdot w = \| v \|_2 \| w \|_2 \cos\theta$$

点积是对两个向量方向的相似程度的衡量。例如，向量（1，1）和（2，2）是平行的。如果使用点积计算它们之间的角度，则会发现 $\theta=0$。如果向量之间的角度为 $\theta=\pi/2$，则称向量垂直或**正交**，并且点积为 0。

尝试一下！ 计算向量 $v=[10, 9, 3]$ 和 $w=[2, 5, 12]$ 之间的角度。

```
In [3]: from numpy import arccos, dot

        v = np.array([[10, 9, 3]])
        w = np.array([[2, 5, 12]])
        theta = arccos(dot(v, w.T)/(norm(v)*norm(w)))
        print(theta)

[[0.97992471]]
```

最后，向量 v 和 w 的**叉积**写为 $v \times w$。它由 $v \times w = \| v \|_2 \| w \|_2 \sin(\theta)n$ 定义，其中 θ 是 v 和 w 之间的角度（可以通过点积计算得出），n 是垂直于 v 和 w 且为单位长度的向量（即

其长度为 1）。叉积的几何解释是一个既垂直于 *v* 又垂直于 *w* 的向量，其长度等于两个向量所围成的平行四边形的面积。

尝试一下！ 给定向量 *v* = [0, 2, 0] 和 *w* = [3, 0, 0]，请使用 numpy 中的函数 cross 计算 *v* 和 *w* 的叉积。

```
In [4]: v = np.array([[0, 2, 0]])
        w = np.array([[3, 0, 0]])
        print(np.cross(v, w))

[[ 0  0 -6]]
```

假设 *S* 是定义了加法和标量乘法的集合，则将 *S* 的**线性组合**定义为：

$$\sum \alpha_i s_i$$

其中，α_i 是任意实数，s_i 是 *S* 中的第 *i* 个对象。有时，α_i 值称为 s_i 的**系数**。

利用线性组合可描述许多事物。例如，杂货店账单可以写成 $\sum c_i n_i$，其中 c_i 是第 *i* 个物品的成本，n_i 是购买的第 *i* 个物品的数量。因此，总成本是所购买物品的单成本和数量的线性组合。

如果集合中没有任何对象可以写为集合中其他对象的线性组合，则该集合称为**线性无关**。出于本书的目的，我们将仅考虑一组向量的线性无关性。一组向量如果不是线性无关的，那么它就是**线性相关**的。

尝试一下！ 给定行向量 *v* = [0, 3, 2]、*w* = [4, 1, 1] 和 *u* = [0, −2, 0]，将向量 *x* = [−8, −1, 4] 写成 *v*、*w* 和 *u* 的线性组合。

```
In [5]: v = np.array([[0, 3, 2]])
        w = np.array([[4, 1, 1]])
        u = np.array([[0, -2, 0]])
        x = 3*v-2*w+4*u
        print(x)

[[-8 -1  4]]
```

尝试一下！ 通过检查确定以下向量是否线性无关：*v* = [1, 1, 0]，*w* = [1, 0, 0]，*u* = [0, 0, 1]。

显然，*u* 与 *v* 和 *w* 都线性无关，因为只有 *u* 具有非零的第三个元素。然后，向量 *v* 和 *w* 也是线性无关的，因为只有 *v* 具有第二个非零元素。因此，*v*、*w* 和 *u* 是线性无关的。

14.1.3 矩阵

m × *n* 的**矩阵**是一个矩形的数值表，由 *m* 行、*n* 列组成。矩阵的范数可以视为一种特定的向量范数。如果我们将矩阵 *M* 的 *m* × *n* 个元素视为 *m* 个 *n* 维向量，则该向量的 *P* 范数可写为：

$$\|\boldsymbol{M}\|_p = \sqrt[p]{\sum_i^m \sum_j^n |a_{ij}|^p}$$

可以使用 numpy 中的 norm 函数来计算矩阵的范数。

矩阵加法和矩阵标量乘法的运算方式与向量相同。然而，只有当 $\boldsymbol{P}$ 是 $m \times p$ 的矩阵，且 $\boldsymbol{Q}$ 是 $p \times n$ 的矩阵时，才能对矩阵 $\boldsymbol{P}$ 和 $\boldsymbol{Q}$ 之间的**矩阵乘法**进行定义。$\boldsymbol{M} = \boldsymbol{PQ}$ 中的 $\boldsymbol{M}$ 是一个 $m \times n$ 的矩阵。维数 p 称为**内部矩阵维度**，只有两个矩阵的内部矩阵维度相匹配（即 $\boldsymbol{P}$ 中的列数和 $\boldsymbol{Q}$ 中的行数必须相同），才能进行矩阵的乘法运算。维数 m 和 n 则称为**外部矩阵维度**。形式上，如果 $\boldsymbol{P}$ 为 $m \times p$ 矩阵，且 $\boldsymbol{Q}$ 为 $p \times n$ 矩阵，则 $\boldsymbol{M} = \boldsymbol{PQ}$ 定义为：

$$\boldsymbol{M}_{ij} = \sum_{k=1}^p \boldsymbol{P}_{ik} \boldsymbol{Q}_{kj}$$

numpy 中的 dot 函数实现了 Python 中两个矩阵 $\boldsymbol{P}$ 和 $\boldsymbol{Q}$ 的乘法运算。矩阵的**转置**是将矩阵的行与列互换，得到新矩阵。转置用上标 T 表示，如 $\boldsymbol{M}^{\mathrm{T}}$ 是矩阵 $\boldsymbol{M}$ 的转置。在 Python 中，numpy 数组的 T 方法实现了矩阵的转置。例如，如果 $\boldsymbol{M}$ 是矩阵，则 M.T 是它的转置。

尝试一下！令矩阵 $\boldsymbol{P}$ 和 $\boldsymbol{Q}$ 分别为 $[[1, 7], [2, 3], [5, 0]]$ 和 $[[2, 6, 3, 1], [1, 2, 3, 4]]$。用 Python 计算出 $\boldsymbol{P}$ 和 $\boldsymbol{Q}$ 的矩阵乘积。证明 $\boldsymbol{Q} \cdot \boldsymbol{P}$ 时会报错。

```
In [6]: P = np.array([[1, 7], [2, 3], [5, 0]])
        Q = np.array([[2, 6, 3, 1], [1, 2, 3, 4]])
        print(P)
        print(Q)
        print(np.dot(P, Q))
        np.dot(Q, P)

[[1 7]
 [2 3]
 [5 0]]
[[2 6 3 1]
 [1 2 3 4]]
[[ 9 20 24 29]
 [ 7 18 15 14]
 [10 30 15  5]]
    -------------------------------------------------

    ValueError        Traceback (most recent call last)

    <ipython-input-6-29a4b2da4cb8> in <module>
      4 print(Q)
      5 print(np.dot(P, Q))
----> 6 np.dot(Q, P)


    ValueError: shapes (2,4) and (3,2) not aligned:
              4 (dim 1) != 3 (dim 0)
```

方阵是 $n×n$ 的矩阵，即行数与列数相同。**行列式**是方阵的重要性质。行列式是一个特殊数字，可以直接从方阵中计算得出。在数学和 numpy 的 linalg 软件包中，行列式都用 det 表示。行列式的一些使用示例如下文所述。

对于 $2×2$ 的矩阵，行列式为：

$$|\boldsymbol{M}| = \begin{vmatrix} a & b \\ c & d \end{vmatrix} = ad - bc$$

对于 $3×3$ 的矩阵，行列式为：

$$|\boldsymbol{M}| = \begin{vmatrix} a & b & c \\ d & e & f \\ g & h & i \end{vmatrix} = a \begin{vmatrix} \square & \square & \square \\ \square & e & f \\ \square & h & i \end{vmatrix} - b \begin{vmatrix} \square & \square & \square \\ d & \square & f \\ g & \square & i \end{vmatrix} + c \begin{vmatrix} \square & \square & \square \\ d & e & \square \\ g & h & \square \end{vmatrix}$$

$$= a \begin{vmatrix} e & f \\ h & i \end{vmatrix} - b \begin{vmatrix} d & f \\ g & i \end{vmatrix} + c \begin{vmatrix} d & e \\ g & h \end{vmatrix}$$

$$= aei + bfg + cdh - ceg - bdi - afh$$

我们可以使用类似的方法来计算更高维矩阵的行列式，但使用 Python 进行计算要更加容易。请参阅下文用 Python 计算行列式的示例。

单位矩阵是对角线元素为 1 且其他元素均为 0 的方阵。单位矩阵通常用 $\boldsymbol{I}$ 表示，类似于实数中的单位 1。也就是说，用任何矩阵（$\boldsymbol{I}$ 的同型矩阵）乘以 $\boldsymbol{I}$ 都会得出和自身相同的矩阵。

尝试一下！ 求矩阵 $\boldsymbol{M} = [[0,2,1,3],[3,2,8,1],[1,0,0,3],[0,3,2,1]]$ 的行列式。使用 np.eye 函数生成一个 $4×4$ 的单位矩阵 $\boldsymbol{I}$。用矩阵 $\boldsymbol{M}$ 乘以 $\boldsymbol{I}$，验证其结果为 $\boldsymbol{M}$。

```
In [7]: from numpy.linalg import det

        M = np.array([[0,2,1,3],
                      [3,2,8,1],
                      [1,0,0,3],
                      [0,3,2,1]])
        print("M:\n", M)

        print("Determinant: %.1f"%det(M))
        I = np.eye(4)
        print("I:\n", I)
        print("M*I:\n", np.dot(M, I))

M:
 [[0 2 1 3]
 [3 2 8 1]
 [1 0 0 3]
 [0 3 2 1]]
Determinant: -38.0
I:
```

```
[[1. 0. 0. 0.]
 [0. 1. 0. 0.]
 [0. 0. 1. 0.]
 [0. 0. 0. 1.]]
M*I:
[[0. 2. 1. 3.]
 [3. 2. 8. 1.]
 [1. 0. 0. 3.]
 [0. 3. 2. 1.]]
```

把方阵 M 的**逆**记作同型矩阵 N，使得 $M \cdot N = I$。矩阵的逆类似于实数的逆。例如，3 的逆是 $1/3$，因为 $(3)(1/3) = 1$。如果矩阵**可求逆**，则称该矩阵是可逆的。矩阵的逆是唯一的，也就是说，对于可逆矩阵，该矩阵只有一个逆。如果 M 是一个方阵，则其逆矩阵在数学上用 M^{-1} 表示，可以在 Python 中使用 numpy 的 linalg 包中的 inv 函数计算逆矩阵。

对于 2×2 的矩阵，逆矩阵的求解公式为：

$$M^{-1} = \begin{bmatrix} a & b \\ c & d \end{bmatrix}^{-1} = \frac{1}{|M|} \begin{bmatrix} d & -b \\ -c & a \end{bmatrix}$$

随着矩阵维数的增加，对逆矩阵的求解计算变得更加复杂。以下还有许多其他方法可以简化求解计算，如高斯消元法、牛顿法和特征分解法等。在学习了求解线性方程组的知识之后，我们将介绍其中一些方法（因为求解过程本质上是相同的）。

回顾之前的内容，在实数中，0 没有乘法的逆运算。同样，有些矩阵没有逆矩阵，这些矩阵称为**奇异矩阵**。相反，有逆的矩阵称为**非奇异矩阵**。

计算矩阵的行列式是确定该矩阵是否为奇异矩阵的一种方法。如果矩阵的行列式为 0，则该矩阵为奇异矩阵，否则为非奇异矩阵。

尝试一下! 矩阵 M（在前面的示例中）具有非零行列式，计算 M 的逆。证明矩阵 $P = [[0, 1, 0], [0, 0, 0], [1, 0, 1]]$ 的行列式为 0，因此没有逆矩阵。

```
In [8]: from numpy.linalg import inv

        print("Inv M:\n", inv(M))
        P = np.array([[0,1,0],
                      [0,0,0],
                      [1,0,1]])
        print("det(p):\n", det(P))

Inv M:
[[-1.57894737 -0.07894737  1.23684211  1.10526316]
 [-0.63157895 -0.13157895  0.39473684  0.84210526]
 [ 0.68421053  0.18421053 -0.55263158 -0.57894737]
 [ 0.52631579  0.02631579 -0.07894737 -0.36842105]]
det(p):
 0.0
```

接近奇异矩阵的矩阵（即行列式接近 0）称为**病态矩阵**。尽管病态矩阵具有逆，但病态矩阵在数值上用数字除以非常小的数字一样是存在问题的。也就是说，计算结果可能会上溢、下溢或数字小到足以产生明显的舍入误差。如果你忘记了这些概念中的任何一个，请重新阅读第 9 章。**条件数**是对矩阵状态（良态还是病态）的一种度量：定义为矩阵的范数乘以矩阵逆的范数，即矩阵 M 的条件数是 $\|M\|\|M\|^{-1}$。在 Python 中，使用 numpy 的 linalg 包中的 cond 函数计算条件数。条件数越高，矩阵离奇异点就越近。

一个 $m \times n$ 的矩阵 A，其**秩**是 A 的线性无关列数或行数，用 rank(A) 表示。可以证明，对于任何矩阵，线性无关行的数量总是等于线性无关列的数量。如果 $\text{rank}(A) = \min(m,n)$，则矩阵 A 是满秩的。如果矩阵 A 的所有列都是线性无关的，则矩阵 A 也是满秩的。**增广矩阵**由向量 y 与矩阵 A 组成，写为 $[A, y]$，通常将其理解为"用 y 增广 A"。你可以用 np.concatenate 进行矩阵与向量的增广组合。如果 $\text{rank}([A, y]) = \text{rank}(A) + 1$，则向量 y 是"新"信息。也就是说，向量 y 与矩阵 A 中的各列都线性无关。秩是矩阵的重要特性，因为它与线性方程组的解有关，我们将会在本章的最后一部分中进行论述。

> **尝试一下！** 对于矩阵 $A = [[1,1,0],[0,1,0],[1,0,1]]$，计算其条件数和秩。设 $y = [[1],[2],[1]]$，获得增广矩阵 $[A, y]$。

```
In [9]: from numpy.linalg import cond, matrix_rank

        A = np.array([[1,1,0],
                      [0,1,0],
                      [1,0,1]])

        print("Condition number:\n", cond(A))
        print("Rank:\n", matrix_rank(A))
        y = np.array([[1], [2], [1]])
        A_y = np.concatenate((A, y), axis = 1)
        print("Augmented matrix:\n", A_y)

Condition number:
 4.048917339522305
Rank:
 3
Augmented matrix:
 [[1 1 0 1]
 [0 1 0 2]
 [1 0 1 1]]
```

14.2 线性变换

对于任何向量 x 和 y，以及标量 a 和 b，如果

$$F(ax + by) = aF(x) + bF(y)$$

则称函数 F 是**线性变换**。

由此可见，将一个 $m \times n$ 的矩阵 A 与一个 $n \times 1$ 的向量 v 相乘，其结果是 v 的线性变换。从这一点看出，矩阵与线性变换函数具有相同的含义。

尝试一下！ 设 x 是一个向量，$F(x)$ 由 $F(x) = Ax$ 定义，其中 A 是适当大小的矩形矩阵。证明 $F(x)$ 是一个线性变换。

证明： 既然 $F(x) = Ax$，那么对于向量 v 和 w，以及标量 a 和 b，有 $F(av + bw) = A(av + bw)$（根据函数 F 的定义）$= aAv + bAw$（根据矩阵乘法分配律的性质）$= aF(v) + bF(w)$（根据函数 F 的定义）。

如果 A 是一个 $m \times n$ 的矩阵，则有两个与 A 相关的重要子空间：一个是 $\mathbb{R}^n$，另一个是 $\mathbb{R}^m$。A 的**定义域**是 $\mathbb{R}^n$ 的子空间，它是可以右乘矩阵 A 的所有向量的集合。A 的**值域**是 $\mathbb{R}^m$ 的子空间，它是能使 $y = Ax$ 的所有向量 y 的集合。A 的值域可以表示为 $R(A)$，具体地，$R(A) = \{y \in \mathbb{R}^m : Ax = y\}$。$A$ 的值域的另一种定义是 A 中列的所有线性组合的集合，其中 x_i 是 A 中第 i 列的系数。**零空间** $N(A) = \{x \in \mathbb{R}^n : Ax = 0_m\}$ 是在 A 的定义域中使得 $Ax = 0_m$ 的向量 x 的子集，其中 0_m 是零向量（即 $\mathbb{R}^m$ 中全为零的向量）。

尝试一下！ 令 $A = [[1, 0, 0], [0, 1, 0], [0, 0, 0]]$，并且 A 的定义域为 $\mathbb{R}^3$，请表征 A 的值域和零空间。

令 $v = [x, y, z]$ 为 $\mathbb{R}^3$ 中的向量，那么 $u = Av$ 是向量 $u = [x, y, 0]$。因为 x，$y \in \mathbb{R}$，所以 A 的值域是 $z = 0$ 时的 $x - y$ 平面。

令 $v = [0, 0, z]$，$z \in \mathbb{R}$，那么 $u = Av$ 是向量 $u = [0, 0, 0]$。因此，A 的零空间是 z 轴（即向量 $[0, 0, z]$，$z \in \mathbb{R}$ 的集合）。

因此，该线性变换会"扁平化"向量中的任意 z 分量。

14.3 线性方程组

线性方程的等式形式为

$$\sum_{i=1}^{n} a_i x_i = y$$

其中，a_i 是标量，x_i 是 $\mathbb{R}$ 中的未知变量，y 是标量。

尝试一下！ 确定以下哪个方程是线性的，哪个不是线性的。对于非线性的方程，可以将它们转化为线性的吗？

1. $3x_1 + 4x_2 - 3 = -5x_3$

2. $\dfrac{-x_1 + x_2}{x_3} = 2$

3. $x_1 x_2 + x_3 = 5$

方程 1 可以整理为 $3x_1 + 4x_2 + 5x_3 = 3$，显然符合线性方程的形式。方程 2 虽然不是线性的，但可以整理为 $-x_1 + x_2 - 2x_3 = 0$，变为线性的。方程 3 是非线性的，且不可以通过变换变为线性的。

所谓**线性方程组**就是一组共享相同变量的线性方程。思考以下线性方程组：

$$
\begin{aligned}
a_{1,1}x_1 + a_{1,2}x_2 + \cdots + a_{1,n-1}x_{n-1} + a_{1,n}x_n &= y_1 \\
a_{2,1}x_1 + a_{2,2}x_2 + \cdots + a_{2,n-1}x_{n-1} + a_{2,n}x_n &= y_2 \\
\cdots \qquad \cdots \\
a_{m-1,1}x_1 + a_{m-1,2}x_2 + \cdots + a_{m-1,n-1}x_{n-1} + a_{m-1,n}x_n &= y_{m-1} \\
a_{m,1}x_1 + a_{m,2}x_2 + \cdots + a_{m,n-1}x_{n-1} + a_{m,n}x_n &= y_m
\end{aligned}
$$

其中，$a_{i,j}$ 和 y_i 是实数。线性方程组的**矩阵形式**为 $\boldsymbol{Ax} = \boldsymbol{y}$，其中 $\boldsymbol{A}$ 为 $m \times n$ 的矩阵，$\boldsymbol{A}(i,j) = a_{i,j}$，$\boldsymbol{y}$ 为 $\mathbb{R}^m$ 中的向量，$\boldsymbol{x}$ 为 $\mathbb{R}^n$ 中的未知向量。矩阵形式如下所示：

$$
\begin{bmatrix}
a_{1,1} & a_{1,2} & \cdots & a_{1,n} \\
a_{2,1} & a_{2,2} & \cdots & a_{2,n} \\
\vdots & \vdots & & \vdots \\
a_{m,1} & a_{m,2} & \cdots & a_{m,n}
\end{bmatrix}
\begin{bmatrix}
x_1 \\ x_2 \\ \vdots \\ x_n
\end{bmatrix}
=
\begin{bmatrix}
y_1 \\ y_2 \\ \vdots \\ y_m
\end{bmatrix}
$$

上述矩阵乘法就是线性方程组的原始形式。

尝试一下！将以下线性方程组转换为矩阵的形式：

$$
\begin{aligned}
4x + 3y - 5z &= 2 \\
-2x - 4y + 5z &= 5 \\
7x + 8y &= -3 \\
x + 2z &= 1 \\
9 + y - 6z &= 6
\end{aligned}
$$

$$
\begin{bmatrix}
4 & 3 & -5 \\
-2 & -4 & 5 \\
7 & 8 & 0 \\
1 & 0 & 2 \\
9 & 1 & -6
\end{bmatrix}
\begin{bmatrix}
x \\ y \\ z
\end{bmatrix}
=
\begin{bmatrix}
2 \\ 5 \\ -3 \\ 1 \\ 6
\end{bmatrix}
$$

14.4　线性方程组的解

对于矩阵形式的线性方程组 $\boldsymbol{Ax} = \boldsymbol{y}$，其中 $\boldsymbol{A}$ 是一个 $m \times n$ 的矩阵，这意味着线性方程组中有 m 个方程式和 n 个未知数。该线性方程组的**解**是包含在 $\mathbb{R}^n$ 中的 $\boldsymbol{x}$，且 $\boldsymbol{x}$ 满足矩阵形式的方程组。根据提供的 $\boldsymbol{A}$ 和 $\boldsymbol{y}$，解存在三种不同情况，即没有解、有唯一解和有无穷多个解。本书未对此求解理论进行举例解释。

情况 1：没有解的情况。如果 $\mathrm{rank}([\boldsymbol{A},\boldsymbol{y}]) = \mathrm{rank}(\boldsymbol{A}) + 1$，则 $\boldsymbol{y}$ 线性独立于 $\boldsymbol{A}$ 中的所有列向量。由于向量 $\boldsymbol{y}$ 与矩阵 $\boldsymbol{A}$ 线性无关，因此根据定义，不存在能够满足方程组 $\boldsymbol{Ax} = \boldsymbol{y}$ 的解。这里通过比较 $\mathrm{rank}([\boldsymbol{A},\boldsymbol{y}])$ 和 $\mathrm{rank}(\boldsymbol{A})$ 提供了一种检验线性方程组是否不存在解的简便方法。

情况 2：有唯一解的情况。如果 rank([A, y]) = rank(A)，则 y 可以写为 A 中所有列向量的线性组合，因此方程组至少有一个解。在只有一个解的情况下，一定有 rank(A) = n。换句话说，方程的数量一定完全等于未知数的个数。如果想了解为什么此线代性质会产生唯一解，请思考 m 和 n 之间的以下三种关系：$m < n$、$m = n$ 和 $m > n$。

● 当 $m < n$ 时，不可能有 rank(A) = n，因为这意味着我们拥有一个"胖"矩阵，方程组中的方程式个数比未知数个数要少。因此，我们不需要考虑这种情况。

● 当 $m = n$ 且 rank(A) = n 时，A 为方阵且可逆。由于矩阵的逆是唯一的，因此矩阵方程 $Ax = y$ 可以通过将方程两边同时左乘 A^{-1} 来求解。求解过程为 $A^{-1}Ax = A^{-1}y \rightarrow Ix = A^{-1}y \rightarrow x = A^{-1}y$，从而得出方程的唯一解。

● 当 $m > n$ 时，表示方程式个数多于未知数个数。但是，rank(A) = n 意味着可以从方程组中选择 n 个方程式（对应 A 的行），使得如果这 n 个方程式有解，则其余 $m - n$ 个方程也将有解。换句话说，那 $m - n$ 个方程是多余的。从方程组中删除那 $m - n$ 个冗余方程，则得到的新方程组对应一个 $n \times n$ 且可逆的 A 矩阵。这些性质在本书中没有验证过程。综上，新方程组就有唯一的解，且该解也满足原方程组。

情况 3：有无穷多个解的情况。如果 rank([A, y]) = rank(A)，则向量 y 与矩阵 A 线性相关，并且方程组至少有一个解。但是，如果 rank(A) < n，就存在无穷多个解。尽管这里没有列出所有的解，但如果 rank(A) < n，那么至少有一个非零向量 n 在 A 的零空间中（实际上，在这些条件下将有无穷多个零空间向量）。如果 n 在 A 的零空间中，则根据定义有 $An = 0$。现在假设 x^* 是矩阵方程 $Ax = y$ 的解，则必然有 $Ax^* = y$，但由于 $Ax^* + An = y$ 或 $A(x^* + n) = y$。因此，$x^* + n$ 也是 $Ax = y$ 的解。实际上，因为 A 是不满秩的，所以解 $x^* + \alpha n$ 中的 α 可以是任何实数（你应尝试自己证明该结论）。由于 α 有无穷多个可取值，因此方程组有无穷多个解。

本章的其余部分将讨论如何求解具有唯一解的方程组。首先，我们来讨论在求解过程中最有可能应用的一些方法，然后展示如何用 Python 进行方程组的求解。

假设有 n 个具有 n 个变量的方程，$Ax = y$，如下所示：

$$\begin{bmatrix} a_{1,1} & a_{1,2} & \cdots & a_{1,n} \\ a_{2,1} & a_{2,2} & \cdots & a_{2,n} \\ \vdots & \vdots & & \vdots \\ a_{n,1} & a_{n,2} & \cdots & a_{n,n} \end{bmatrix} \begin{bmatrix} x_1 \\ x_2 \\ \vdots \\ x_n \end{bmatrix} = \begin{bmatrix} y_1 \\ y_2 \\ \vdots \\ y_n \end{bmatrix}$$

14.4.1 高斯消元法

高斯消元法通过将矩阵 A 转换为上三角矩阵的形式来对方程组进行求解。下面我们使用由 4 个方程式和 4 个未知数组成的方程组来验证这一算法。高斯消元法的本质是将方程组变成：

$$\begin{bmatrix} a_{1,1} & a_{1,2} & a_{1,3} & a_{1,4} \\ 0 & a'_{2,2} & a'_{2,3} & a'_{2,4} \\ 0 & 0 & a'_{3,3} & a'_{3,4} \\ 0 & 0 & 0 & a'_{4,4} \end{bmatrix} \begin{bmatrix} x_1 \\ x_2 \\ x_3 \\ x_4 \end{bmatrix} = \begin{bmatrix} y_1 \\ y'_2 \\ y'_3 \\ y'_4 \end{bmatrix}$$

通过使用高斯消元法对矩阵形式的方程组进行转换，原始方程组变成：

$$a_{1,1}x_1 + a_{1,2}x_2 + a_{1,3}x_3 + a_{1,4}x_4 = y_1$$
$$a'_{2,2}x_2 + a'_{2,3}x_3 + a'_{2,4}x_4 = y'_2$$
$$a'_{3,3}x_3 + a'_{3,4}x_4 = y'_3$$
$$a'_{4,4}x_4 = y'_4$$

现通过在第四个方程式的两边同时除以 $a'_{4,4}$ 来轻松求解 x_4，然后将 x_4 代入第三个方程式来求解 x_3。我们可以将已求解的 x_3 和 x_4 代入第二个方程式来求解 x_2，这样我们可以求解出所有未知量 x。这是通过**后向替换**的方法自下而上地求解方程组。但请注意，如果 A 是下三角矩阵，则需通过**前向替换**的方法自顶向下地求解方程组。

我们使用下面的示例说明使用高斯消元法求解方程组的过程。

尝试一下！ 使用高斯消元法求解以下方程组：

$$4x_1 + 3x_2 - 5x_3 = 2$$
$$-2x_1 - 4x_2 + 5x_3 = 5$$
$$8x_1 + 8x_2 = -3$$

步骤 1：将这上述方程组转换为矩阵形式 $Ax=y$：

$$\begin{bmatrix} 4 & 3 & -5 \\ -2 & -4 & 5 \\ 8 & 8 & 0 \end{bmatrix} \begin{bmatrix} x_1 \\ x_2 \\ x_3 \end{bmatrix} = \begin{bmatrix} 2 \\ 5 \\ -3 \end{bmatrix}$$

步骤 2：获得增广矩阵 $[A, y]$：

$$[A, y] = \begin{bmatrix} 4 & 3 & -5 & 2 \\ -2 & -4 & 5 & 5 \\ 8 & 8 & 0 & -3 \end{bmatrix}$$

步骤 3：选择一个主元方程式来消除矩阵中的元素，该方程式对应的矩阵行元素用于消除其他方程式对应的矩阵行元素。我们选择第一个方程作为主元方程，将矩阵中的第一行元素乘以 –0.5 并用第二行元素减去它，那么第二行的第一个元素为零。此步所乘数是 $m_{2,1} = -0.5$，得到：

$$\begin{bmatrix} 4 & 3 & -5 & 2 \\ 0 & -2.5 & 2.5 & 6 \\ 8 & 8 & 0 & -3 \end{bmatrix}$$

步骤 4：将第三行的第一个元素置为零。使用同样的办法，将第一行元素乘以 2，然后用第三行元素减去它。此步所乘数是 $m_{3,1} = 2$，得到：

$$\begin{bmatrix} 4 & 3 & -5 & 2 \\ 0 & -2.5 & 2.5 & 6 \\ 0 & 2 & 10 & -7 \end{bmatrix}$$

步骤 5：将第三行的第二个元素置为零。我们将第二行元素乘以 –0.8 并用第三行元素减去它。此步所乘数是 $m_{3,2} = -0.8$，得到：

$$\begin{bmatrix} 4 & 3 & -5 & 2 \\ 0 & -2.5 & 2.5 & 6 \\ 0 & 0 & 12 & -2.2 \end{bmatrix}$$

步骤 6：然后我们得到 $x_3 = -2.2 / 12 = -0.183$。

步骤 7：将 x_3 代入第二个方程式中，我们得到 $x_2 = -2.583$。

步骤 8：将 x_2 和 x_3 代入第一个方程式中，我们得到 $x_1 = 2.208$。

注意有时矩阵 A 第一行中的第一个元素为零。在这种情况下，请将第一个元素不为零的行切换到第一行，然后按照上述相同的步骤进行操作。

我们在这里使用的是"主元"高斯消元法。请注意，还有一种假定主元值永远不会为零的"朴素"高斯消元法。

14.4.2　高斯 – 若尔当消元法

本节使用高斯 – 若尔当消元法求解方程组 $Ax = y$。该方法将矩阵 A 转换为对角矩阵，之后矩阵形式的方程组变为：

$$\begin{bmatrix} 1 & 0 & 0 & 0 \\ 0 & 1 & 0 & 0 \\ 0 & 0 & 1 & 0 \\ 0 & 0 & 0 & 1 \end{bmatrix} \begin{bmatrix} x_1 \\ x_2 \\ x_3 \\ x_4 \end{bmatrix} = \begin{bmatrix} y_1' \\ y_2' \\ y_3' \\ y_4' \end{bmatrix}$$

原始方程组变为：

$$\begin{aligned} x_1 + 0 + 0 + 0 &= y_1' \\ 0 + x_2 + 0 + 0 &= y_2' \\ 0 + 0 + x_3 + 0 &= y_3' \\ 0 + 0 + 0 + x_4 &= y_4' \end{aligned}$$

让我们以上一节的例子为求解模板来求解另一个方程组。

尝试一下! 使用高斯 – 若尔当消元法求解以下方程组：

$$4x_1 + 3x_2 - 5x_3 = 2$$

$$-2x_1 - 4x_2 + 5x_3 = 5$$
$$8x_1 + 8x_2 = -3$$

步骤 1：构造增广矩阵 $[A, y]$：

$$[A, y] = \begin{bmatrix} 4 & 3 & -5 & 2 \\ -2 & -4 & 5 & 5 \\ 8 & 8 & 0 & -3 \end{bmatrix}$$

步骤 2：第一行的第一个元素应该是 1，所以我们用第一行元素除以 4 得到：

$$\begin{bmatrix} 1 & 3/4 & -5/4 & 1/2 \\ -2 & -4 & 5 & 5 \\ 8 & 8 & 0 & -3 \end{bmatrix}$$

步骤 3：为了将第二行和第三行的第一个元素置零，我们用第一行元素分别乘以 −2 和 8，然后分别用第二行和第三行元素减去所乘结果，得到：

$$\begin{bmatrix} 1 & 3/4 & -5/4 & 1/2 \\ 0 & -5/2 & 5/2 & 6 \\ 0 & 2 & 10 & -7 \end{bmatrix}$$

步骤 4：为了将第二行中的第二个元素置 1，我们用第二行中的元素除以 −5/2 得到：

$$\begin{bmatrix} 1 & 3/4 & -5/4 & 1/2 \\ 0 & 1 & -1 & -12/5 \\ 0 & 2 & 10 & -7 \end{bmatrix}$$

步骤 5：为了将第三行中的第二个元素置 0，我们用第二行中的元素乘以 2，然后用第三行元素减去它得到：

$$\begin{bmatrix} 1 & 3/4 & -5/4 & 1/2 \\ 0 & 1 & -1 & -12/5 \\ 0 & 0 & 12 & -11/5 \end{bmatrix}$$

步骤 6：用最后一行中的元素除以 12 对其进行标准化：

$$\begin{bmatrix} 1 & 3/4 & -5/4 & 1/2 \\ 0 & 1 & -1 & -12/5 \\ 0 & 0 & 1 & -11/60 \end{bmatrix}$$

步骤 7：为了将第二行中的第三个元素置 0，用第三行中的元素乘以 −1，然后用第二行元素减去它得到：

$$\begin{bmatrix} 1 & 3/4 & -5/4 & 1/2 \\ 0 & 1 & 0 & -155/60 \\ 0 & 0 & 1 & -11/60 \end{bmatrix}$$

步骤 8：为了将第一行中的第三个元素置零，用第三行中的元素乘以 −5/4，然后用第一行元素减去它得到：

$$\begin{bmatrix} 1 & 3/4 & 0 & 13/48 \\ 0 & 1 & 0 & -2.583 \\ 0 & 0 & 1 & -0.183 \end{bmatrix}$$

步骤 9：为了将第一行中的第二个元素置 0，用第二行中的元素乘以 3/4，然后用第一行元素减去它得到：

$$\begin{bmatrix} 1 & 0 & 0 & 2.208 \\ 0 & 1 & 0 & -2.583 \\ 0 & 0 & 1 & -0.183 \end{bmatrix}$$

14.4.3 *LU* 分解法

前两节介绍的两种方法均涉及同时改变矩阵 A 和向量 y，试图将 A 变成上三角矩阵或对角矩阵的形式。有时我们可能应用相同的方程组，但针对不同的实验会使用不同的 y。这在我们平时的实验中是非常常见的，这里我们有不同的实验观察值 y_a，y_b，y_c，…。我们必须进行多次求解，即求解 $Ax = y_a$，$Ax = y_b$，…，因为每次增广矩阵 $[A, y]$ 都会改变。显而易见，使用前两种求解方法来进行此处的求解是很烦琐的。难道就没有一种方法可以只变换矩阵 A 而不变换向量 y 吗？

LU 分解法只变换矩阵 A，不变换向量 y。选用 *LU* 分解法对于求解具有相同系数矩阵 A 但具有不同常数向量 y 的方程组而言是一个很理想的选择。*LU* 分解法旨在将 A 分解成两个矩阵 L 和 U 的乘积，其中 L 为下三角矩阵，U 为上三角矩阵。通过这种分解，我们将方程组 $Ax = y$ 转换为以下形式：

$$LUx = y \rightarrow \begin{bmatrix} l_{1,1} & 0 & 0 & 0 \\ l_{2,1} & l_{2,2} & 0 & 0 \\ l_{3,1} & l_{3,2} & l_{3,3} & 0 \\ l_{4,1} & l_{4,2} & l_{4,3} & l_{4,4} \end{bmatrix} \begin{bmatrix} u_{1,1} & u_{1,2} & u_{1,3} & u_{1,4} \\ 0 & u_{2,2} & u_{2,3} & u_{2,4} \\ 0 & 0 & u_{3,3} & u_{3,4} \\ 0 & 0 & 0 & u_{4,4} \end{bmatrix} \begin{bmatrix} x_1 \\ x_2 \\ x_3 \\ x_4 \end{bmatrix} = \begin{bmatrix} y_1 \\ y_2 \\ y_3 \\ y_4 \end{bmatrix}$$

定义 $Ux = M$，则上述等式变为：

$$\begin{bmatrix} l_{1,1} & 0 & 0 & 0 \\ l_{2,1} & l_{2,2} & 0 & 0 \\ l_{3,1} & l_{3,2} & l_{3,3} & 0 \\ l_{4,1} & l_{4,2} & l_{4,3} & l_{4,4} \end{bmatrix} M = \begin{bmatrix} y_1 \\ y_2 \\ y_3 \\ y_4 \end{bmatrix}$$

我们可以通过前向代换（与我们在高斯消元法中看到的后向代换相反）轻松求解上述等式中的 M。在得到 M 之后，我们可以使用后向代换轻松从下述等式中求解 x：

$$
\begin{bmatrix} u_{1,1} & u_{1,2} & u_{1,3} & u_{1,4} \\ 0 & u_{2,2} & u_{2,3} & u_{2,4} \\ 0 & 0 & u_{3,3} & u_{3,4} \\ 0 & 0 & 0 & u_{4,4} \end{bmatrix} \begin{bmatrix} x_1 \\ x_2 \\ x_3 \\ x_4 \end{bmatrix} = \begin{bmatrix} m_1 \\ m_2 \\ m_3 \\ m_4 \end{bmatrix}
$$

但是我们如何获得 L 和 U 矩阵呢？这里有不同的方法来分解获得 L 和 U。下面是使用高斯消元法进行分解的一个例子。由 14.4.1 节的示例步骤可知，我们进行高斯消元后得到一个上三角矩阵。这里我们还给出了在消元过程中从未被明确写出的下三角矩阵。在高斯消元过程中，矩阵 A 实际上变成了两个矩阵的乘积，如下所示。右边的上三角矩阵是我们之前得到的矩阵，左边的下三角矩阵中的对角线元素均为 1，对角线元素下方的元素是计算过程中通过初等变换得到的标准系数元素：

$$
A = \begin{bmatrix} 1 & 0 & 0 & 0 \\ m_{2,1} & 1 & 0 & 0 \\ m_{3,1} & m_{3,2} & 1 & 0 \\ m_{4,1} & m_{4,2} & m_{4,3} & 1 \end{bmatrix} \begin{bmatrix} u_{1,1} & u_{1,2} & u_{1,3} & u_{1,4} \\ 0 & u_{2,2} & u_{2,3} & u_{2,4} \\ 0 & 0 & u_{3,3} & u_{3,4} \\ 0 & 0 & 0 & u_{4,4} \end{bmatrix}
$$

请注意，我们在执行高斯消元的同时获得了 L 和 U 两个矩阵。结合上面的例子，其中 U 是之前用来求解方程的梯形矩阵，而 L 是由多个初等矩阵相乘得到的下三角矩阵（可以查看 14.4.1 节的举例），我们得到：

$$
L = \begin{bmatrix} 1 & 0 & 0 \\ -0.5 & 1 & 0 \\ 2 & -0.8 & 1 \end{bmatrix}
$$

$$
U = \begin{bmatrix} 4 & 3 & -5 \\ 0 & -2.5 & 2.5 \\ 0 & 0 & 60 \end{bmatrix}
$$

尝试一下！ 验证上述 L 和 U 矩阵是矩阵 A 的 LU 分解。其结果应为 $A=LU$。

```
In [1]: import numpy as np

        u = np.array([[4, 3, -5],
                      [0, -2.5, 2.5],
                      [0, 0, 12]])
        l = np.array([[1, 0, 0],
                      [-0.5, 1, 0],
                      [2, -0.8, 1]])

        print("LU=", np.dot(l, u))

LU= [[ 4.  3. -5.]
 [-2. -4.  5.]
 [ 8.  8.  0.]]
```

14.4.4   迭代法——高斯－赛德尔法

前三节介绍的方法都是使用有限次的操作直接计算出解。本节介绍另一类方法，即**迭代法**或**间接法**。该方法从对解的初步赋值开始，对解进行反复迭代，直到解的差值低于预定的阈值。为了介绍这个迭代过程，我们首先需要写出方程组的显式形式。假设有以下线性方程组：

$$\begin{bmatrix} a_{1,1} & a_{1,2} & \cdots & a_{1,n} \\ a_{2,1} & a_{2,2} & \cdots & a_{2,n} \\ \vdots & \vdots & & \vdots \\ a_{m,1} & a_{m,2} & \cdots & a_{m,n} \end{bmatrix} \begin{bmatrix} x_1 \\ x_2 \\ \vdots \\ x_n \end{bmatrix} = \begin{bmatrix} y_1 \\ y_2 \\ \vdots \\ y_m \end{bmatrix}$$

我们可以把它显式写成：

$$x_i = \frac{1}{a_{i,i}} \left[y_i - \sum_{j=1, j \neq i}^{j=n} a_{i,j} x_j \right]$$

以上是迭代法首先要做的步骤。我们可以假设所有 x 的初始值，并将其记作 $x^{(0)}$。在第一次迭代中，我们将 $x^{(0)}$ 代入上述显式方程的右侧，以获得第一次迭代的解 $x^{(1)}$，再将 $x^{(1)}$ 代入显式方程的右侧，以获得第二次迭代的解 $x^{(2)}$；继续反复迭代直到 $x^{(k)}$ 和 $x^{(k-1)}$ 之间的差值小于某个预定阈值。

迭代法需要设置特定条件才能使方程组的解收敛。收敛的充分不必要条件是系数矩阵 A **对角占优**。这意味着在系数矩阵 A 的每一行中，对角线元素的绝对值都大于非对角线元素的绝对值之和。如果系数矩阵满足此条件，则迭代将会得到收敛的解。请注意，即使不满足此条件，迭代所求出的解也可能会收敛。

14.4.4.1   高斯－赛德尔法

高斯－赛德尔法是一种特定的迭代法，它始终使用 x 中每个元素的最新估计值。例如，首先假设 $x_2, x_3, \cdots, x_n$（x_1 除外）的初始值已给定并计算 x_1。通过计算出的 x_1 和 x 中的其余部分（x_2 除外），可以计算出 x_2。以相同的方式继续计算 x 中的剩余元素直到结束第一次迭代。高斯－赛德尔法的独特之处在于每次都使用最新值来计算 x 中的下一个值。这样的迭代一直持续到所得值收敛。下面我们用这个方法来解决刚刚解决的问题。

> **示例**：使用高斯－赛德尔法求解以下线性方程组，预定义阈值为 0.01。记得检查是否满足收敛条件。

$$8x_1 + 3x_2 - 3x_3 = 14$$
$$-2x_1 - 8x_2 + 5x_3 = 5$$
$$3x_1 + 5x_2 + 10x_3 = -8$$

我们首先检查系数矩阵是否对角占优。

```
In [2]: a = [[8, 3, -3], [-2, -8, 5], [3, 5, 10]]
```

```
        # Find diagonal coefficients
        diag = np.diag(np.abs(a))

        # Find row sum without diagonal
        off_diag = np.sum(np.abs(a), axis=1) - diag

        if np.all(diag > off_diag):
            print("matrix is diagonally dominant")
        else:
            print("NOT diagonally dominant")

matrix is diagonally dominant
```

在保证收敛的情况下，我们就可以用高斯–赛德尔法来求解该方程组。

```
In [3]: x1 = 0
        x2 = 0
        x3 = 0
        epsilon = 0.01
        converged = False

        x_old = np.array([x1, x2, x3])

        print("Iteration results")
        print(" k,    x1,    x2,    x3 ")
        for k in range(1, 50):
            x1 = (14-3*x2+3*x3)/8
            x2 = (5+2*x1-5*x3)/(-8)
            x3 = (-8-3*x1-5*x2)/(-5)
            x = np.array([x1, x2, x3])
            # check if it is smaller than threshold
            dx = np.sqrt(np.dot(x-x_old, x-x_old))

            print("%d, %.4f, %.4f, %.4f"%(k, x1, x2, x3))
            if dx < epsilon:
                converged = True
                print("Converged!")
                break

            # assign the latest x value to the old value
            x_old = x

        if not converged:
            print("Not converged, increase the # of iterations")

Iteration results
 k,    x1,    x2,    x3
1, 1.7500, -1.0625, 1.5875
2, 2.7437, -0.3188, 2.9275
3, 2.9673, 0.4629, 3.8433
```

```
4, 3.0177, 1.0226, 4.4332
5, 3.0290, 1.3885, 4.8059
6, 3.0315, 1.6208, 5.0397
7, 3.0321, 1.7668, 5.1861
8, 3.0322, 1.8582, 5.2776
9, 3.0322, 1.9154, 5.3348
10, 3.0323, 1.9512, 5.3705
11, 3.0323, 1.9735, 5.3929
12, 3.0323, 1.9875, 5.4068
13, 3.0323, 1.9962, 5.4156
14, 3.0323, 2.0017, 5.4210
Converged!
```

14.5 用 Python 求解线性方程组

前面演示了可用于求解线性方程组的各种方法。在 Python 中，也很容易求得方程组的解，示例如下所示。最简单的求解方法是使用 numpy 中的 solve 函数。

尝试一下！ 使用 numpy.linalg.solve 函数求解以下方程组。

$$4x_1 + 3x_2 - 5x_3 = 2$$
$$-2x_1 - 4x_2 + 5x_3 = 5$$
$$8x_1 + 8x_2 = -3$$

```
In [1]: import numpy as np

        A = np.array([[4, 3, -5],
                      [-2, -4, 5],
                      [8, 8, 0]])
        y = np.array([2, 5, -3])

        x = np.linalg.solve(A, y)
        print(x)

[ 2.20833333 -2.58333333 -0.18333333]
```

手工计算时，我们会得到与上一节相同的结果。在"引擎盖"下，求解器实际上是在进行 *LU* 分解以获得解。如果查看 solve 函数的帮助文档，那么你将看到该函数需要输入为方阵且满秩的矩阵，即所有行（或列）必须线性无关。

尝试一下！ 使用矩阵求逆的方法求解上述方程组。

```
In [2]: A_inv = np.linalg.inv(A)

        x = np.dot(A_inv, y)
        print(x)

[ 2.20833333 -2.58333333 -0.18333333]
```

我们还可以使用 scipy 包来获得在 *LU* 分解法中所使用的 *L* 和 *U* 矩阵。

尝试一下! 获取上述矩阵 *A* 的 *L* 和 *U* 矩阵。

```
In [3]: from scipy.linalg import lu

        P, L, U = lu(A)
        print("P:\n", P)
        print("L:\n", L)
        print("U:\n", U)
        print("LU:\n",np.dot(L, U))

P:
 [[0. 0. 1.]
 [0. 1. 0.]
 [1. 0. 0.]]
L:
 [[ 1.    0.    0.  ]
 [-0.25  1.    0.  ]
 [ 0.5   0.5   1.  ]]
U:
 [[ 8.  8.   0. ]
 [ 0. -2.   5. ]
 [ 0.  0.  -7.5]]
LU:
 [[ 8.  8.  0.]
 [-2. -4.  5.]
 [ 4.  3. -5.]]
```

为什么我们得到的 *L* 和 *U* 矩阵与上一节手工计算得到的 *L* 和 *U* 矩阵不同? 你将会看到 lu 函数返回一个**置换矩阵 P**。这个置换矩阵记录了方程组的初等变换次序,以便于后续的计算。例如,如果第一行的第一个元素为零,则它不能成为主元方程,因为不能将其他行的第一个元素变为零;因此,我们需要变换方程式的顺序以获得新的主元方程。这种情况下,将 *P* 和 *A* 相乘,你会看到置换矩阵 *P* 变换了方程式的顺序。

尝试一下! 将 *P* 和 *A* 相乘,看看置换矩阵 *P* 对 *A* 有什么影响。

```
In [4]: print(np.dot(P, A))

[[ 8.  8.  0.]
 [-2. -4.  5.]
 [ 4.  3. -5.]]
```

14.6　矩阵求逆

我们将方阵 *M* 的逆记作同型矩阵 M^{-1},且 $M \cdot M^{-1} = M^{-1} \cdot M = I$。如果矩阵的维数高,则矩阵求逆的运算就会很复杂。因此,我们需要一些其他有效的方法来求得矩阵的逆。

让我们用一个 4×4 的矩阵来进行说明。假设我们有

$$M = \begin{bmatrix} m_{1,1} & m_{1,2} & m_{1,3} & m_{1,4} \\ m_{2,1} & m_{2,2} & m_{2,3} & m_{2,4} \\ m_{3,1} & m_{3,2} & m_{3,3} & m_{3,4} \\ m_{4,1} & m_{4,2} & m_{4,3} & m_{4,4} \end{bmatrix}$$

和 M 的逆矩阵

$$X = \begin{bmatrix} x_{1,1} & x_{1,2} & x_{1,3} & x_{1,4} \\ x_{2,1} & x_{2,2} & x_{2,3} & x_{2,4} \\ x_{3,1} & x_{3,2} & x_{3,3} & x_{3,4} \\ x_{4,1} & x_{4,2} & x_{4,3} & x_{4,4} \end{bmatrix}$$

因此，我们将有：

$$M \cdot X = \begin{bmatrix} m_{1,1} & m_{1,2} & m_{1,3} & m_{1,4} \\ m_{2,1} & m_{2,2} & m_{2,3} & m_{2,4} \\ m_{3,1} & m_{3,2} & m_{3,3} & m_{3,4} \\ m_{4,1} & m_{4,2} & m_{4,3} & m_{4,4} \end{bmatrix} \begin{bmatrix} x_{1,1} & x_{1,2} & x_{1,3} & x_{1,4} \\ x_{2,1} & x_{2,2} & x_{2,3} & x_{2,4} \\ x_{3,1} & x_{3,2} & x_{3,3} & x_{3,4} \\ x_{4,1} & x_{4,2} & x_{4,3} & x_{4,4} \end{bmatrix} = \begin{bmatrix} 1 & 0 & 0 & 0 \\ 0 & 1 & 0 & 0 \\ 0 & 0 & 1 & 0 \\ 0 & 0 & 0 & 1 \end{bmatrix}$$

将其重写为 4 个独立的方程组，即：

$$\begin{bmatrix} m_{1,1} & m_{1,2} & m_{1,3} & m_{1,4} \\ m_{2,1} & m_{2,2} & m_{2,3} & m_{2,4} \\ m_{3,1} & m_{3,2} & m_{3,3} & m_{3,4} \\ m_{4,1} & m_{4,2} & m_{4,3} & m_{4,4} \end{bmatrix} \begin{bmatrix} x_{1,1} \\ x_{2,1} \\ x_{3,1} \\ x_{4,1} \end{bmatrix} = \begin{bmatrix} 1 \\ 0 \\ 0 \\ 0 \end{bmatrix}$$

$$\begin{bmatrix} m_{1,1} & m_{1,2} & m_{1,3} & m_{1,4} \\ m_{2,1} & m_{2,2} & m_{2,3} & m_{2,4} \\ m_{3,1} & m_{3,2} & m_{3,3} & m_{3,4} \\ m_{4,1} & m_{4,2} & m_{4,3} & m_{4,4} \end{bmatrix} \begin{bmatrix} x_{1,2} \\ x_{2,2} \\ x_{3,2} \\ x_{4,2} \end{bmatrix} = \begin{bmatrix} 0 \\ 1 \\ 0 \\ 0 \end{bmatrix}$$

$$\begin{bmatrix} m_{1,1} & m_{1,2} & m_{1,3} & m_{1,4} \\ m_{2,1} & m_{2,2} & m_{2,3} & m_{2,4} \\ m_{3,1} & m_{3,2} & m_{3,3} & m_{3,4} \\ m_{4,1} & m_{4,2} & m_{4,3} & m_{4,4} \end{bmatrix} \begin{bmatrix} x_{1,3} \\ x_{2,3} \\ x_{3,3} \\ x_{4,3} \end{bmatrix} = \begin{bmatrix} 0 \\ 0 \\ 1 \\ 0 \end{bmatrix}$$

$$\begin{bmatrix} m_{1,1} & m_{1,2} & m_{1,3} & m_{1,4} \\ m_{2,1} & m_{2,2} & m_{2,3} & m_{2,4} \\ m_{3,1} & m_{3,2} & m_{3,3} & m_{3,4} \\ m_{4,1} & m_{4,2} & m_{4,3} & m_{4,4} \end{bmatrix} \begin{bmatrix} x_{1,4} \\ x_{2,4} \\ x_{3,4} \\ x_{4,4} \end{bmatrix} = \begin{bmatrix} 0 \\ 0 \\ 0 \\ 1 \end{bmatrix}$$

通过求解这 4 个方程组可以得出矩阵的逆。可以使用之前介绍的任意一种方法来求解这些方程组（如高斯消元法、高斯 – 若尔当消元法和 LU 分解法）。下面是使用高斯 – 若尔当消元法进行矩阵求逆的示例。

回想一下，在高斯–若尔当消元法中，我们将问题从

$$\begin{bmatrix} m_{1,1} & m_{1,2} & m_{1,3} & m_{1,4} \\ m_{2,1} & m_{2,2} & m_{2,3} & m_{2,4} \\ m_{3,1} & m_{3,2} & m_{3,3} & m_{3,4} \\ m_{4,1} & m_{4,2} & m_{4,3} & m_{4,4} \end{bmatrix} \begin{bmatrix} x_1 \\ x_2 \\ x_3 \\ x_4 \end{bmatrix} = \begin{bmatrix} y_1 \\ y_2 \\ y_3 \\ y_4 \end{bmatrix}$$

转换为

$$\begin{bmatrix} 1 & 0 & 0 & 0 \\ 0 & 1 & 0 & 0 \\ 0 & 0 & 1 & 0 \\ 0 & 0 & 0 & 1 \end{bmatrix} \begin{bmatrix} x_1 \\ x_2 \\ x_3 \\ x_4 \end{bmatrix} = \begin{bmatrix} y_1' \\ y_2' \\ y_3' \\ y_4' \end{bmatrix}$$

进行求解。实质上，我们正将

$$\begin{bmatrix} m_{1,1} & m_{1,2} & m_{1,3} & m_{1,4} & y_1 \\ m_{2,1} & m_{2,2} & m_{2,3} & m_{2,4} & y_2 \\ m_{3,1} & m_{3,2} & m_{3,3} & m_{3,4} & y_3 \\ m_{4,1} & m_{4,2} & m_{4,3} & m_{4,4} & y_4 \end{bmatrix}$$

转换为

$$\begin{bmatrix} 1 & 0 & 0 & 0 & y_1' \\ 0 & 1 & 0 & 0 & y_2' \\ 0 & 0 & 1 & 0 & y_3' \\ 0 & 0 & 0 & 1 & y_4' \end{bmatrix}$$

总之，我们需要做的就是将

$$\begin{bmatrix} m_{1,1} & m_{1,2} & m_{1,3} & m_{1,4} & 1 & 0 & 0 & 0 \\ m_{2,1} & m_{2,2} & m_{2,3} & m_{2,4} & 0 & 1 & 0 & 0 \\ m_{3,1} & m_{3,2} & m_{3,3} & m_{3,4} & 0 & 0 & 1 & 0 \\ m_{4,1} & m_{4,2} & m_{4,3} & m_{4,4} & 0 & 0 & 0 & 1 \end{bmatrix}$$

转换为

$$\begin{bmatrix} 1 & 0 & 0 & 0 & m_{1,1}' & m_{1,2}' & m_{1,3}' & m_{1,4}' \\ 0 & 1 & 0 & 0 & m_{2,1}' & m_{2,2}' & m_{2,3}' & m_{2,4}' \\ 0 & 0 & 1 & 0 & m_{3,1}' & m_{3,2}' & m_{3,3}' & m_{3,4}' \\ 0 & 0 & 0 & 1 & m_{4,1}' & m_{4,2}' & m_{4,3}' & m_{4,4}' \end{bmatrix}$$

那么矩阵

$$\begin{bmatrix} m_{1,1}' & m_{1,2}' & m_{1,3}' & m_{1,4}' \\ m_{2,1}' & m_{2,2}' & m_{2,3}' & m_{2,4}' \\ m_{3,1}' & m_{3,2}' & m_{3,3}' & m_{3,4}' \\ m_{4,1}' & m_{4,2}' & m_{4,3}' & m_{4,4}' \end{bmatrix}$$

就是我们所求的 *M* 的逆矩阵。

你能证明如何使用 *LU* 分解法得到矩阵的逆吗?

14.7   总结和习题

14.7.1   总结

1. 线性代数是许多工程领域的基础。

2. 可以把向量看作 $\mathbb{R}^n$ 中的点。向量加法和乘法需经定义,但对于标量不需要这么定义。

3. 如果一组向量中没有任何一个向量可以写成其他向量的线性组合,则这组向量是线性无关的。

4. 矩阵是数值表。它具有几个重要特征,包括行列式、秩和逆。

5. 一个线性方程组可以用矩阵形式的方程 $Ax = y$ 表示。

6. 线性方程组的解的数量与 rank(*A*) 和 rank([*A*, *y*]) 有关,它可以无解、有唯一解或有无穷解。

7. 我们可以使用高斯消元法、高斯 – 若尔当消元法、*LU* 分解法和高斯 – 赛德尔法来求解方程组。

8. 我们介绍了求矩阵的逆的方法。

14.7.2   习题

1. 强烈建议大家阅读一本线性代数方面的书,这样会对本章内容有更好的掌握。我们强烈建议阅读由 Giuseppe Calafiore 和 Laurent El Ghaoui 写的 *Optimization Models*(优化模型)的第一部分,这部分内容可帮助你入门。

2. 证明矩阵乘法可以结合矩阵加法一起运算:证明 $A(B + C) = AB + AC$ (假设 *A*、*B* 和 *C* 是同型矩阵)。

3. 编写一个 my_is_orthogonal(v1,v2,tol) 函数,其中 v1 和 v2 是维数相同的两个列向量,tol 是一个值严格大于零的标量。如果 v1 和 v2 之间的角度 θ 与 $\pi/2$ 的差的绝对值在 tol 值的范围内,即 $|\pi/2 - \theta| <$ tol,则输出结果为 1,否则为零。你可以假设 v1 和 v2 是维数相同的两个列向量,并且 tol 是一个正标量。

```
In [ ]: # Test cases for Problem 3
        a = np.array([[1], [0.001]])
        b = np.array([[0.001], [1]])
        # output: 1
        my_is_orthogonal(a,b, 0.01)

        # output: 0
        my_is_orthogonal(a,b, 0.001)

        # output: 0
        a = np.array([[1], [0.001]])
        b = np.array([[1], [1]])
        my_is_orthogonal(a,b, 0.01)

        # output: 1
        a = np.array([[1], [1]])
        b = np.array([[-1], [1]])
        my_is_orthogonal(a,b, 1e-10)
```

4. 编写一个 `my_is_similar(s1,s2,tol)` 函数，其中 s1 和 s2 是字符串，大小不一定相同，tol 是一个值严格大于零的标量。函数从字符串 s1 和 s2 出发，构造 v1 和 v2 两个向量，其中 v1[0] 是 s1 中 *a* 的数量，v1[1] 是 s1 中 *b* 的数量，依此类推，直到 v1[25] 是 v1 中 *z* 的数量。向量 v2 应该类似地从 s2 开始构造。如果 v1 和 v2 之间的夹角 θ 的绝对值小于 tol，即 $|\theta| <$ tol，则输出为 1。

5. 设 *A* 和 *B* 是两个矩阵，编写一个 `my_make_lin_ind(A)` 函数，令 rank(*A*)=*n*，*B* 是一个包含 *A* 中前 *n* 列元素的线性无关的矩阵。请注意，这意味着 *B* 也是满秩的。

```
In [ ]: ## Test cases for Problem 4

        A = np.array([[12,24,0,11,-24,18,15],
                      [19,38,0,10,-31,25,9],
                      [1,2,0,21,-5,3,20],
                      [6,12,0,13,-10,8,5],
                      [22,44,0,2,-12,17,23]])

        B = my_make_lin_ind(A)

        # B = [[12,11,-24,15],
        #      [19,10,-31,9],
        #      [1,21,-5,20],
        #      [6,13,-10,5],
        #      [22,2,-12,23]]
```

6. 克拉默法则是计算矩阵行列式的一种方法。思考一个 *n*×*n* 的方阵 *M*。设 *M*(*i*,*j*) 是 *M* 中第 *i* 行第 *j* 列的元素，$m_{i,j}$ 是指删除矩阵 *M* 中第 *i* 行元素和第 *j* 列元素后得到的子矩阵。克拉默法则描述为：

$$\det(\boldsymbol{M}) = \sum_{i=1}^{n} (-1)^{i-1} \boldsymbol{M}(1,i)\det(m_{i,j})$$

　　编写一个 `my_rec_det(M)` 函数，其输出为 det(*M*)。在不调用 numpy 函数的条件下，使用克拉默法则计算行列式。

7. 上题中 `my_rec_det` 的复杂度是多少？你认为这是确定矩阵是否奇异的有效方法吗？

8. 令 *p* 是长度为 *L* 且包含 *L*−1 阶多项式系数的向量。例如，向量 *p* = [1, 0, 2] 是多项式 $f(x)=1x^2+0x+2$ 的一个向量表示。编写一个 `my_poly_det_mat(p)` 函数，其中 p 是前面提到的向量，输出 D 是一个矩阵，当 p 左乘以 D 时，该函数将返回 p 的导数系数。例如，$f(x)$ 的导数是 $f'(x)=2x$，因此，d=Dp 应该得出 d=[2, 0]。注意，这意味着 D 的维数是 *L*−1×*L*。上述问题的重点是要表明微分多项式实际上是一组线性变换。

9. 使用高斯消元法求解下列方程组：

$$3x_1 - x_2 + 4x_3 = 2$$
$$17x_1 + 2x_2 + x_3 = 14$$
$$x_1 + 12x_2 - 7z = 54$$

10. 使用高斯 – 若尔当消元法求解问题 9 中的方程组。

11. 从问题 9 中的方程式中获得下三角矩阵 *L* 和上三角矩阵 *U*。

12. 证明向量的点积与加法可以结合运算，即证明 $\boldsymbol{u}\cdot(\boldsymbol{v}+\boldsymbol{w})=\boldsymbol{u}\cdot\boldsymbol{v}+\boldsymbol{u}\cdot\boldsymbol{w}$。

13. 考虑图 14.1 所示的网络，其中包括用 $S1$ 和 $S2$ 表示的 2 个供电站和用 $N1$ 到 $N5$ 表示的 5 个电力接收节点。节点通过电力线（用箭头表示）连接，电力可以沿着这些线在节点之间双向流动。

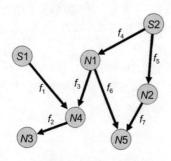

图 14.1　问题 13 的图

令 d_i 为一个正标量，表示节点 i 的电力需求，假设必须完全满足这个需求。供电站容量用 S 表示。供电站必须满负荷运行。对于每个箭头，令 f_j 为沿该箭头方向的正流量，意味着负流量沿箭头的相反方向运行。

编写 my_flow_calculator(S,d) 函数，其中 S 是代表每个供电站容量的 1×2 的向量，d 是代表每个节点需求的 1×5 的行向量（即 d[0] 是节点 $N1$ 处的需求向量）。输出参数 f 应该是一个 1×7 的行向量，表示网络中的流量（即 f[0] 和图中的 f_i 相等）。f 中包含的流量应满足系统的所有约束需求，如发电量和需求量。需要注意的是方程组可能有多个解。

流入节点的总流量必须等于流出节点的总流量加上需求量。也就是说，对于每个节点 i，$f_{\text{inflow}} = f_{\text{outflow}} + d_i$。可以假设为 $\sum S_j = \sum d_i$。

```
In [ ]: ## Test cases for Problem 13

        s = np.array([[10, 10]])
        d = np.array([[4, 4, 4, 4, 4]])

        # f = [[10.0, 4.0, -2.0, 4.5, 5.5, 2.5, 1.5]]
        f = my_flow_calculator(s, d)

        s = np.array([[10, 10]])
        d = np.array([[3, 4, 5, 4, 4]])
        # f = [[10.0, 5.0, -1.0, 4.5, 5.5, 2.5, 1.5]]
        f = my_flow_calculator(s, d)
```

特征值和特征向量

15.1　特征值和特征向量问题陈述

15.1.1　特征值和特征向量

我们从上一章中了解到，矩阵 A 作用于列向量 x 上，即 Ax 是 x 的线性变换。本章有以下形式的特殊变换：

$$Ax = \lambda x$$

其中，A 是 $n \times n$ 的矩阵，x 是 $n \times 1$ 的列向量（x 不为零向量），λ 是标量。任何满足上述等式的 λ 都称为矩阵 A 的**特征值**，而关联向量 x 称为对应于 λ 的**特征向量**。

15.1.2　特征值和特征向量的作用

如果理解了线性变换的特性，那么特征值和特征向量将有助于简化问题的解决方案。例如，我们可以将一个向量 A 与另一个向量 x 相乘，即 Ax。其本质上是将向量 x 变换为另一个向量，此变换表示向量长度或向量旋转的比例。根据以上等式指出，对于某些向量，变换 Ax 带来的效果只是缩放（拉伸、压缩和翻转）。特征向量是具有这种缩放性质的向量，特征值 λ 是比例因子。让我们看看下面的例子。

尝试一下！ 绘制向量 $x = [[1], [1]]$ 和向量 $b = Ax$，其中 $A = [[2, 0], [0, 1]]$。

```
In [1]: import numpy as np
        import matplotlib.pyplot as plt

        plt.style.use("seaborn-poster")

        %matplotlib inline

        def plot_vect(x, b, xlim, ylim):
            """
            function to plot two vectors,
            x - the original vector
            b - the transformed vector
            xlim - the limit for x
            ylim - the limit for y
            """
            plt.figure(figsize = (10, 6))
            plt.quiver(0,0,x[0],x[1],\
                color="k",angles="xy",\
```

```
                scale_units="xy",scale=1,\
                label="Original vector")
            plt.quiver(0,0,b[0],b[1],\
                color="g",angles="xy",\
                scale_units="xy",scale=1,\
                label ="Transformed vector")
            plt.xlim(xlim)
            plt.ylim(ylim)
            plt.xlabel("X")
            plt.ylabel("Y")
            plt.legend()
            plt.show()

In [2]: A = np.array([[2, 0],[0, 1]])

        x = np.array([[1],[1]])
        b = np.dot(A, x)
        plot_vect(x,b,(0,3),(0,2))
```

我们从生成的图中可以看出，原始向量 x 经过 A 变换后旋转了角度，并且被拉伸得更长。向量 [[1],[1]] 变换为 [[2],[1]]。接下来我们尝试用另一个向量 [[1],[0]] 做同样的练习。

尝试一下！ 绘制向量 $x = [[1],[0]]$ 和向量 $b = Ax$ ，其中 $A = [[2,0],[0,1]]$ 。

```
In [3]: x = np.array([[1], [0]])
        b = np.dot(A, x)

        plot_vect(x,b,(0,3),(-0.5,0.5))
```

原向量经过变换后，唯一的变化就是向量长度变了，它被拉伸生成了新向量。新向量为 [[2],[0]]，因此，变换为：

$$Ax = 2x$$

其中，$x = [[1],[0]]$ 和 $\lambda = 2$。向量的方向没有发生任何改变（没有旋转）。你还可以检验另一个特征向量 [[0],[1]]，尝试自己验证这一点。

15.1.3　特征方程

为了从 $Ax = \lambda x$ 等式中得到特征值和特征向量，我们将等式整理成以下形式：

$$(A - \lambda I)x = 0$$

其中 I 与 A 是同型矩阵。在矩阵 $A - \lambda I$ 有逆矩阵的情况下，将上述等式两边同时左乘 $(A - \lambda I)^{-1}$，我们会得到唯一解（平凡解）x（零向量）。有一种特殊情况是矩阵 $A - \lambda I$ 为奇异矩阵（即不存在逆矩阵），这种情况下我们会得到一个非零解（非平凡解），这也表示矩阵 $A - \lambda I$ 的行列式为零：

$$\det(A - \lambda I) = 0$$

可以通过 λ 的多项式方程来求解特征值，这个方程称为**特征方程**。请参阅下面的示例。

尝试一下！　求得矩阵 $[[0, 2], [2, 3]]$ 的特征值。

由特征方程可得：

$$\begin{vmatrix} 0 - \lambda & 2 \\ 2 & 3 - \lambda \end{vmatrix} = 0$$

因此，我们有：

$$-\lambda(3 - \lambda) - 4 = 0 \Rightarrow \lambda^2 - 3\lambda - 4 = 0$$

求得两个特征值：

$$\lambda_1 = 4, \lambda_2 = -1$$

尝试一下！　求得上述两个特征值对应的特征向量。

假设第一个特征值是 $\lambda_1 = 4$，我们简单地将它代入等式 $A - \lambda I = 0$ 中，可得到：

$$\begin{bmatrix} -4 & 2 \\ 2 & -1 \end{bmatrix} \begin{bmatrix} x_1 \\ x_2 \end{bmatrix} = \begin{bmatrix} 0 \\ 0 \end{bmatrix}$$

其中包含两个方程 $-4x_1 + 2x_2 = 0$ 和 $2x_1 - x_2 = 0$，对它们消元后得 $x_2 = 2x_1$。因此，λ_1 对应的特征向量是：

$$x_1 = k_1 \begin{bmatrix} 1 \\ 2 \end{bmatrix}$$

其中符号 k_1 是一个标量 $(k_1 \neq 0)$。只要 x_2 和 x_1 之间的比例系数为 2，那么元素为 x_1 和 x_2 的向量就是一个特征向量。我们可以将向量 [[1], [2]] 代入等式来验证该向量是否为特征值 λ_1 对应的特征向量：

$$\begin{bmatrix} 0 & 2 \\ 2 & 3 \end{bmatrix} \begin{bmatrix} 1 \\ 2 \end{bmatrix} = \begin{bmatrix} 4 \\ 8 \end{bmatrix} = 4 \begin{bmatrix} 1 \\ 2 \end{bmatrix}$$

再将 $\lambda_2 = -1$ 代入等式 $A - \lambda I = 0$，我们将得到另一个特征向量，其中 $k_2 \neq 0$：

$$x_2 = k_2 \begin{bmatrix} -2 \\ 1 \end{bmatrix}$$

上面的例子演示了如何使用矩阵 A 求得特征值和特征向量的过程，并且方程组特征向量的选取不是唯一的。当有一个更大的矩阵 A 并试图求解 n 阶多项式特征方程时，求解过程会变得十分复杂。好在至今已经研究出了许多不同的数值方法来解决较大矩阵（具有数百到数千维）的特征值问题。我们将在接下来的两节中介绍幂法和 QR 方法。

15.2   幂法

15.2.1   寻找最大特征值

对于有些问题，只需要找到其最大的主导特征值及该特征值对应的特征向量即可得到解决。在这种情况下，我们可以使用一种迭代方法叫作**幂法**，通过幂法可收敛得到最大特征值。请参阅下面的示例。

思考一个 $n \times n$ 的矩阵 A，它有 n 个实特征值 $\lambda_1, \lambda_2, \cdots, \lambda_n$ 和 n 个与特征值对应的线性无关的特征向量 $v_1, v_2, \cdots, v_n$。由于特征值是标量，因此我们可以对它们进行排序，使得：

$$|\lambda_1| > |\lambda_2| \geq \cdots \geq |\lambda_n|$$

请注意，这里我们只要求 $|\lambda_1| > |\lambda_2|$，其他特征值可以彼此相等。

因为假设特征向量线性无关，所以它们是一组基向量，这意味着在同一空间中的任何向量都可以写成基向量的线性组合。也就是说，对于任意向量 x_0，都可以写成：

$$x_0 = c_1 v_1 + c_2 v_2 + \cdots + c_n v_n$$

其中 $c_1 \neq 0$ 是约束条件，如果这个条件不满足，那么我们需要选择另一个初始向量，使得 $c_1 \neq 0$。

现在将上述等式两边同时都乘以 A：

$$A x_0 = c_1 A v_1 + c_2 A v_2 + \cdots + c_n A v_n$$

由于 $Av_i = \lambda_i v_i$，因此：

$$Ax_0 = c_1 \lambda_1 v_1 + c_2 \lambda_2 v_2 + \cdots + c_n \lambda_n v_n$$

我们可以将上面的等式改为：

$$Ax_0 = c_1 \lambda_1 \left[v_1 + \frac{c_2}{c_1} \frac{\lambda_2}{\lambda_1} v_2 + \cdots + \frac{c_n}{c_1} \frac{\lambda_n}{\lambda_1} v_n \right] = c_1 \lambda_1 x_1$$

其中，x_1 是一个新向量，$x_1 = v_1 + \frac{c_2}{c_1} \frac{\lambda_2}{\lambda_1} v_2 + \cdots + \frac{c_n}{c_1} \frac{\lambda_n}{\lambda_1} v_n$。

至此就完成了第一次迭代。对于第二次迭代，在 x_1 的等式两边同时乘以 A：

$$Ax_1 = \lambda_1 v_1 + \frac{c_2}{c_1} \frac{\lambda_2^2}{\lambda_1} v_2 + \cdots + \frac{c_n}{c_1} \frac{\lambda_n^2}{\lambda_1} v_n$$

类似地，我们可以整理上面的等式得到：

$$Ax_1 = \lambda_1 \left[v_1 + \frac{c_2}{c_1} \frac{\lambda_2^2}{\lambda_1^2} v_2 + \cdots + \frac{c_n}{c_1} \frac{\lambda_n^2}{\lambda_1^2} v_n \right] = \lambda_1 x_2$$

其中，x_2 是一个新向量，$x_2 = v_1 + \frac{c_2}{c_1} \frac{\lambda_2^2}{\lambda_1^2} v_2 + \cdots + \frac{c_n}{c_1} \frac{\lambda_n^2}{\lambda_1^2} v_n$。

继续用 A 乘以新向量，这样迭代 k 次得到：

$$Ax_{k-1} = \lambda_1 \left[v_1 + \frac{c_2}{c_1} \frac{\lambda_2^k}{\lambda_1^k} v_2 + \cdots + \frac{c_n}{c_1} \frac{\lambda_n^k}{\lambda_1^k} v_n \right] = \lambda_1 x_k$$

因为 λ_1 是最大的特征值，所以对于所有 $i > 1$，都有 $\frac{\lambda_i}{\lambda_1} < 1$。当 k 足够大时，因子 $\left(\frac{\lambda_n}{\lambda_1} \right)^k$ 将接近于 0，因此随着 k 的增加所有包含该因子的项都可以忽略：

$$Ax_{k-1} \sim \lambda_1 v_1$$

实质上，当 k 足够大时，我们将会得到最大的特征值及其对应的特征向量。通过幂法求特征值和特征向量时，在每次迭代中通常会将结果向量归一化。这可以通过分解向量中的最大元素来完成，这将使向量中的最大元素等于 1。这种归一化处理也将同时得出最大的特征值及其对应的特征向量。请参阅下面的示例。

我们应该什么时候停止迭代？停止迭代的基本标准应该是以下几项之一：（1）特征值之间的差异小于某个指定的容差；（2）特征向量之间的夹角小于预定的阈值；（3）残差向量的范数足够小。

尝试一下！ 上一节中，我们求得矩阵 $A = \begin{bmatrix} 0 & 2 \\ 2 & 3 \end{bmatrix}$ 的最大特征值是 4。请使用幂法找到该矩阵的最大特征值和该特征值对应的特征向量。可以使用 [1,1] 作为迭代的初始向量。

第一次迭代:

$$\begin{bmatrix} 0 & 2 \\ 2 & 3 \end{bmatrix}\begin{bmatrix} 1 \\ 1 \end{bmatrix} = \begin{bmatrix} 2 \\ 5 \end{bmatrix} = 5\begin{bmatrix} 0.4 \\ 1 \end{bmatrix}$$

第二次迭代:

$$\begin{bmatrix} 0 & 2 \\ 2 & 3 \end{bmatrix}\begin{bmatrix} 0.4 \\ 1 \end{bmatrix} = \begin{bmatrix} 2 \\ 3.8 \end{bmatrix} = 3.8\begin{bmatrix} 0.5263 \\ 1 \end{bmatrix}$$

第三次迭代:

$$\begin{bmatrix} 0 & 2 \\ 2 & 3 \end{bmatrix}\begin{bmatrix} 0.5263 \\ 1 \end{bmatrix} = \begin{bmatrix} 2 \\ 4.0526 \end{bmatrix} = 4.0526\begin{bmatrix} 0.4935 \\ 1 \end{bmatrix}$$

第四次迭代:

$$\begin{bmatrix} 0 & 2 \\ 2 & 3 \end{bmatrix}\begin{bmatrix} 0.4935 \\ 1 \end{bmatrix} = \begin{bmatrix} 2 \\ 3.987 \end{bmatrix} = 3.987\begin{bmatrix} 0.5016 \\ 1 \end{bmatrix}$$

第五次迭代:

$$\begin{bmatrix} 0 & 2 \\ 2 & 3 \end{bmatrix}\begin{bmatrix} 0.5016 \\ 1 \end{bmatrix} = \begin{bmatrix} 2 \\ 4.0032 \end{bmatrix} = 4.0032\begin{bmatrix} 0.4996 \\ 1 \end{bmatrix}$$

第六次迭代:

$$\begin{bmatrix} 0 & 2 \\ 2 & 3 \end{bmatrix}\begin{bmatrix} 0.4996 \\ 1 \end{bmatrix} = \begin{bmatrix} 2 \\ 3.9992 \end{bmatrix} = 3.9992\begin{bmatrix} 0.5001 \\ 1 \end{bmatrix}$$

第七次迭代:

$$\begin{bmatrix} 0 & 2 \\ 2 & 3 \end{bmatrix}\begin{bmatrix} 0.5001 \\ 1 \end{bmatrix} = \begin{bmatrix} 2 \\ 4.0002 \end{bmatrix} = 4.0002\begin{bmatrix} 0.5000 \\ 1 \end{bmatrix}$$

经过七次迭代, 特征值已经收敛到 4, 向量 [0.5,1] 作为其对应的特征向量。

尝试一下! 用 Python 实现幂法。

```
In [1]: import numpy as np

In [2]: def normalize(x):
            fac = abs(x).max()
            x_n = x / x.max()
            return fac, x_n

In [3]: x = np.array([1, 1])
        a = np.array([[0, 2],
                      [2, 3]])

        for i in range(8):
            x = np.dot(a, x)
```

```
              lambda_1, x = normalize(x)

         print("Eigenvalue:", lambda_1)
         print("Eigenvector:", x)

Eigenvalue: 3.999949137887188
Eigenvector: [0.50000636 1.]
```

15.2.2　逆幂法

逆矩阵 A^{-1} 的特征值是 A 的特征值的倒数。利用这个特性以及幂法，我们可以得到 A 的最小特征值，这也是**逆幂法**的基本依据。该方法步骤非常简单：不像上一节中频繁使用矩阵 A，本节我们只在迭代过程中应用 A^{-1} 来找到 $\dfrac{1}{\lambda_1}$ 的最大值，即 A 的特征值的最小值。在实际求解过程中，我们可以使用上一章中介绍的计算逆矩阵的方法。这里我们不会再详细介绍，下面给出了一个示例供参考。

尝试一下！ 求得 $A = \begin{bmatrix} 0 & 2 \\ 2 & 3 \end{bmatrix}$ 的最小特征值和对应的特征向量。

```
In [4]: from numpy.linalg import inv

In [5]: a_inv = inv(a)

         for i in range(8):
             x = np.dot(a_inv, x)
             lambda_1, x = normalize(x)

         print("Eigenvalue:", lambda_1)
         print("Eigenvector:", x)

Eigenvalue: 0.200000000000003912
Eigenvector: [1. 1.]
```

15.2.3　移位幂法

在某些情况下，仅找到最大特征值和最小特征值是不够的，需要找到所有的特征值和特征向量。为了解决上述问题，这里介绍一种简单但低效的方法叫作**移位幂法**。我们将在下一节中介绍一种更有效的方法。

给定 $Ax = \lambda_1 x$，λ_1 是通过幂法获得的最大特征值，我们有：

$$[A - \lambda_1 I]x = \alpha x$$

其中 α 是移位矩阵 $A - \lambda_1 I$ 的特征值，即 0、$\lambda_2 - \lambda_1$、$\lambda_3 - \lambda_1$、$\cdots$、$\lambda_n - \lambda_1$。

现在，我们在移位矩阵中使用幂法，则可以确定移位矩阵的最大特征值，即 α_k。由于 $\alpha_k = \lambda_k - \lambda_1$，所以我们可以很容易地得到特征值 λ_k。多次重复上述过程，便会得到所有的特征值。可以明显看出,这个求值过程是十分费力烦琐的。一个找到所有特征值的更好方法是我们将在下面介绍的 *QR* 方法。

15.3 *QR* 方法

QR **方法**是查找矩阵所有特征值(不同时查找特征向量)的首选迭代方法。这个方法的思想基于以下两个概念:

1. 相似的矩阵将具有相同的特征值和相关特征向量。如果:

$$A = C^{-1}BC$$

其中 C 是可逆矩阵,则两个方阵 A 和 B 相似。

2. *QR* 法是一种将矩阵分解为 Q 和 R 两个矩阵的方法,其中 Q 为正交矩阵,R 为上三角矩阵。正交矩阵 Q 满足 $Q^{-1} = Q^{T}$,这意味着 $Q^{-1}Q = Q^{T}Q = I$。

我们如何将这两个概念联系起来求得特征值?假设有一个矩阵 A_0,其特征值必须已确定。在第 k 步(从 $k = 0$ 开始迭代),我们可以通过 *QR* 分解获得:

$$A_k = Q_k R_k$$

其中 Q_k 是正交矩阵,R_k 是上三角矩阵。然后我们通过:

$$A_{k+1} = R_k Q_k$$

得到:

$$A_{k+1} = R_k Q_k = Q_k^{-1} Q_k R_k Q_k = Q_k^{-1} A_k Q_k$$

因为所有的 A_k 都是相似的,正如上面给出的第一个概念,所以它们具有相同的特征值。随着迭代的继续,我们最终会收敛得到一个具有以下形式的上三角矩阵:

$$A_k = R_k Q_k = \begin{bmatrix} \lambda_1 & X & \cdots & X \\ 0 & \lambda_2 & \cdots & X \\ \vdots & \vdots & & \vdots \\ 0 & 0 & \cdots & \lambda_n \end{bmatrix}$$

其中对角线值是矩阵的特征值。在 *QR* 方法的每次迭代中,都可以使用称为**豪斯霍尔德矩阵**的特殊矩阵将矩阵分解为正交矩阵和上三角矩阵。这里我们不会给出如何应用数学方法从矩阵中获得 Q 和 R 矩阵的步骤细节。我们会使用 Python 中的函数直接获取这两个矩阵。

尝试一下! 使用 numpy.linalg 中的 qr 函数分解矩阵 $A = \begin{bmatrix} 0 & 2 \\ 2 & 3 \end{bmatrix}$,并验证结果。

```
In [1]: import numpy as np
        from numpy.linalg import qr

In [2]: a = np.array([[0, 2],
```

```
                    [2, 3]])

        q, r = qr(a)

        print("Q:", q)
        print("R:", r)

        b = np.dot(q, r)
        print("QR:", b)
Q: [[ 0. -1.]
 [-1.  0.]]
R: [[-2. -3.]
 [ 0. -2.]]
QR: [[0. 2.]
 [2. 3.]]
```

尝试一下! 使用 *QR* 方法获取矩阵 *A* 的特征值。进行 20 次迭代, 并打印出第 1 次、第 5 次、第 10 次和第 20 次的迭代结果。

```
In [3]: a = np.array([[0, 2],
                      [2, 3]])
        p = [1, 5, 10, 20]
        for i in range(20):
            q, r = qr(a)
            a = np.dot(r, q)
            if i+1 in p:
                print(f"Iteration {i+1}:")
                print(a)

Iteration 1:
[[3. 2.]
 [2. 0.]]
Iteration 5:
[[ 3.99998093  0.00976559]
 [ 0.00976559 -0.99998093]]
Iteration 10:
[[ 4.00000000e+00  9.53674316e-06]
 [ 9.53674316e-06 -1.00000000e+00]]
Iteration 20:
[[ 4.00000000e+00  9.09484250e-12]
 [ 9.09494702e-12 -1.00000000e+00]]
```

请注意, 在第 5 次迭代之后, 特征值便收敛到了正确的值。下一节将演示如何在 Python 中使用内置函数获取特征值和特征向量。

15.4　Python 中特征值和特征向量的求法

上面介绍的方法执行起来相当复杂, 但在 Python 中能相当容易地计算出特征值和特征向量。`numpy.linalg` 中的 `eig` 函数是在 Python 中用于解决方阵特征值或特征向量问题的主要内置函数。有关如何执行它的示例，请参见下文。

尝试一下！ 计算矩阵 $A = \begin{bmatrix} 0 & 2 \\ 2 & 3 \end{bmatrix}$ 的特征值和特征向量。

```
In [1]: import numpy as np
        from numpy.linalg import eig

In [2]: a = np.array([[0, 2],
                      [2, 3]])
        w,v=eig(a)
        print("E-value:", w)
        print("E-vector", v)

E-value: [-1.  4.]
E-vector [[-0.89442719 -0.4472136 ]
 [ 0.4472136  -0.89442719]]
```

尝试一下！ 计算矩阵 $A = \begin{bmatrix} 2 & 2 & 4 \\ 1 & 3 & 5 \\ 2 & 3 & 4 \end{bmatrix}$ 的特征值和特征向量。

```
In [3]: a = np.array([[2, 2, 4],
                      [1, 3, 5],
                      [2, 3, 4]])
        w,v=eig(a)
        print("E-value:", w)
        print("E-vector", v)

E-value: [ 8.80916362  0.92620912 -0.73537273]
E-vector [[-0.52799324 -0.77557092 -0.36272811]
 [-0.604391    0.62277013 -0.7103262 ]
 [-0.59660259 -0.10318482  0.60321224]]
```

15.5 总结和习题

15.5.1 总结

1. 特征值和特征向量有助于我们理解线性变换的特性。
2. 矩阵的特征向量是进行矩阵变换后只能纵向缩放而不旋转的向量，特征值是缩放因子。
3. 我们可以用幂法得到一个矩阵的最大特征值和对应的特征向量。
4. 逆幂法可以帮助我们得到一个矩阵的最小特征值和对应的特征向量。
5. 移位幂法可以帮助我们得到矩阵的所有其他特征值或特征向量。
6. *QR* 方法是获得所有特征值的首选方法。

15.5.2 习题

1. 写出矩阵 $A = \begin{pmatrix} 3 & 2 \\ 5 & 3 \end{pmatrix}$ 的特征方程。

2. 利用上述特征方程求解矩阵 A 的特征值和特征向量。

3. 使用从问题 2 中求出的第一个特征向量来验证 $Ax = \lambda x$。

4. 使用幂法获得矩阵 A 的最大特征值和特征向量。从初始向量 $[1, 1, 1]$ 开始，查看 8 次迭代后的结果。

5. 用逆幂法得到问题 4 中矩阵 A 的最小特征值和特征向量，看它收敛到最小特征值需要迭代多少次。

6. 对问题 4 中的矩阵 A 执行 QR 分解。验证 $A = QR$ 且 Q 是正交矩阵。

7. 用 QR 方法得到问题 4 中矩阵 A 的所有特征值。

8. 使用 Python 内置函数获取问题 4 中矩阵 A 的特征值和特征向量。

最小二乘回归

16.1 最小二乘回归问题陈述

在给定一组独立数据点 x_i 和相关数据点 y_i（$i = 1$，$\cdots$，m）的条件下，我们希望尽可能找到一个可以准确描述数据的**估计函数**，即 $\hat{y}(x)$。注意 $\hat{y}$ 可以是包含多个变量的函数，但为了便于讨论，我们将 $\hat{y}$ 的定义域限制为单个变量。在最小二乘回归中，估计函数必须是**基函数** $f_i(x)$ 的线性组合。也就是说，估计函数的形式必须是：

$$\hat{y}(x) = \sum_{i=1}^{n} \alpha_i f_i(x)$$

标量 α_i 称为估计函数的**参数**，各个基函数线性无关。换句话说，在相应的"泛函空间"中，没有任何基函数可以表示为其他函数的线性组合。请注意，通常情况下数据点的个数 m 明显多于基函数的个数 n（即 $m \gg n$）。

尝试一下！ 为线性弹簧的力 – 位移关系创建一个估计函数。来确定基函数和模型参数。

力 F 和位移 x 之间的关系可以用函数 $F(x) = kx$ 来描述，其中 k 是弹簧劲度系数。函数 $f_1(x) = x$ 是唯一的基函数，$\alpha_1 = k$ 是要确定的模型参数。

最小二乘回归的目标是找到使**总平方误差** E 最小的估计函数的参数，其定义为 $E = \sum_{i=1}^{m} (\hat{y} - y_i)^2$。**单个误差**或**残差**定义为 $e_i = (\hat{y} - y_i)$。如果 e 是包含所有单个误差的向量，那么我们也将会尝试应用第 14 章中所定义的 L_2 范数使 $E = \|e\|_2^2$ 最小化。

在接下来的两节中，我们会对用于寻找所需参数的最小二乘法进行公式推导。首先可以通过线性代数来进行最小二乘公式的推导，其次还可以通过多元微积分来进行此公式的推导。它们尽管是不同的推导方法，但都会推导得出相同的最小二乘公式。所以你可以自行选择更易理解的推导方式。

16.2 最小二乘回归推导（线性代数）

首先，我们枚举各个数据点 x_i 处的数据估计值为：

$$\hat{y}(x_1) = \alpha_1 f_1(x_1) + \alpha_2 f_2(x_1) + \cdots + \alpha_n f_n(x_1)$$
$$\hat{y}(x_2) = \alpha_1 f_1(x_2) + \alpha_2 f_2(x_2) + \cdots + \alpha_n f_n(x_2)$$
$$\cdots$$
$$\hat{y}(x_m) = \alpha_1 f_1(x_m) + \alpha_2 f_2(x_m) + \cdots + \alpha_n f_n(x_m)$$

令 X 是一个列向量且 $X \in \mathbb{R}^n$，使 X 的第 i 个元素包含第 i 个 x 数据点的值即 x_i。$\hat{Y}$ 是非空列向量，$\hat{Y}_i = \hat{y}(x_i)$。$\boldsymbol{\beta}$ 是一个列向量，$\boldsymbol{\beta}_i = \alpha_i$。$F_i(x)$ 是一个函数，其返回值是通过计算 x 的每个元素所得出的 $f_i(x)$ 的列向量。A 是一个 $m \times n$ 矩阵，A 的第 i 列是 $F_i(x)$。通过给出的这些符号，可将原始方程组转变为 $\hat{Y} = A\boldsymbol{\beta}$。

此时如果 Y 是列向量，使得 $Y_i = y_i$，则由 $E = \| \hat{Y} - Y \|_2^2$ 来求出总平方误差，并通过替换 L_2 范数的定义来验证该误差。由于我们想让 E 尽可能小并且可用范数作为距离的度量，所以针对上述表达式，我们希望 $\hat{Y}$ 和 Y 尽可能地"接近"。请注意，一般情况下，Y 不会在 A 的值域内，因此 $E > 0$。

思考以下对 A 值域的简化描述，可以参考图 16.1。请注意，此图不是数据点 (x_i, y_i) 的图。

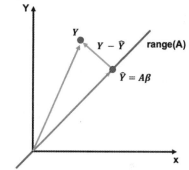

由观察可知，A 值域内最接近 Y 的 $\hat{Y}$ 向量是可以垂直指向 Y 的向量。因此，我们想得到一个垂直于向量 $\hat{Y}$ 的向量 $Y - \hat{Y}$。

回想一下线性代数的相关知识，如果两个向量的点积为 0，则称它们是垂直或正交的。注意两个向量 v 和 w 之间的点积可以写成 $\mathrm{dot}(v, w) = v^\mathrm{T} w$，如果 $\mathrm{dot}(\hat{Y}, Y - \hat{Y}) = 0$，那我们可以说 $\hat{Y}$ 和 $Y - \hat{Y}$ 是垂直的。因此，$\hat{Y}^\mathrm{T}(Y - \hat{Y}) = 0$，就等价于 $(A\boldsymbol{\beta})^\mathrm{T}(Y - A\boldsymbol{\beta}) = 0$。

图 16.1 Y 在 A 值域内的 L_2 投影示意图

请注意，对于两个矩阵 A 和 B，满足 $(AB)^\mathrm{T} = B^\mathrm{T} A^\mathrm{T}$ 性质，并且向量乘法具有分配性质，因此 $(A\boldsymbol{\beta})^\mathrm{T}(Y - A\boldsymbol{\beta}) = 0$ 等价于 $B^\mathrm{T} A^\mathrm{T} Y - B^\mathrm{T} A^\mathrm{T} A\boldsymbol{\beta} = \boldsymbol{\beta}^\mathrm{T}(A^\mathrm{T} Y - A^\mathrm{T} AB) = 0$。其中解 $\boldsymbol{\beta} = 0$ 是一个平凡解，因此我们要通过 $A^\mathrm{T} Y - A^\mathrm{T} A\boldsymbol{\beta} = 0$ 求出更多的非平凡解。求解 $\boldsymbol{\beta}$ 的这个方程给出其**最小二乘回归公式**为：

$$\boldsymbol{\beta} = (A^\mathrm{T} A)^{-1} A^\mathrm{T} Y$$

请注意，$(A^\mathrm{T} A)^{-1} A^\mathrm{T}$ 称为 A 的**伪逆**，它存在于 $m > n$ 且 A 具有线性独立列时的情况下。验证 $(A^\mathrm{T} A)$ 是否具有可逆性超出了本书的讲解值域，但除某些特定情况外其始终是可逆的。

16.3 最小二乘回归推导（多元微积分）

回想一下，m 个数据点和 n 个基函数的总误差为：

$$E = \sum_{i=1}^{m} e_i^2 = \sum_{i=1}^{m} (\hat{y}(x_i) - y_i)^2 = \sum_{i=1}^{m} \left(\sum_{j=1}^{n} \alpha_j f_j(x_i) - y_i \right)^2$$

总误差是 α_k 中的 n 维抛物面。在微积分中，我们知道抛物面的最低处位于所有偏导数都为零的区域。取 E 对变量 α_k 的偏导数（请记住，在这种情况下，参数是我们的变量）并将这些偏导数的值置 0，然后求解 α_k 的方程组，由此便得出正确的解。

计算关于 α_k 的偏导数并将其值置零得出：

$$\frac{\partial E}{\partial \alpha_k} = \sum_{i=1}^{m} 2\left(\sum_{j=1}^{n} \alpha_j f_j(x_i) - y_i\right) f_k(x_i) = 0$$

对这个表达式进行等价代换操作，将其转换为如下的形式：

$$\sum_{i=1}^{m}\sum_{j=1}^{n} \alpha_j f_j(x_i) f_k(x_i) - \sum_{i=1}^{m} y_i f_k(x_i) = 0$$

在进一步等价代换后（我们应用加法交换律），其结果是：

$$\sum_{j=1}^{n} \alpha_j \sum_{i=1}^{m} f_j(x_i) f_k(x_i) = \sum_{i=1}^{m} y_i f_k(x_i)$$

现令 X 是一个列向量，使得 X 的第 i 个元素是 x_i，并且对 Y 也执行类似的构造设定。令 $F_j(X)$ 也是一个列向量，使得 $F_j(X)$ 的第 i 个元素是 $f_j(x_i)$。使用这种表示法，就可以用向量表示法将上述表达式重写为：

$$[F_k^{\mathrm{T}}(X)F_1(X), F_k^{\mathrm{T}}(X)F_2(X), \cdots, F_k^{\mathrm{T}}(X)F_j(X), \cdots, F_k^{\mathrm{T}}(X)F_n(X)]\begin{bmatrix} \alpha_1 \\ \alpha_2 \\ \vdots \\ \alpha_j \\ \vdots \\ \alpha_n \end{bmatrix} = F_k^{\mathrm{T}}(X)Y$$

如果我们对每个 k 都重复这个方程，就会得到以下矩阵形式的线性方程组：

$$\begin{bmatrix} F_1^{\mathrm{T}}(X)F_1(X), F_1^{\mathrm{T}}(X)F_2(X), \cdots, F_1^{\mathrm{T}}(X)F_j(X), \cdots, F_1^{\mathrm{T}}(X)F_n(X) \\ F_2^{\mathrm{T}}(X)F_1(X), F_2^{\mathrm{T}}(X)F_2(X), \cdots, F_2^{\mathrm{T}}(X)F_j(X), \cdots, F_2^{\mathrm{T}}(X)F_n(X) \\ \vdots \\ F_n^{\mathrm{T}}(X)F_1(X), F_n^{\mathrm{T}}(X)F_2(X), \cdots, F_n^{\mathrm{T}}(X)F_j(X), \cdots, F_n^{\mathrm{T}}(X)F_n(X) \end{bmatrix}\begin{bmatrix} \alpha_1 \\ \alpha_2 \\ \vdots \\ \alpha_j \\ \vdots \\ \alpha_n \end{bmatrix} = \begin{bmatrix} F_1^{\mathrm{T}}(X)Y \\ F_2^{\mathrm{T}}(X)Y \\ \vdots \\ F_n^{\mathrm{T}}(X)Y \end{bmatrix}$$

如果我们令 $A = [F_1(X), F_2(X), \cdots, F_j(X), \cdots, F_n(X)]$，令 $\boldsymbol{\beta}$ 是一个列向量，并使得 $\boldsymbol{\beta}$ 的第 j 个元素是 α_j，则上述方程组变为：

$$A^{\mathrm{T}}A\boldsymbol{\beta} = A^{\mathrm{T}}Y$$

然后根据此方程求解 $\boldsymbol{\beta}$，得出 $\boldsymbol{\beta} = (A^{\mathrm{T}}A)^{-1}A^{\mathrm{T}}Y$，该公式与上一小节中所推导出的公式完全相同。

16.4 Python 中的最小二乘回归

回想一下，枚举每个数据点 x_i 处的数据估计，将得到以下方程组：

$$\hat{y}(x_1) = \alpha_1 f_1(x_1) + \alpha_2 f_2(x_1) + \cdots + \alpha_n f_n(x_1)$$
$$\hat{y}(x_2) = \alpha_1 f_1(x_2) + \alpha_2 f_2(x_2) + \cdots + \alpha_n f_n(x_2)$$
$$\cdots$$
$$\hat{y}(x_m) = \alpha_1 f_1(x_m) + \alpha_2 f_2(x_m) + \cdots + \alpha_n f_n(x_m)$$

如果数据绝对完美（即没有噪声），那么估计函数将遍历所有数据点，从而得到以下方程组：

$$y_1 = \alpha_1 f_1(x_1) + \alpha_2 f_2(x_1) + \cdots + \alpha_n f_n(x_1)$$
$$y_2 = \alpha_1 f_1(x_2) + \alpha_2 f_2(x_2) + \cdots + \alpha_n f_n(x_2)$$
$$\cdots$$
$$y_m = \alpha_1 f_1(x_m) + \alpha_2 f_2(x_m) + \cdots + \alpha_n f_n(x_m)$$

如果我们使用之前定义的矩阵 A，则矩阵形式的方程组将变为：

$$Y = A\beta$$

由于数据并不完美，因此没有任何一个估计函数可以遍历所有的数据点，故这个方程组也就没有解。因此，我们需要使用在前两节中推导出来的最小二乘回归公式来对方程组求解：

$$\beta = (A^\mathrm{T} A)^{-1} A^\mathrm{T} Y$$

尝试一下！ 思考由 x=np.linspace(0, 1, 101) 和 y=1+x+x*np.random.random (len(x)) 创建的人工数据。使用由 $\hat{y} = \alpha_1 x + \alpha_2 x$ 定义的估计函数进行最小二乘回归。绘制数据点以及最小二乘回归。请注意，基于此数据，我们预计 $\alpha_1 = 1.5$ 和 $\alpha_2 = 1.0$。因为我们在数据中添加了随机噪声，所以得出的结果可能略有不同。但在接下来的几个小节中，我们将介绍如何使用不同的方法解决来这个问题。

16.4.1 使用直接求逆法

```
In [1]: import numpy as np
        from scipy import optimize
        import matplotlib.pyplot as plt

        plt.style.use("seaborn-poster")

In [2]: # generate x and y
        x = np.linspace(0, 1, 101)
        y = 1 + x + x * np.random.random(len(x))
```

```
In [3]: # assemble matrix A
        A = np.vstack([x, np.ones(len(x))]).T

        # turn y into a column vector
        y = y[:, np.newaxis]

In [4]: # Direct least squares regression
        alpha = np.dot((np.dot(np.linalg.inv(np.dot(A.T,A)),A.T)),y)
        print(alpha)

[[1.459573  ]
 [1.02952189]]


In [5]: # plot the results
        plt.figure(figsize = (10,8))
        plt.plot(x, y, "b.")
        plt.plot(x, alpha[0]*x + alpha[1], "r")
        plt.xlabel("x")
        plt.ylabel("y")
        plt.show()
```

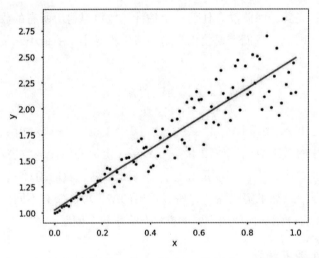

在 Python 中有几个包和函数可以执行最小二乘回归, 其中包括 numpy、scipy、statsmodels 和 sklearn。以下是此类应用的几个示例。请自行选择一个你更理解的示例。

16.4.2　使用伪逆法

前面我们提到矩阵 $(A^{\mathrm{T}}A)^{-1}A^{\mathrm{T}}$ 称为伪逆矩阵, 因此, 我们可以直接使用 numpy 中的 pinv 函数来计算它。

```
In [6]: pinv = np.linalg.pinv(A)
        alpha = pinv.dot(y)
```

```
        print(alpha)

[[1.459573  ]
 [1.02952189]]
```

16.4.3　使用 `numpy.linalg.lstsq`

在 `numpy` 库中已经实现了最小二乘法，我们只需调用相应的实现函数即可获得所需解。函数返回的数据量比解的数据量还多，有关函数 `numpy.linalg.lstsq` 的详细信息请查看该函数的帮助文档。

```
In [7]: alpha = np.linalg.lstsq(A, y, rcond=None)[0]
        print(alpha)

[[1.459573  ]
 [1.02952189]]
```

16.4.4　使用 `scipy` 中的 `optimize.curve_fit`

`scipy` 库的功能是非常强大的。它不仅适用于线性函数，还适用于其他许多不同的函数形式，如非线性函数。在这里我们只展示上述线性函数的例子。请注意，当使用 `optimize.curve_fit` 函数时，我们不需要以将 *y* 转换为列向量作为初始条件。

```
In [8]: # generate x and y
        x = np.linspace(0, 1, 101)
        y = 1 + x + x * np.random.random(len(x))

In [9]: def func(x, a, b):
            y = a*x + b
            return y

        alpha=optimize.curve_fit(func, xdata=x, ydata=y)[0]
        print(alpha)

[1.44331612 1.0396133 ]
```

16.5　非线性函数的最小二乘回归

最小二乘回归要求估计函数是基函数的线性组合。虽然有些函数不能写成所要求的形式，但最小二乘回归仍然适用。

下面介绍几种处理非线性函数的方法。

- 我们可以利用对数的特性，将非线性函数转化为线性函数。
- 我们可以使用 `scipy` 库中的 `curve_fit` 函数实现最小二乘法来直接估计非线性函数的参数。

16.5.1　指数函数的对数技巧

假设有一个 $\hat{y}(x) = \alpha e^{\beta x}$ 形式的函数以及数据 *x* 和 *y* ，你想执行最小二乘回归来找到

α 和 β 的值。显然，之前的一组基函数（线性）并不适用于描述 $\hat{y}(x)$ 。然而，如果我们对等式的两边同时取对数，则会得到 $\log(\hat{y}(x)) = \log(\alpha) + \beta x$ 。此时如果 $\bar{y}(x) = \log(\hat{y}(x))$ 且 $\tilde{a} = \log(\alpha)$ ，那么 $\bar{y}(x) = \tilde{a} + \beta x$ 。因此，我们可以对线性化表达式进行最小二乘回归以找到 $\bar{y}(x)$ 、 $\tilde{a}$ 和 β ，然后使用表达式 $\alpha = e^{\tilde{a}}$ 来恢复 α 。

在下面的示例中，我们将使用 $\alpha = 0.1$ 和 $\beta = 0.3$ 作为参数来生成数据。

```
In [1]: import numpy as np
        from scipy import optimize
        import matplotlib.pyplot as plt
        plt.style.use("seaborn-poster")
```

```
In [2]: # let's generate x and y, and add some noise into y
        x = np.linspace(0, 10, 101)
        y = 0.1*np.exp(0.3*x) + 0.1*np.random.random(len(x))
```

```
In [3]: # Let's have a look of the data
        plt.figure(figsize = (10,8))
        plt.plot(x, y, "b.")
        plt.xlabel("x")
        plt.ylabel("y")
        plt.show()
```

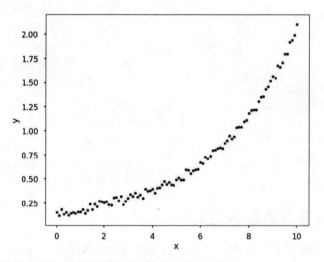

当熟悉了对数技巧后，就可以使用该技巧来拟合数据。

```
In [4]: A = np.vstack([x, np.ones(len(x))]).T
        beta, log_alpha = np.linalg.lstsq(A, np.log(y), rcond = None)[0]
        alpha = np.exp(log_alpha)
        print(f"alpha={alpha}, beta={beta}")
```

```
alpha=0.13973103064296616, beta=0.26307478591152406
```

```
In [5]: # Let's have a look of the data
        plt.figure(figsize = (10,8))
```

```
plt.plot(x, y, "b.")
plt.plot(x, alpha*np.exp(beta*x), "r")
plt.xlabel("x")
plt.ylabel("y")
plt.show()
```

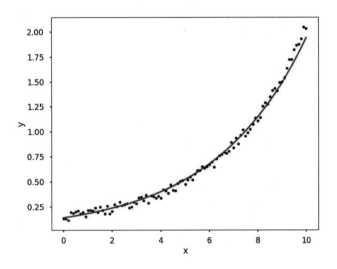

16.5.2　幂函数的对数技巧

幂函数与指数函数的处理方式非常相似。假设我们有一个形式为 $\hat{y}(x) = bx^m$ 的函数以及数据 x 和 y。我们可以对等式两边同时取对数把这个函数变成线性形式：$\log(\hat{y}(x)) = m\log(x) + \log b$，将这个函数作为线性回归进行求解。由于它与上述示例非常相似，因此不在此处进行赘述。

16.5.3　多项式回归

我们还可以使用多项式和最小二乘法来拟合非线性函数。在此之前我们使用的函数都是线性形式，即 $y = ax + b$。但是"多项式"是具有以下形式的函数：

$$f(x) = a_n x^n + a_{n-1} x^{n-1} + \cdots + a_2 x^2 + a_1 x^1 + a_0$$

其中 a_n，a_{n-1}，$\cdots$，a_2，a_1，a_0 是实数系数，n 是一个非负整数，也是多项式的**阶数**或**次数**。如果我们有一组数据点，那么可以使用不同阶数的多项式来对它进行拟合。多项式的系数可以使用先前介绍的最小二乘法来估计，即最小化真实数据和多项式拟合结果之间的误差。

在 Python 中，我们可以使用 numpy.polyfit 来获得具有最小二乘法的不同阶多项式的系数，当得到了这些系数后，我们可以使用 numpy.polyval 进一步获得具体的值。下面介绍的是如何在 Python 中执行此操作的示例。

```
In [6]: x_d = np.array([0, 1, 2, 3, 4, 5, 6, 7, 8])
```

```
        y_d=np.array([0,0.8,0.9,0.1,-0.6,-0.8,-1,-0.9,-0.4])

        plt.figure(figsize = (12, 8))
        for i in range(1, 7):
    # get the polynomial coefficients
    y_est = np.polyfit(x_d, y_d, i)
    plt.subplot(2,3,i)
    plt.plot(x_d, y_d, "o")
    # evaluate the values for a polynomial
    plt.plot(x_d, np.polyval(y_est, x_d))
    plt.title(f"Polynomial order {i}")
plt.tight_layout()
plt.show()
```

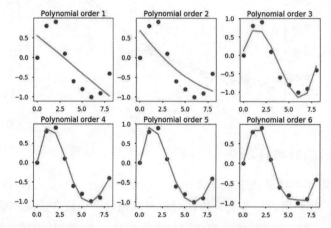

上图表明我们可以使用不同阶的多项式来拟合相同的数据。多项式阶数越高，拟合数据所绘制的数据曲线就越灵活。但是用于进行拟合的多项式阶数使用什么顺序并不是一个简单的问题，它取决于科学和工程中所遇见的具体问题。

16.5.4 使用 scipy 中的 optimize.curve_fit

curve_fit 函数可以拟合任何形式的函数并估计其参数值。本节我们使用 curve_fit 函数解决上述问题，如下所示：

```
In [7]: # let's define the function form
        def func(x, a, b):
            y = a*np.exp(b*x)
            return y
        alpha, beta = optimize.curve_fit(func, xdata = x, ydata = y)[0]
        print(f"alpha={alpha}, beta={beta}")

alpha=0.12663549356730994, beta=0.27760076897453045

In [8]: # Let's have a look of the data
        plt.figure(figsize = (10,8))
        plt.plot(x, y, "b.")
```

```
plt.plot(x, alpha*np.exp(beta*x), "r")
plt.xlabel("x")
plt.ylabel("y")
plt.show()
```

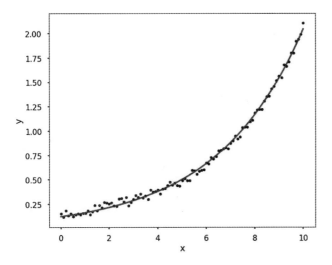

16.6　总结和习题

16.6.1　总结

1. 数学模型用于理解、预测和控制工程系统。这些模型由控制模型行为方式的参数组成。

2. 在给定一组实验数据的条件下，使用最小二乘回归方法是想找到一组与数据拟合良好的模型参数。也就是说，它最小化了模型与数据点或估计函数与数据点之间的平方误差。

3. 在线性最小二乘回归中，估计函数必须是线性无关基函数的线性组合。

4. 参数集 β 可由最小二乘方程 $\beta = (A^{\mathrm{T}}A)^{-1}A^{\mathrm{T}}Y$ 确定，其中 A 的第 j 列是在每个 X 数据点评估的第 j 个基函数。

5. 为了估计非线性函数，我们将其转换为线性估计函数或直接使用 scipy 库中的 curve_fit 函数实现最小二乘回归求解非线性函数。

16.6.2　习题

1. 用多元微积分对估计函数 $\hat{y}(x) = ax^2 + bx + c$ 进行最小二乘回归公式的推导，其中 a、b 和 c 是参数。

2. 编写一个函数 my_ls_params(f,x,y)，其中 x 和 y 是包含实验数据的大小相同的数组，f 是一个列表，其中每个元素都是一个函数对象到估计函数的基向量。输出参数 beta 应该是 x、y 和 f 的最小二乘回归参数的数组。

3. 写一个函数 my_func_fit(x,y)，其中 x 和 y 是包含实验数据的大小相同的列向量，函数返回值 alpha 和 beta 是估计函数 $\hat{y}(x) = \alpha x^{\beta}$ 的参数。

4. 给定四个数据点 (x_i, y_i) 和三次多项式 $\hat{y}(x) = ax^3 + bx^2 + cx + d$ 的参数，它与相关估计函数 $\hat{y}(x)$ 的总误差是多少呢？我们可以在估计函数不产生额外误差的情况下再放置另一个数据点 (x, y) 吗？

5. 编写一个函数 my_lin_regression(f,x,y)，其中 f 是一个包含函数对象到基函数的列表，x 和 y 是包含噪声数据的数组。假设 x 和 y 的大小相同。将包含在 x 和 y 中的数据的估计函数定义为 $\hat{y}(x) = \beta(1) \cdot f_1(x) + \beta(2) \cdot f_2(x) + \cdots + \beta(n) \cdot f_n(x)$，其中 n 是 f 的长度。本题编写的函数应根据最小二乘回归公式计算出 beta。

测试用例：请注意，求解方法可能会有多种，其具体取决于生成的随机数。

```
x = np.linspace(0, 2*np.pi, 1000)
y = 3*np.sin(x) - 2*np.cos(x) + np.random.random(len(x))
f = [np.sin, np.cos]
beta = my_lin_regression(f, x, y)

plt.figure(figsize = (10,8))
plt.plot(x,y,"b.", label = "data")
plt.plot(x, beta[0]*f[0](x)+beta[1]*f[1](x)+beta[2], "r", label="regression")
plt.xlabel("x")
plt.ylabel("y")
plt.title("Least Square Regression Example")
plt.legend()
plt.show()
```

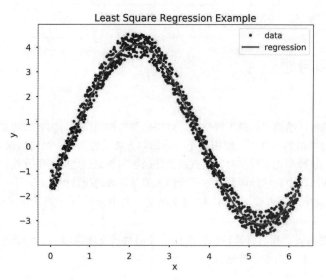

6. 编写一个函数 my_exp_regression(x,y)，其中 x 和 y 是大小相同的数组。将包含在 x 和 y 中的数据的估计函数定义为 $\hat{y}(x) = \alpha e^{\beta x}$。本题编写的函数应计算 α 和 β 来求解最小二乘回归公式。

测试用例：请注意，你的求解方法可能与测试用例略有不同，其具体取决于生成的随机数。

```
x = np.linspace(0, 1, 1000)
y = 2*np.exp(-0.5*x) + 0.25*np.random.random(len(x))

alpha, beta = my_exp_regression(x, y)

plt.figure(figsize = (10,8))
plt.plot(x,y,"b.", label = "data")
```

```
plt.plot(x, alpha*np.exp(beta*x), "r", label="regression")
plt.xlabel("x")
plt.ylabel("y")
plt.title("Least Square Regression on Exponential Model")
plt.legend()
plt.show()
```

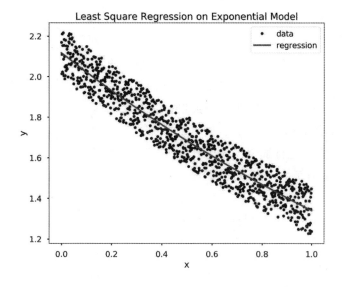

插　　值

17.1　插值问题陈述

假设有一个由独立数据值 x_i 和相关数据值 y_i 组成的数据集，其中 $i = 1, \cdots, n$。在此基础之上，我们想找到一个估计函数 $\hat{y}(x)$ 使得我们数据集中的每个点都有 $\hat{y}(x_i) = y_i$。这表示估计函数会遍历该数据集中的每个数据点。当给定一个新的数据点 x^* 时，我们可以使用 $\hat{y}(x^*)$ 对其函数值进行**插值**。在这种情况下，$\hat{y}(x)$ 称为**插值函数**。图 17.1 展现了对插值问题的陈述。

插值与回归不同，尤其是当有许多可靠的数据点时，插值不需要用户拥有数据的底层模型。但是，待插入的数据在成为底层数据的过程中仍必须告知用户插值的质量。例

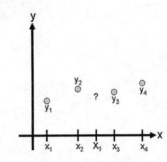

图 17.1　插值问题：估计数据点之间的函数值

如，我们的数据可能包含一辆汽车随时间变化的 (x, y) 坐标。由于运动仅限于汽车的物理操纵，因此我们可以预测在集合中 (x, y) 坐标之间的点将是"平滑的"而不是锯齿状的。

以下内容将介绍几种常见的插值方法。

17.2　线性插值

在**线性插值**中，假设估计点位于连接左右最近两点之间的线上。为了不失一般性，再假设数据点按升序排列，即 $x_i < x_{i+1}$，设 x 是满足 $x_i < x < x_{i+1}$ 的点。那么在 x 处的线性插值是

$$\hat{y}(x) = y_i + \frac{(y_{i+1} - y_i)(x - x_i)}{(x_{i+1} - x_i)}$$

> **尝试一下！** 数据 $x = [0, 1, 2]$，$y = [1, 3, 2]$，找到 $x = 1.5$ 处的线性插值。使用 scipy 库中的 interp1d 函数验证结果。

由于 $1 < x < 2$，因此我们使用第二个和第三个数据点来计算线性插值。插入相应的值给出：

$$\hat{y}(x) = y_i + \frac{(y_{i+1} - y_i)(x - x_i)}{(x_{i+1} - x_i)} = 3 + \frac{(2-3)(1.5-1)}{(2-1)} = 2.5$$

```
In [1]: from scipy.interpolate import interp1d
        import matplotlib.pyplot as plt

        plt.style.use("seaborn-poster")
In [2]: x = [0, 1, 2]
        y = [1, 3, 2]

        f = interp1d(x, y)
        y_hat = f(1.5)
        print(y_hat)

2.5


In [3]: plt.figure(figsize = (10,8))
        plt.plot(x, y, "-ob")
        plt.plot(1.5, y_hat, "ro")
        plt.title("Linear Interpolation at x = 1.5")
        plt.xlabel("x")
plt.ylabel("y")
plt.show()
```

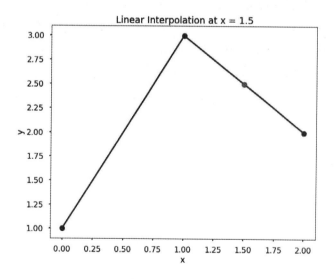

17.3　三次样条插值

在**三次样条插值**中，插值函数是一组分段三次函数。具体来说，我们假设点 (x_i, y_i) 和 (x_{i+1}, y_{i+1}) 由三次多项式 $S_i(x) = a_i x^3 + b_i x^2 + c_i x + d_i$ 所连接，该多项式对 $x_i \leqslant x \leqslant x_{i+1}$ 有效，其中 $i = 1, \cdots, n-1$。要找到插值函数，首先我们必须确定每个三次函数的系数 a_i、b_i、c_i、d_i。对于 n 个点，需要找到 $n-1$ 个三次函数，每个三次函数需要 4 个系数。因此我们总共有 $4(n-1)$ 个未知数，进而我们需要 $4(n-1)$ 个独立方程来找到所有系数。

首先，三次函数必须与左右两侧的点相交：

$$S_i(x_i) = y_i \qquad i = 1, \cdots, n-1$$
$$S_i(x_{i+1}) = y_{i+1} \qquad i = 1, \cdots, n-1$$

这包含 $2(n-1)$ 个方程。接下来，我们希望每个三次函数都与其相邻函数尽可能平滑地连接，因此我们需要约束样条曲线在数据点 $x_i(i=2,\cdots,n-1)$ 处具有连续性的一阶和二阶导数：

$$S_i'(x_{i+1}) = S_{i+1}'(x_{i+1}) \quad i = 1, \cdots, n-2$$
$$S_i''(x_{i+1}) = S_{i+1}''(x_{i+1}) \quad i = 1, \cdots, n-2$$

这包含 $2(n-2)$ 个方程。

另外，还需要两个方程来计算 $S_i(x)$ 的系数。最后这两个约束可以任意选择，可以根据正在执行的插值情况进行选择。一种常见的选择方式是假设端点处的二阶导数值为零，意味着曲线在端点处是一条"直线"。明确地说：

$$S_1''(x_1) = 0$$
$$S_{n-1}''(x_n) = 0$$

在 Python 中，我们可以使用 scipy 库中的 CubicSpline 函数来执行三次样条插值。请注意，上述两个约束与 scipy 库中的 CubicSpline 函数用作执行三次样条所使用的默认约束不同。通过设置 bc_type 参数，可以有多种方法在 scipy 中添加最后两个约束（详情请参阅 CubicSpline 函数的帮助文档）。

尝试一下! 使用 CubicSpline 函数绘制数据集 x=[0,1,2] 和 y=[1,3,2] 的三次样条插值，其中 $0 \leqslant x \leqslant 2$ 。

```
In [1]: from scipy.interpolate import CubicSpline
        import numpy as np
        import matplotlib.pyplot as plt

        plt.style.use("seaborn-poster")

In [2]: x = [0, 1, 2]
        y = [1, 3, 2]

        # use bc_type = "natural" adds the constraints
        f = CubicSpline(x, y, bc_type="natural")
        x_new = np.linspace(0, 2, 100)
        y_new = f(x_new)

In [3]: plt.figure(figsize = (10,8))
        plt.plot(x_new, y_new, "b")
        plt.plot(x, y, "ro")
```

```
plt.title("Cubic Spline Interpolation")
plt.xlabel("x")
plt.ylabel("y")
plt.show()
```

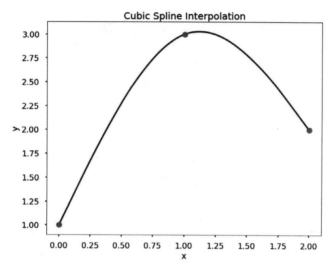

为了确定每个三次函数的系数，我们将约束明确地写成一个具有 $4(n-1)$ 个未知数的线性方程组。对于 n 个数据点，未知数是三次样条函数 S_i（连接点 x_i 和 x_{i+1} ）的系数 a_i、b_i、c_i、d_i。

对于约束 $S_i(x_i)=y_i$，我们有：

$$a_1 x_1^3 + b_1 x_1^2 + c_1 x_1 + d_1 = y_1$$
$$a_2 x_2^3 + b_2 x_2^2 + c_2 x_2 + d_2 = y_2$$
$$\cdots$$
$$a_{n-1} x_{n-1}^3 + b_{n-1} x_{n-1}^2 + c_{n-1} x_{n-1} + d_{n-1} = y_{n-1}$$

对于约束 $S_i(x_{i+1})=y_{i+1}$ ，我们有：

$$a_1 x_2^3 + b_1 x_2^2 + c_1 x_2 + d_1 = y_2$$
$$a_2 x_3^3 + b_2 x_3^2 + c_2 x_3 + d_2 = y_3$$
$$\cdots$$
$$a_{n-1} x_n^3 + b_{n-1} x_n^2 + c_{n-1} x_n + d_{n-1} = y_n$$

对于约束 $S_i'(x_{i+1})=S_{i+1}'(x_{i+1})$ ，我们有：

$$3a_1 x_2^2 + 2b_1 x_2 + c_1 - 3a_2 x_2^2 - 2b_2 x_2 - c_2 = 0$$
$$3a_2 x_3^2 + 2b_2 x_3 + c_2 - 3a_3 x_3^2 - 2b_3 x_3 - c_3 = 0$$
$$\cdots$$
$$3a_{n-2} x_{n-1}^2 + 2b_{n-2} x_{n-1} + c_{n-2} - 3a_{n-1} x_{n-1}^2 - 2b_{n-1} x_{n-1} - c_{n-1} = 0$$

对于约束 $S_i''(x_{i+1}) = S_{i+1}''(x_{i+1})$ ，我们有：

$$6a_1x_2 + 2b_1 - 6a_2x_2 - 2b_2 = 0$$
$$6a_2x_3 + 2b_2 - 6a_3x_3 - 2b_3 = 0$$
$$\cdots$$
$$6a_{n-2}x_{n-1} + 2b_{n-2} - 6a_{n-1}x_{n-1} - 2b_{n-1} = 0$$

最后，对于端点约束 $S_1''(x_1) = 0$ 和 $S_{n-1}''(x_n) = 0$ ，我们有：

$$6a_1x_1 + 2b_1 = 0$$
$$6a_{n-1}x_n + 2b_{n-1} = 0$$

这些方程对于未知系数 a_i、b_i、c_i 和 d_i 是线性的。我们可以将它们用矩阵的形式表达，并通过左除法求解每个样条的系数。请记住，每当我们求解矩阵方程 $Ax=b$ 中的 x 时，必须确保 A 是方阵且可逆。在寻找三次样条方程的情况下，只要数据集中的 x_i 值是唯一的，则 A 矩阵始终是方阵且可逆。

尝试一下！ 找到数据 x=[0，1，2]，y=[1，3，2] 在 x=1.5 处的三次样条插值。

首先，我们创建与之相对应的方程组，并以矩阵形式对方程组进行求解来找到三次样条的系数。

该方程组的矩阵形式为：

$$
\begin{bmatrix}
0 & 0 & 0 & 1 & 0 & 0 & 0 & 0 \\
0 & 0 & 0 & 0 & 1 & 1 & 1 & 1 \\
1 & 1 & 1 & 1 & 0 & 0 & 0 & 0 \\
0 & 0 & 0 & 0 & 8 & 4 & 2 & 1 \\
3 & 2 & 1 & 0 & -3 & -2 & -1 & 0 \\
6 & 2 & 0 & 0 & -6 & -2 & 0 & 0 \\
0 & 2 & 0 & 0 & 0 & 0 & 0 & 0 \\
0 & 0 & 0 & 0 & 12 & 2 & 0 & 0
\end{bmatrix}
\begin{bmatrix}
a_1 \\ b_1 \\ c_1 \\ d_1 \\ a_2 \\ b_2 \\ c_2 \\ d_2
\end{bmatrix}
=
\begin{bmatrix}
1 \\ 3 \\ 3 \\ 2 \\ 0 \\ 0 \\ 0 \\ 0
\end{bmatrix}
$$

```
In [4]: b = np.array([1, 3, 3, 2, 0, 0, 0, 0])
        b = b[:, np.newaxis]
        A = np.array([[0, 0, 0, 1, 0, 0, 0, 0],
                     [0, 0, 0, 0, 1, 1, 1, 1],
                     [1, 1, 1, 1, 0, 0, 0, 0],
                     [0, 0, 0, 0, 8, 4, 2, 1],
                     [3, 2, 1, 0, -3, -2, -1, 0],
                     [6, 2, 0, 0, -6, -2, 0, 0],
                     [0, 2, 0, 0, 0, 0, 0, 0],
                     [0, 0, 0, 0, 12, 2, 0, 0]])

In [5]: np.dot(np.linalg.inv(A), b)

Out[5]: array([[-0.75],
```

```
      [ 0.  ],
      [ 2.75],
      [ 1.  ],
      [ 0.75],
      [-4.5 ],
      [ 7.25],
      [-0.5 ]])
```

两个三次多项式是：

$$S_1(x) = -0.75x^3 + 2.75x + 1 \qquad\qquad 0 \leqslant x \leqslant 1 \qquad\qquad （17.1）$$

$$S_2(x) = 0.75x^3 - 4.5x^2 + 7.25x - 0.5 \qquad 1 \leqslant x \leqslant 2 \qquad\qquad （17.2）$$

因此，对于 $x=1.5$，我们评估 $S_2(1.5)$ 并获得估计值 2.7813。

17.4 拉格朗日多项式插值

拉格朗日多项式插值不是在后续数据点对之间寻找三次多项式，而是要找到一个可以通过所有数据点的多项式。则该多项式称为**拉格朗日多项式**，即 $L(x)$。作为插值函数，对于数据集中的每个点，都应该具有 $L(x_i) = y_i$。在计算拉格朗日多项式时，一个有效的方法是将它写成**拉格朗日基多项式** $P_i(x)$ 的线性组合，其中

$$P_i(x) = \prod_{j=1, j \neq i}^{n} \frac{x - x_j}{x_i - x_j}$$

和

$$L(x) = \sum_{i=1}^{n} y_i P_i(x)$$

其中，$\prod$ 的意思是"乘积"或"乘以"。请注意，通过构造拉格朗日基多项式，$P_i(x)$ 具有当 $i=j$ 时 $P_i(x_j)=1$ 和当 $i \neq j$ 时 $P_i(x_j)=0$ 的性质。由于 $L(x)$ 是这些多项式的总和，故可观察到每个点都完全符合要求，即 $L(x_i) = y_i$。

尝试一下！找到数据集 $x = [0, 1, 2]$ 和 $y = [1, 3, 2]$ 的拉格朗日基多项式。绘制每个多项式并验证当 $i=j$ 时 $P_i(x_j)=1$ 和当 $i \neq j$ 时 $P_i(x_j)=0$ 的性质是否成立。

$$P_1(x) = \frac{(x - x_2)(x - x_3)}{(x_1 - x_2)(x_1 - x_3)} = \frac{(x-1)(x-2)}{(0-1)(0-2)} = \frac{1}{2}(x^2 - 3x + 2)$$

$$P_2(x) = \frac{(x - x_1)(x - x_3)}{(x_2 - x_1)(x_2 - x_3)} = \frac{(x-0)(x-2)}{(1-0)(1-2)} = -x^2 + 2x$$

$$P_3(x) = \frac{(x - x_1)(x - x_2)}{(x_3 - x_1)(x_3 - x_2)} = \frac{(x-0)(x-1)}{(2-0)(2-1)} = \frac{1}{2}(x^2 - x)$$

```
In [1]: import numpy as np
        import numpy.polynomial.polynomial as poly
```

```
        import matplotlib.pyplot as plt

        plt.style.use("seaborn-poster")
In [2]:  x = [0, 1, 2]
        y = [1, 3, 2]
        P1_coeff = [1,-1.5,.5]
        P2_coeff = [0, 2,-1]
        P3_coeff = [0,-.5,.5]

        # get the polynomial function
        P1 = poly.Polynomial(P1_coeff)
        P2 = poly.Polynomial(P2_coeff)
        P3 = poly.Polynomial(P3_coeff)

        x_new = np.arange(-1.0, 3.1, 0.1)

        fig = plt.figure(figsize = (10,8))
        plt.plot(x_new, P1(x_new), "b", label = "P1")
        plt.plot(x_new, P2(x_new), "r", label = "P2")
        plt.plot(x_new, P3(x_new), "g", label = "P3")

        plt.plot(x, np.ones(len(x)), "ko", x,np.zeros(len(x)), "ko")
        plt.title("Lagrange Basis Polynomials")
        plt.xlabel("x")
        plt.ylabel("y")
        plt.grid()
        plt.legend()
        plt.show()
```

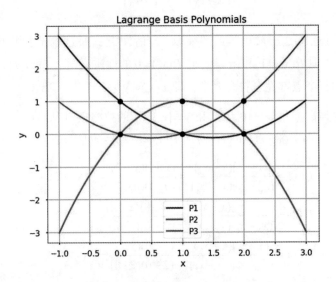

尝试一下！ 使用前面的示例，计算并绘制拉格朗日多项式。验证它是否可以通过数据集中的每个数据点。

```
In [3]: L = P1 + 3*P2 + 2*P3

        fig = plt.figure(figsize = (10,8))
        plt.plot(x_new, L(x_new), "b", x, y, "ro")
        plt.title("Lagrange Polynomial")
        plt.grid()
        plt.xlabel("x")
        plt.ylabel("y")
        plt.show()
```

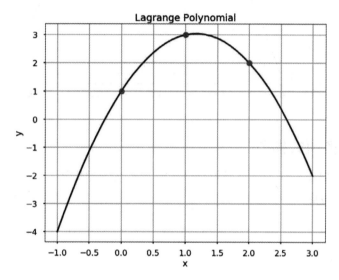

提示! 拉格朗日插值多项式如果定义在插值区域之外，即定义在区间 $[x_1, x_n]$ 之外，那么在该区域之外将增长迅速且无界。一般来说，这并不是一个理想的情况，因为这与底层数据的行为不一致。因此，在拉格朗日插值多项式定义区域之外应谨慎使用拉格朗日插值法。

17.4.1 使用 scipy 中的 lagrange 函数

在 scipy 库中，我们不需要从头开始计算所有内容来插入数据，而是可以直接使用拉格朗日函数来完成数据的插入。让我们用以下的例子来论述这个观点。

```
In [4]: from scipy.interpolate import lagrange

In [5]: f = lagrange(x, y)

In [6]: fig = plt.figure(figsize = (10,8))
        plt.plot(x_new, f(x_new), "b", x, y, "ro")
        plt.title("Lagrange Polynomial")
        plt.grid()
        plt.xlabel("x")
        plt.ylabel("y")
        plt.show()
```

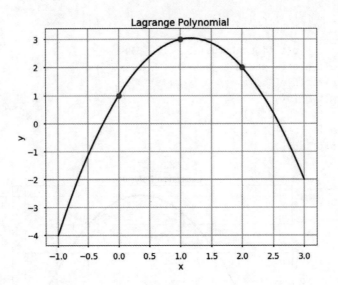

17.5　牛顿多项式插值

牛顿多项式插值是另一种精确拟合一组数据点的常用方法。经过 n 个点的 $(n-1)$ 阶牛顿多项式的一般形式是:

$$f(x) = a_0 + a_1(x - x_0) + a_2(x - x_0)(x - x_1) + \cdots + a_n(x - x_0)(x - x_1)\cdots(x - x_n)$$

可以改写为:

$$f(x) = \sum_{i=0}^{n} a_i n_i(x)$$

其中:

$$n_i(x) = \prod_{j=0}^{i-1}(x - x_j)$$

牛顿多项式的特殊之处在于使用非常简单的数学步骤就能确定系数 a_i。例如,由于多项式经过每个数据点,对于数据点 (x_i, y_i),我们将有 $f(x_i) = y_i$,因此我们有:

$$f(x_0) = a_0 = y_0$$

和 $f(x_1) = a_0 + a_1(x_1 - x_0) = y_1$。对其进行等价代换便会获得 a_1,于是我们有

$$a_1 = \frac{y_1 - y_0}{x_1 - x_0}$$

插入数据点 (x_2, y_2),我们便可以计算出 a_2,结果是:

$$a_2 = \frac{\dfrac{y_2 - y_1}{x_2 - x_1} - \dfrac{y_1 - y_0}{x_1 - x_0}}{x_2 - x_0}$$

再插入一个数据点 (x_3, y_3) 来计算 a_3。将数据点插入方程后，我们得到：

$$a_3 = \frac{\dfrac{\dfrac{y_3 - y_2}{x_3 - x_2} - \dfrac{y_2 - y_1}{x_2 - x_1}}{x_3 - x_1} - \dfrac{\dfrac{y_2 - y_1}{x_2 - x_1} - \dfrac{y_1 - y_0}{x_1 - x_0}}{x_2 - x_0}}{x_3 - x_0}$$

看到表达形式了吗？这些称为**差商**。如果我们定义：

$$f[x_1, x_0] = \frac{y_1 - y_0}{x_1 - x_0}$$

那么：

$$f[x_2, x_1, x_0] = \frac{\dfrac{y_2 - y_1}{x_2 - x_1} - \dfrac{y_1 - y_0}{x_1 - x_0}}{x_2 - x_0} = \frac{f[x_2, x_1] - f[x_1, x_0]}{x_2 - x_1}$$

我们继续进行推导，将得到以下迭代方程：

$$f[x_k, x_{k-1}, \cdots, x_1, x_0] = \frac{f[x_k, x_{k-1}, \cdots, x_2, x_1] - f[x_{k-1}, x_{k-2}, \cdots, x_1, x_0]}{x_k - x_0}$$

使用这种方法的好处是一旦确定了系数，那么即使增加新的数据点也不会改变之前计算的系数，我们只需要以相同的方式计算出更高的差值即可。找到这些系数的整个过程可以总结为一个差商表。如下所示是使用 5 个数据点的示例：

$$
\begin{array}{llllll}
x_0 & y_0 & & & & \\
 & & f[x_1, x_0] & & & \\
x_1 & y_1 & & f[x_2, x_1, x_0] & & \\
 & & f[x_2, x_1] & & f[x_3, x_2, x_1, x_0] & \\
x_2 & y_2 & & f[x_3, x_2, x_1] & & f[x_4, x_3, x_2, x_1, x_0] \\
 & & f[x_3, x_2] & & f[x_4, x_3, x_2, x_1] & \\
x_3 & y_3 & & f[x_4, x_3, x_2] & & \\
 & & f[x_4, x_3] & & & \\
x_4 & y_4 & & & &
\end{array}
$$

表中的每个元素都可以由其前面的两个元素（左侧）计算得出。实际上，我们可以计算出所有元素并将它们存储在对角矩阵中——即作为系数矩阵——可以写成：

$$
\begin{array}{lllll}
y_0 & f[x_1, x_0] & f[x_2, x_1, x_0] & f[x_3, x_2, x_1, x_0] & f[x_4, x_3, x_2, x_1, x_0] \\
y_1 & f[x_2, x_1] & f[x_3, x_2, x_1] & f[x_4, x_3, x_2, x_1] & 0 \\
y_2 & f[x_3, x_2] & f[x_4, x_3, x_2] & 0 & 0 \\
y_3 & f[x_4, x_3] & 0 & 0 & 0 \\
y_4 & 0 & 0 & 0 & 0
\end{array}
$$

请注意，上述矩阵中的第一行元素实际上是我们需要的所有系数，即 a_0、a_1、a_2、a_3 和 a_4。下面展示了如何执行此操作的示例。

▎**尝试一下**！计算 $x = [-5, -1, 0, 2]$，$y = [-2, 6, 1, 3]$ 的差商表。

```
In [1]: import numpy as np
        import matplotlib.pyplot as plt

        plt.style.use("seaborn-poster")

        %matplotlib inline

In [2]: def divided_diff(x, y):
            """
            function to calculate the divided
            difference table
            """
            n = len(y)
            coef = np.zeros([n, n])
            # the first column is y
            coef[:,0] = y

            for j in range(1,n):
                for i in range(n-j):
                    coef[i][j] = (coef[i+1][j-1]-coef[i][j-1])/(x[i+j]-x[i])

            return coef

        def newton_poly(coef, x_data, x):
            """
            evaluate the Newton polynomial
            at x
            """
            n = len(x_data) - 1
            p = coef[n]
            for k in range(1,n+1):
                p = coef[n-k] + (x -x_data[n-k])*p
            return p

In [3]: x = np.array([-5, -1, 0, 2])
        y = np.array([-2, 6, 1, 3])
        # get the divided difference coef
        a_s = divided_diff(x, y)[0, :]

        # evaluate on new data points
        x_new = np.arange(-5, 2.1, .1)
        y_new = newton_poly(a_s, x, x_new)

        plt.figure(figsize = (12, 8))
        plt.plot(x, y, "bo")
        plt.plot(x_new, y_new)

Out[3]: [<matplotlib.lines.Line2D at 0x11bd4e630>]
```

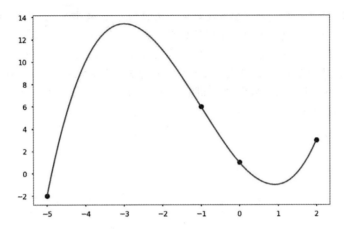

我们可以看到牛顿多项式遍历了所有数据点并拟合了数据。

17.6 总结和习题

17.6.1 总结

1. 给定一组有效的数据点，插值是为不在数据集中的自变量值估计其因变量值的一种方法。

2. 线性、三次样条、拉格朗日和牛顿多项式插值是常用的插值方法。

17.6.2 习题

1. 编写一个函数 my_lin_interp(x,y,X)，其中 x 和 y 是包含实验数据点的数组，X 是一个数组。假设 x 和 X 按升序排列并且具有唯一元素。输出参数 Y 应该是一个与 X 大小相同的数组，其中 Y[i] 是 X[i] 的线性插值。不要使用 numpy 库中的 interp1d 函数或 scipy 库中的 interp1d 函数。

2. 编写一个函数 my_cubic_spline(x,y,X)，其中 x 和 y 是包含实验数据点的数组，X 是一个数组。假设 x 和 X 按升序排列并且具有唯一元素。输出参数 Y 应该是一个与 X 大小相同的数组，其中 Y[i] 是 X[i] 的三次样条插值。不要使用 interp1d 或 CubicSpline 函数。

3. 编写一个函数 my_nearest_neighbor(x,y,X) 其中 x 和 y 是包含实验数据点的数组，X 是一个数组。假设 x 和 X 按升序排列并且具有唯一元素。输出参数 Y 应该是一个与 X 大小相同的数组，其中 Y[i] 是 X[i] 的最近邻插值。也就是说，Y[i] 应该是 y[j]，其中 x[j] 是 X[i] 的最近的独立数据点。不要使用 scipy 库中的 interp1d 函数。

4. 思考使用最近邻插值优于三次样条插值的情况。

5. 编写一个函数 my_cubic_spline_flat(x,y,X)，其中 x 和 y 是包含实验数据点的数组，X 是一个数组。假设 x 和 X 按升序排列并且具有唯一元素。输出参数 Y 应该是一个与 X 大小相同的数组，其中 Y[i] 是 X[i] 的三次样条插值。使用 $S_1'(x_1)=0$ 和 $S_{n-1}'(x_n)=0$ 代替之前引入的约束。

6. 编写一个函数 my_quintic_spline(x,y,X)，其中 x 和 y 是包含实验数据点的数组，X 是一个数组。假设 x 和 X 按升序排列并且具有唯一元素。输出参数 Y 应该是一个与 X 大小相同的数组，其中 Y[i] 是 X[i] 的五次样条插值。为了提出足够的约束，你还需要使用额外的端点约束。你可以自行决定使用端点约束。

7. 编写一个函数 `my_interp_plotter(x,y,X,option)`，其中 x 和 y 是包含实验数据点的数组，而 X 是包含需要进行插值的坐标的数组。输入参数 `option` 应该是一个字符串，可以是 `"linear"`、`"spline"` 或 `"nearest"`。你的函数应生成标记为红色圆点的数据点 (x,y) 的图。点 (X,Y)，其中 X 是输入，Y 是由 `option` 指定的输入参数定义的 X 中所包含的点处的插值。点 (X,Y) 应由蓝线连接。确保包含标题、轴标签和图例。提示：你应该使用 `scipy` 库中的 `interp1d` 函数，并检查 `option` 类型。
测试用例：

```
x = np.array([0, .1, .15, .35, .6, .7, .95, 1])
y=np.array([1,0.8187,0.7408,0.4966,0.3012,0.2466,0.1496,0.1353])

my_interp_plotter(x, y, np.linspace(0, 1, 101), "nearest")
```

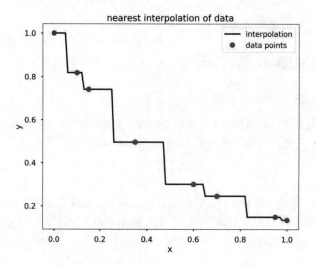

```
my_interp_plotter(x, y, np.linspace(0, 1, 101), "linear")
```

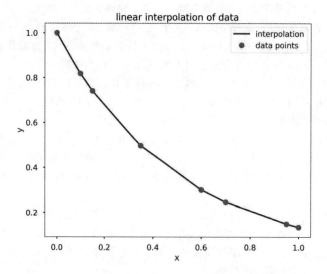

```
my_interp_plotter(x, y, np.linspace(0, 1, 101), "cubic")
```

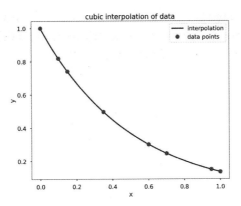

8. 编写函数 my_D_cubic_spline(x,y,X,D)，其中输出 Y 是 X 处插值的三次样条，取自 x 和 y 中包含的数据点。使用端点条件 $S_1'(x_1)=D$ 和 $S_{n-1}'(x_n)=D$（即端点处插值多项式的斜率是 D），代替标准的固定端点条件（即 $S_1''(x_1)=0$ 和 $S_n''(x_n)=0$）。

测试用例：

```
x = [0, 1, 2, 3, 4]
y = [0, 0, 1, 0, 0]
X = np.linspace(0, 4, 101)

# Solution: Y = 0.54017857
Y = my_D_cubic_spline(x, y, 1.5, 1)

plt.figure(figsize = (10, 8))
plt.subplot(221)
plt.plot(x, y, "ro", X, my_D_cubic_spline(x, y, X, 0), "b")
plt.subplot(222)
plt.plot(x, y, "ro", X, my_D_cubic_spline(x, y, X, 1), "b")
plt.subplot(223)
plt.plot(x, y, "ro", X, my_D_cubic_spline(x, y, X, -1), "b")
plt.subplot(224)
plt.plot(x, y, "ro", X, my_D_cubic_spline(x, y, X, 4), "b")
plt.tight_layout()
plt.show()
```

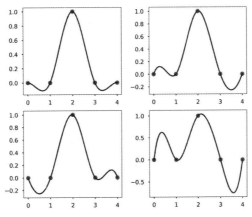

9. 编写一个函数 `my_lagrange(x,y,X)`，其中输出 Y 是在 X 处计算的 x 和 y 中包含的数据点的拉格朗日插值。提示：使用嵌套 for 循环，其中内部 for 循环计算拉格朗日基多项式，外部 for 循环计算拉格朗日多项式的总和。不要使用 `scipy` 库中现有的 `lagrange` 函数。

测试用例：

```
x = [0, 1, 2, 3, 4]
y = [2, 1, 3, 5, 1]

X = np.linspace(0, 4, 101)

plt.figure(figsize = (10,8 ))
plt.plot(X, my_lagrange(x, y, X), "b", label = "interpolation")
plt.plot(x, y, "ro", label = "data points")

plt.xlabel("x")
plt.ylabel("y")

plt.title(f"Lagrange Interpolation of Data Points")
plt.legend()
plt.show()
```

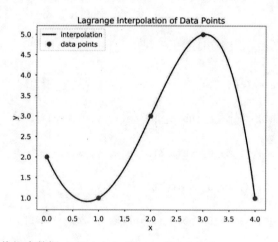

10. 使用牛顿多项式插值拟合数据 $x = [0, 1, 2, 3, 4]$，$y = [2, 1, 3, 5, 1]$。

泰 勒 级 数

18.1　使用泰勒级数表达函数

序列是一组有序的数字，由括号内的数字列表表示。例如，$s = (s_1, s_2 s_3, \cdots)$ 表示 s 是序列 $s_1, s_2 s_3, \cdots$ 。在这种情况下，"有序"意味着 s_1 在 s_2 之前，而不是 $s_1 < s_2$。许多序列具有更复杂的结构。例如，$s = (n^2, n \in \mathbb{N})$ 是序列 $0, 1, 4, 9, \cdots$ 。**级数**是有限项序列的总和。**无限序列**是具有无限项的序列，**无限级数**是无限序列中的元素之和。

泰勒级数展开是通过围绕一个点的多项式的无穷级数来表示函数。在数学上，函数 $f(x)$ 的泰勒级数定义为：

$$f(x) = \sum_{n=0}^{\infty} \frac{f^{(n)}(a)(x-a)^n}{n!}$$

其中 $f^{(n)}$ 是 f 的 n 阶导数，$f^{(0)}$ 是函数 f 。

尝试一下！ 围绕 $a=0$ 和 $a=1$ 来计算 $f(x) = 5x^2 + 3x + 5$ 的泰勒级数展开式。验证 f 及其泰勒级数展开式是否相同。

首先计算分析需用的导数：

$$f(x) = 5x^2 + 3x + 5$$
$$f'(x) = 10x + 3$$
$$f''(x) = 10$$

围绕 $a=0$ 展开：

$$f(x) = \frac{5x^0}{0!} + \frac{3x^1}{1!} + \frac{10x^2}{2!} + 0 + 0 + \cdots = 5x^2 + 3x + 5$$

围绕 $a=1$ 展开：

$$f(x) = \frac{13(x-1)^0}{0!} + \frac{13(x-1)^1}{1!} + \frac{10(x-1)^2}{2!} + 0 + \cdots$$
$$= 13 + 13x - 13 + 5x^2 - 10x + 5 = 5x^2 + 3x + 5$$

请注意，任何多项式的泰勒级数展开式都有有限项，因为当 n 足够大时，任何多项式的第 n 阶导数都为零。

尝试一下！ 围绕 $a=0$ 写出 $\sin(x)$ 的泰勒级数展开式。

令 $f(x)=\sin(x)$ 。用泰勒级数将其展开：

$$f(x) = \frac{\sin(0)}{0!} x^0 + \frac{\cos(0)}{1!} x^1 + \frac{-\sin(0)}{2!} x^2 + \frac{-\cos(0)}{3!} x^3 + \frac{\sin(0)}{4!} x^4 + \frac{\cos(0)}{5!} x^5 + \cdots$$

该展开式可以写成简洁的通项公式：

$$f(x) = \sum_{n=0}^{\infty} \frac{(-1)^n x^{2n+1}}{(2n+1)!}$$

该通项公式忽略了包含 $\sin(0)$ 的项（即偶数项）。因为这些项的值为 0 所以可以被忽略，重新编号后的这个级数中的项与正确的泰勒级数展开式中的项是一致的。例如，通项公式中的 $n=0$ 项就是泰勒级数中的 $n=1$ 项，通项公式中的 $n=1$ 项就是泰勒级数中的 $n=3$ 项。

18.2　使用泰勒级数的近似值

显然，将函数表示为泰勒级数无限项和的形式是没有用的，因为我们无法计算它。通常而言更有效的方法是，通过使用函数的 **N 阶泰勒级数** 在某个 $n=N$ 处截断它的泰勒展开式，来逼近获取**近似值**进而近似函数。尤其是当我们知道一个函数及其某个点的所有导数时，这种方法就十分实用。例如，如果我们取 e^x 围绕 $a=0$ 的泰勒展开式，那么对于所有 n，$f^{(n)}(a)=1$，并且我们不必计算泰勒级数展开式中的导数来近似 e^x！

尝试一下！ 使用 Python 绘制 sin 函数及其一阶、三阶、五阶和七阶泰勒级数近似值。请注意，这涉及前面给出的公式中的第零项到第三项。

```
In [1]: import numpy as np
        import matplotlib.pyplot as plt
        plt.style.use("seaborn-poster")

In [2]: x = np.linspace(-np.pi, np.pi, 200)
        y = np.zeros(len(x))

        labels = ["First Order", "Third Order",
                  "Fifth Order", "Seventh Order"]

        plt.figure(figsize = (10,8))
        for n, label in zip(range(4), labels):
            y=y+((-1)**n*(x)**(2*n+1))/np.math.factorial(2*n+1)
            plt.plot(x,y, label = label)

        plt.plot(x, np.sin(x), "k", label = "Analytic")
        plt.grid()
        plt.title("Taylor Series Approximations of Various Orders")
        plt.xlabel("x")
        plt.ylabel("y")
```

```
plt.legend()
plt.show()
```

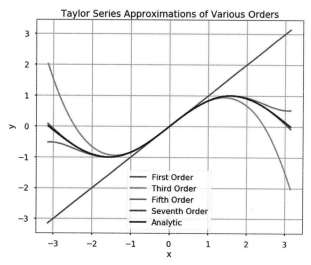

显然，即使在 x 不接近 $a=0$ 的情况下，其近似值也很快逼近解析函数。注意，在上面的代码中，我们还使用了一个新函数 zip，它使得我们在绘制图形的过程中循环使用两个参数 range(4) 和 labels。

尝试一下！ 计算 $\sin(x)$ 在 $x=\pi/2$ 处围绕 $a=0$ 的七阶泰勒级数近似值。将该值与正确值 1 进行比较。

```
In [3]: x = np.pi/2
        y = 0

        for n in range(4):
            y=y+((-1)**n *(x)**(2*n+1))/np.math.factorial(2*n+1)

        print(y)
```

0.9998431013994987

即使是在远离计算泰勒级数的点（即 $x=\pi/2$ 和 $a=0$）处计算的，其七阶泰勒级数近似值也仍非常接近函数的理论值。

最常见的泰勒级数近似是一阶近似或**线性近似**。直观地说，对于"平滑"函数，只要前提是它足够接近 a，那么函数围绕点 a 的线性逼近就是合理的。换句话说，你把"平滑"函数越是放大到任意一点，该函数看起来就越像一条线。以下就是使用平滑函数在连续缩放级别中绘制的生成图，用其来说明局部函数的线性特性。线性近似是分析"复杂"函数的有效方法。

```
In [4]: x = np.linspace(0, 3, 30)
        y = np.exp(x)
```

```
plt.figure(figsize = (14, 4.5))
plt.subplot(1, 3, 1)
plt.plot(x, y)
plt.grid()
plt.subplot(1, 3, 2)
plt.plot(x, y)
plt.grid()
plt.xlim(1.7, 2.3)
plt.ylim(5, 10)
plt.subplot(1, 3, 3)
plt.plot(x, y)
plt.grid()
plt.xlim(1.92, 2.08)
plt.ylim(6.6, 8.2)
plt.tight_layout()
plt.show()
```

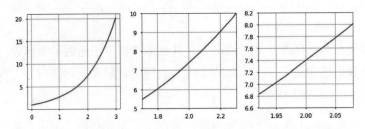

尝试一下！ 围绕 $a=0$ 对 e^x 进行线性近似。使用 e^x 的线性近似来近似 e^1 和 $e^{0.01}$ 的值。请使用 numpy 库中的函数 exp 计算 exp(1) 和 exp(0.01)，并比较这两者和刚刚近似得到的结果。

e^x 围绕 $a=0$ 处的线性近似值是 $1+x$。

用 numPy 库中的 exp 函数进行计算：

```
In [5]: np.exp(1)

Out[5]: 2.718281828459045

In [6]: np.exp(0.01)

Out[6]: 1.010050167084168
```

e^1 的线性近似值为 2，其结果是不准确的。$e^{0.01}$ 的线性近似值为 1.01，其结果是较准确的。此示例说明了线性近似如何接近于取近似值的点。

18.3   关于误差的讨论

18.3.1   泰勒级数的截断误差

在数值分析中，通常有两种误差来源，即**舍入误差**和**截断误差**。舍入误差是计算机上实数表示的不精确性以及应用不精确的实数执行算术运算造成的。有关此类误差的更多讨论，请参阅第 9 章。截断误差是所用方法的近似特性造成的，通常在使用近似值代替精确值进行数学推导时便会出现截断误差，即当我们使用泰勒级数来近似函数时就会产生该误差。例如，我们使用泰勒级数来近似函数 e^x，将得到：

$$e^x = 1 + x + \frac{x^2}{2!} + \frac{x^3}{3!} + \frac{x^4}{4!} + \cdots$$

由于需要无限序列来近似函数，因此仅使用少数项将导致截断（或近似）误差。例如，如果我们只用前四项来近似 e^2，那么将得到：

$$e^2 \approx 1 + 2 + \frac{2^2}{2!} + \frac{2^3}{3!} = 6.3333$$

该结果显然存在误差，因为我们截断了泰勒级数中的其余项。因此函数 $f(x)$ 可以写成泰勒级数近似值加上截断误差项：

$$f(x) = f_n(x) + E_n(x)$$

我们使用的泰勒级数项越多，近似值就越接近精确值。下面用 Python 来计算上面的例子。

尝试一下! 使用不同阶泰勒级数近似 e^2 并打印出结果。

```
In [1]: import numpy as np

In [2]: exp = 0
        x = 2
        for i in range(10):
            exp = exp + (x**i)/np.math.factorial(i)
            print(f"Using {i}-term, {exp}")

        print(f"The true e^2 is: \n{np.exp(2)}")

Using 0-term, 1.0
Using 1-term, 3.0
Using 2-term, 5.0
Using 3-term, 6.333333333333333
Using 4-term, 7.0
Using 5-term, 7.266666666666667
Using 6-term, 7.355555555555555
Using 7-term, 7.38095238095238805
Using 8-term, 7.387301587301587
Using 9-term, 7.3887125220458545
The true e^2 is:
7.38905609893065
```

18.3.2　估计截断误差

可以看出，用于在某个点处近似函数的泰勒级数的阶数越高，其近似值就越接近精确值。对于我们选择的每个近似方法，都有一个与之相关的误差，只有当我们知道近似的准确程度时，近似值才是有效的。因此我们需要更多地了解误差。

如果我们只使用泰勒级数的前 n 项，那么可以看到：

$$f(x) = f_n(x) + E_n(x) = \sum_{k=0}^{n} \frac{f^{(k)}(a)(x-a)^k}{k!} + E_n(x)$$

$E_n(x)$ 是泰勒级数的余项部分，或是测量近似值 $f_n(x)$ 与 $f(x)$ 差值的截断误差。我们可以使用**泰勒余项估计定理**来估计误差，该定理指出：

如果函数 $f(x)$ 对包含 a 的区间 I 中的所有 x 都有 $n+1$ 个导数，那么对于 I 中的每个 x，在 x 和 a 之间都存在一个 z，使得：

$$E_n(x) = \frac{f^{(n+1)}(z)(x-a)^{n+1}}{(n+1)!}$$

如果我们知道 M 是 $\left| f^{(n+1)} \right|$ 在区间内的最大值，那么我们得到：

$$|E_n(x)| \leqslant \frac{M|x-a|^{n+1}}{(n+1)!}$$

这为我们使用该定理提供了一个截断误差界限。请参阅下面的示例。

尝试一下！ 使用 $n=9$ 的泰勒级数估计 e^2 近似值的余项界限。

为了理解此误差的产生，当我们使用 $n=9$ 时，我们知道 $(e^x)' = e^x$，并且 $a=0$；因此，与 $x=2$ 相关的误差是

$$E_n(x) = \frac{f^{(9+1)}(z)(x)^{(9+1)}}{(9+1)!} = \frac{e^z 2^{10}}{10!}$$

再由 $0 \leqslant z \leqslant 2$，并且 $e < 3$；所以，

$$|E_n(x)| \leqslant \frac{3^2 2^{10}}{10!} = 0.00254$$

如果我们使用 $n=9$ 的泰勒级数来近似 e^2，我们的绝对误差应该小于 0.00254。以下我们将验证这一点。

```
In [3]: abs(7.3887125220458545-np.exp(2))

Out[3]: 0.0003435768847959153
```

18.3.3　泰勒级数的舍入误差

在数值上，当有许多项相加时，我们应该注意到由浮点舍入误差引起的误差的数值累积；请参阅以下示例。

示例： 使用不同阶的泰勒级数来近似 e^{-30}，并打印出结果。

```
In [4]: exp = 0
x = -30
```

```
for i in range(200):
    exp = exp + (x**i)/np.math.factorial(i)

print(f"Using {i}-term, our result is {exp}")
print(f"The true e^2 is: {np.exp(x)}")

Using 199-term, our result is -8.553016433669241e-05
The true e^2 is: 9.357622968840175e-14
```

　　从以上例子可以看出，我们在计算近似函数时，无论其泰勒级数中包含多少项相加，所使用的泰勒级数估计出的近似值都不再接近精确值，这是我们之前讨论的舍入误差导致的结果。当使用负的大参数时，需要将泰勒级数中大的数进行交替来抵消误差，进而得到一个较为精确的结果。我们需要在级数中使用多位数来获得精度，以便捕获有足够剩余位数的大数和小数，从而获得所需精度的输出结果。以上就是程序在上述示例的执行过程中抛出错误信息的原因。

18.4　总结和习题

18.4.1　总结

1. 一些函数可以完美地用泰勒级数来表示，泰勒级数是多项式的无穷项之和。

2. 具有泰勒级数展开的函数可以通过截断其泰勒级数来近似函数。

3. 线性逼近是函数常见的局部逼近方法。

4. 截断误差可以使用泰勒余项估计定理来估计。

5. 注意泰勒级数中的舍入误差。

18.4.2　习题

1. 使用泰勒级数展开式来证明 $e^{ix} = \cos(x) + i\sin(x)$，其中 $i = \sqrt{-1}$。

2. 围绕 $a=0$ 对 $\sin(x)$ 使用线性近似来证明 $\dfrac{\sin(x)}{x} \approx 1$（当 x 趋向于 0）。

3. 围绕 $a=0$ 编写 e^{x^2} 的泰勒级数展开式。编写一个函数 `my_double_exp(x, n)`，该函数使用泰勒级数展开式的前 n 项来计算 e^{x^2} 的近似值。确保函数 `y_double_exp` 可以接收数组输入。

4. 编写一个函数，给出函数 `np.exp` 在 0 处的一阶到七阶的泰勒级数近似值。计算七阶的截断误差界限。

5. 计算 $\sin(x)$、$\cos(x)$ 和 $\sin(x)\cos(x)$ 围绕 $a=0$ 的四阶泰勒展开式，哪个在 $x=\pi/2$ 处产生较小的误差。哪个是正确的：分别计算 $\sin(x)$ 和 $\cos(x)$ 的泰勒展开式然后将结果相乘，或者先计算两者乘积的泰勒展开式然后再插入 x？

6. 使用四阶泰勒级数逼近 $\cos(0.2)$ 并确定截断误差界限。

7. 编写一个函数 `my_cosh_approximator(x, n)`，其输出是 $\cosh(x)$ 的 n 阶泰勒级数近似值，即 x 在 $a=0$ 处所取的双曲余弦值。可以假设 x 是一个数组，且 n 是一个正整数（包括零）。回想一下双曲余弦函数：

$$\cosh(x) = (e^x + e^{-x})/2$$

提示：$n=0$ 和 $n=1$ 的近似值是等价的，$n=2$ 和 $n=3$ 的近似值是等价的，等等。

寻 根 问 题

19.1　寻根问题陈述

　　函数 $f(x)$ 的**根**或**零点**，记作 x_r，其使得 $f(x_r)=0$。对于 $f(x)=x^2-9$ 函数，显然其根是 3 和 -3。但是，对于其他函数而言，如 $f(x)=\cos(x)-x$，想要确定其函数根的解析解或精确解可能很困难。针对上述问题，这里有一个有效的求解思路，就是生成函数根的数值近似值并且去了解这些近似值的局限性。

　　尝试一下！使用 scipy 库中的 fsolve 函数计算 $f(x)=\cos(x)-x$ 在 -2 附近的根。验证此解是一个根（或足够接近根）。

```
In [1]: import numpy as np
        from scipy import optimize

        f = lambda x: np.cos(x) - x
        r = optimize.fsolve(f, -2)
        print("r =", r)

        # Verify the solution is a root
        result = f(r)
        print("result=", result)

r = [0.73908513]
result= [0.]
```

　　尝试一下！函数 $f(x)=\dfrac{1}{x}$ 并没有根，试着使用 fsolve 函数计算该函数的根，并打开 full_output 查看会输出什么信息。关于 fsolve 函数的详细信息请查看该函数的帮助文档进行了解。

```
In [2]: f = lambda x: 1/x

        r, infodict, ier, mesg =
          optimize.fsolve(f, -2, full_output=True)
        print("r =", r)

        result = f(r)
        print("result=", result)

        print(mesg)
```

```
r = [-3.52047359e+83]
result= [-2.84052692e-84]
The number of calls to function has reached maxfev = 400.
```

在这个示例中，即使 $f(r)$ 的值是一个非常小的数，返回值 r 也不是函数的根。由于我们开启了 full_output，因此可以从中看到更多的反馈信息。如果上述示例中未找到函数根，则会返回一条错误消息，我们可以从消息中获得代码执行失败的原因：The number of calls to function has reached maxfev = 400。

19.2　公差

在工程和科学领域中，**误差**是预期或计算值的偏差。**公差**是工程应用可接受的误差水平。当一个计算机程序找到一个误差小于公差的解时，我们就说该程序已经**收敛**得到了一个解。在以数值方式计算根或进行任何其他类型的数值分析时，重点是要建立适用于给定工程 / 科学应用的误差度量和公差。

对于寻根问题，我们需要找到一个 x_r，使得 $f(x_r)$ 的值非常接近于零。那么，$|f(x)|$ 是度量误差的可能选择，因为它越小，我们就越有可能得到根。此外，如果我们假设 x_r 是求根算法的第 i 个猜测，则 $|x_{i+1} - x_i|$ 是度量误差的另一种可能选择，因为我们预计后续猜测之间的改进会随着它接近解而减少。正如以下示例所展示，两种选择各有优缺点。

▌**尝试一下！** 使用 $e=|f(x)|$ 度量误差，用 tol 作为可被接受的误差水平。函数 $f(x)=x^2 + \text{tol} / 2$ 没有实数根。因为 $|f(0)|=\text{tol} / 2$，所以它可被视为寻根程序的解。

▌**尝试一下！** 使用 $e=|x_{i+1} - x_i|$ 度量误差，用 tol 作为可被接受的误差水平。函数 $f(x)=1 / x$ 没有实数根，但猜测 $x_i = -\text{tol} / 4$ 和 $x_{i+1} = \text{tol} / 4$ 的误差为 $e=\text{tol} / 2$，并且它可被视为计算机程序的解。

根据以上观察结果，在用到公差和收敛标准的程序环境中，必须非常谨慎地使用公差和收敛标准。

19.3　二分法

中值定理说明，如果 $f(x)$ 是 a 和 b 之间的连续函数，并且 $\text{sign}(f(a)) \neq \text{sign}(f(b))$，那么一定存在一个 c，使得 $a<c<b$ 且 $f(c)=0$。如图 19.1 所示。

利用**二分法**迭代地使用中值定理来求解函数的根。设 $f(x)$ 是一个连续函数，a 和 b 是实数标量值，且 $a<b$。为了不失一般性，假设 $f(a)>0$ 且 $f(b)<0$。然后，根据中值定理，开区间 (a,b) 中必

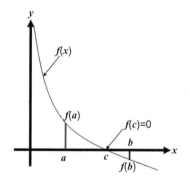

图 19.1　根据中值定理的定义，如果 $\text{sign}(f(a))$ 和 $\text{sign}(f(b))$ 不相等，则在区间 (a,b) 中存在一点 c 使得 $f(c)=0$

定有根。现在设 $m = \dfrac{b+a}{2}$ 是 a 和 b 之间的中点。如果 $f(m)$ 等于 0 或足够接近 0，则 m 是根。如果 $f(m)>0$，则用 m 替换区间的左边界 a，并且保证在开区间 (m,b) 中存在根。如果 $f(m)<0$，则用 m 替换区间的右边界 b，并且保证在开区间 (a,m) 中存在根。图 19.2 描述了这种情况。

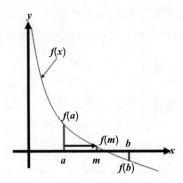

图 19.2 根据二分法定理，检查 $f(m)$ 的符号以确定根是否包含在区间 (a,m) 或 (m,b) 中。划分后的新区间用于二分法的下一次迭代。在图中所示的情况下，函数根在区间 (m,b) 中

重复进行更新 a 和 b 的过程，直到误差落在可接受的范围内。

尝试一下！ 编写一个函数 my_bisection(f,a,b,tol)，该函数以 a 和 b 为两个边界，在确保 $\left| f\left(\dfrac{a+b}{2} \right) \right| < $ tol 的前提下，逼近 f 的根。

```
In [1]: import numpy as np

        def my_bisection(f, a, b, tol):
            # approximates a root, R, of f bounded
            # by a and b to within tolerance
            # | f(m) | < tol with m being the midpoint
            # between a and b. Recursive implementation

            # check if a and b bound a root
            if np.sign(f(a)) == np.sign(f(b)):
                raise Exception(
                 "The scalars a and b do not bound a root")

            # get midpoint
            m = (a + b)/2

            if np.abs(f(m)) < tol:
                # stopping condition, report m as root
                return m
            elif np.sign(f(a)) == np.sign(f(m)):
                # case where m is an improvement on a.
```

```
            # Make recursive call with a = m
            return my_bisection(f, m, b, tol)
    elif np.sign(f(b)) == np.sign(f(m)):
            # case where m is an improvement on b.
            # Make recursive call with b = m
            return my_bisection(f, a, m, tol)
```

尝试一下！ 由计算可得 $\sqrt{2}$ 为函数 $f(x)=x^2-2$ 的根。从 $a=0$ 和 $b=2$ 开始，使用 my_bisection 函数将 $\sqrt{2}$ 近似为 $|f(x)|<0.1$ 的公差和 $|f(x)|<0.01$ 的公差。通过将根插回函数来验证结果是否接近根。

```
In [2]: f = lambda x: x**2 - 2

        r1 = my_bisection(f, 0, 2, 0.1)
        print("r1 =", r1)
        r01 = my_bisection(f, 0, 2, 0.01)
        print("r01 =", r01)

        print("f(r1) =", f(r1))
        print("f(r01) =", f(r01))

r1 = 1.4375
r01 = 1.4140625
f(r1) = 0.06640625
f(r01) = -0.00042724609375
```

尝试一下！ 看看如果对上述函数使用 $a=2$ 和 $b=4$ 会得出什么结果。

```
In [3]: my_bisection(f, 2, 4, 0.01)


        ---------------------------------------------------

        Exception                 Traceback (most recent call last)

        <ipython-input-3-4158b7a9ae67> in <module>
  ----> 1 my_bisection(f, 2, 4, 0.01)


        <ipython-input-1-36f06123e87c> in my_bisection(f,a,b,tol)
        10    if np.sign(f(a)) == np.sign(f(b)):
        11        raise Exception(
  ---> 12          "The scalars a and b do not bound a root")
        13
        14    # get midpoint


        Exception: The scalars a and b do not bound a root
```

19.4　牛顿－拉夫森算法

设 $f(x)$ 为平滑函数，x_r 为 $f(x)$ 的未知根。假设 x_0 是对 x_r 的一个猜测值，除非非常幸运，否则 $f(x_0)$ 不会是函数根。鉴于这种情况，我们希望找到一个 x_1，它是对 x_0 的改进（即比 x_0 更接近 x_r）。如果我们假设 x_0 与 x_r "足够接近"，那么我们可以通过在 x_0 处取 $f(x)$ 的线性近似（这是一条直线）来改进它，并找到这条线与 x 轴的交点。$f(x)$ 在 x_0 处的线性近似为 $f(x) \approx f(x_0) + f'(x_0)(x - x_0)$，使用这个近似，我们可以找到 x_1 使得 $f(x_1)=0$。将这些值代入线性近似会得到以下等式：

$$0 = f(x_0) + f'(x_0)(x_1 - x_0)$$

求解 x_1，得出：

$$x_1 = x_0 - \frac{f(x_0)}{f'(x_0)}$$

图 19.3 展示了这种线性近似是如何改进初始猜测值的。

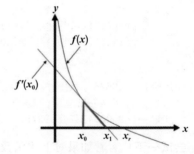

一般而言，**牛顿步**使用先前的猜测值 x_{i-1} 来计算改进后的猜测值 x_i，并给出以下等式：

$$x_i = x_{i-1} - \frac{g(x_{i-1})}{g'(x_{i-1})}$$

用于求根的**牛顿－拉夫森方法**从 x_0 开始迭代牛顿步，直到误差小于公差。

图 19.3　平滑函数 $g(x)$ 的牛顿步图解

尝试一下！ 同样，$\sqrt{2}$ 是函数 $f(x)=x^2-2$ 的根。以 $x_0=1.4$ 为起点，使用上述方程来估计 $\sqrt{2}$ 的近似值。将此近似值与 Python 中的 sqrt 函数计算出的值进行比较。

$$x = 1.4 - \frac{1.4^2 - 2}{2(1.4)} = 1.4142857142857144$$

```
In [1]: import numpy as np

        f = lambda x: x**2 - 2
        f_prime = lambda x: 2*x
        newton_raphson = 1.4 - (f(1.4))/(f_prime(1.4))

        print("newton_raphson =", newton_raphson)
        print("sqrt(2) =", np.sqrt(2))

newton_raphson = 1.4142857142857144
sqrt(2) = 1.4142135623730951
```

尝试一下！ 写一个函数 my_newton(f,df,x0,tol)，其输出结果是对 f 的根的估

计，f 是函数对象 $f(x)$，df 是函数对象 $f'(x)$，x0 是初始猜测，且 tol 是公差。使用 $|f(x)|$ 度量误差。

```
In [2]: def my_newton(f, df, x0, tol):
            # output is an estimation of the root of f
            # using the Newton-Raphson method
            # recursive implementation
            if abs(f(x0)) < tol:
                return x0
            else:
                return my_newton(f, df, x0 - f(x0)/df(x0), tol)
```

尝试一下！ 使用 my_newton 从 $x_0=1.5$ 开始计算 $\sqrt{2}$，使误差落在 1×10^{-6} 的公差范围内。

```
In [3]: estimate = my_newton(f, f_prime, 1.5, 1e-6)
        print("estimate =", estimate)
        print("sqrt(2) =", np.sqrt(2))

estimate = 1.4142135623746899
sqrt(2) = 1.4142135623730951
```

如果 x_0 接近 x_r，则可以证明在一般情况下，牛顿－拉夫森方法比二分法能更快地收敛到 x_r。然而，因为 x_r 最初是未知的，所以没有办法知道初始猜测值是否足够接近根以获得上述证明的结论，除非先前就已经得到了关于函数的一些特殊信息（例如，函数在接近 $x=0$ 处有一个根）。除了上述讨论的初始化问题之外，牛顿－拉夫森方法还有其他严重的局限性。例如，如果猜测的导数接近于零，那么牛顿步将非常大并且可能远离根。此外，根据 x_0 和 x_r 之间函数导数的特性，牛顿-拉夫森方法可能会收敛到与 x_r 不同的根，由此该方法对于正在研究的工程应用可能是没有什么用处的。

尝试一下！ 计算单个牛顿步以获得函数 $f(x)=x^3+3x^2-2x-5$ 的根的改进近似值，初始猜测 $x_0=0.29$。

```
In [4]: x0 = 0.29
        x1 = x0-(x0**3+3*x0**2-2*x0-5)/(3*x0**2+6*x0-2)
        print("x1 =", x1)

x1 = -688.4516883116648
```

请注意，$f'(x_0)=-0.0077$（接近于零），而 x_1 处的误差约为 324 880 000（非常大）。

尝试一下！ 思考多项式 $f(x)=x^3-100x^2-x+100$。该多项式在 $x=1$ 和 $x=100$ 处有根。使用牛顿－拉夫森方法以 $x_0=0$ 为起点开始寻找 f 的根。在 $x_0=0$ 处，$f(x_0)=100$，且 $f'(x)=-1$，由牛顿步得 $x_1 = 0 - \dfrac{100}{-1} = 100$，其中 x_1 是 f 的根。请注意，这个根相比 $x=1$ 处的另一个根离初始猜测的距离要远得多，并且它可能不是你最初猜测为 0 时想得到的那个根。

19.5 使用 Python 求解寻根问题

正如所想的那样，Python 具有寻根功能。我们将使用 scipy.optimize 中的 fsolve 函数来查找函数的根。

fsolve 函数可以接收许多参数（研究帮助文档以获取附加信息），其中最重要的两个参数是：（1）要查找根的函数；（2）初始猜测。

尝试一下！ 使用 fsolve 计算函数 $f(x)=x^3-100x^2-x+100$ 的根。

```
In [1]: from scipy.optimize import fsolve

In [2]: f = lambda x: x**3-100*x**2-x+100

        fsolve(f, [2, 80])
Out[2]: array([  1.,  100.])
```

19.6 总结和习题

19.6.1 总结

1. 根是函数的一个重要属性。
2. 二分法是一种基于分而治之的求根方法。虽然稳定，但与牛顿 – 拉夫森方法相比，它可能收敛缓慢。
3. 牛顿 – 拉夫森方法是一种基于函数近似求根的方法。虽然牛顿 – 拉夫森方法收敛迅速且会在真实根附近停止收敛，但它可能是不稳定的。

19.6.2 习题

1. 编写一个函数 my_nth_root(x,n,tol)，其中 x 和 tol 是严格的正标量，n 是严格大于 1 的整数。输出参数 r 是近似值 $r = \sqrt[n]{x}$，即 x 的第 n 个根。通过使用牛顿 – 拉夫森方法计算出近似值进而求出函数 $f(y)=y^n-x$ 的根。误差度量应该是 $|f(y)|$。

2. 编写一个函数 my_fixed_point(f,g,tol,max_iter)，其中 f 和 g 是函数对象，tol 和 max_iter 是严格的正标量。输入参数 max_iter 也是一个整数。输出参数 X 是满足 $|f(X)-g(X)| < tol$ 的标量，即 X 是（几乎）满足 $f(X)=g(X)$ 的点。为了找到 X，你应该使用带有误差度量 $|F(m)| < tol$ 的二分法。函数 my_fixed_point 应该在 max_iter 迭代数次后"停止"并在发生这种情况时返回 X=[]。

3. 为什么在误差为 $|b-a|$ 情况下对 $f(x)=1/x$ 使用二分法会失败？提示：$f(x)$ 是如何违背中值定理的？

4. 编写一个返回 [R,E] 的函数 my_bisection(f,a,b,tol)，其中 f 是一个函数对象，a 和 b 是标量，使得 a<b，且 tol 是一个严格的正标量值。该函数应返回一个数组 R，其中 R[i] 是对由 (a+b)/2 定义的 f 根的二分法的第 i 次迭代的估计。请记住还要包括初始估计值。该函数还应返回一个数组 E，其中 E[i] 是 |f(R[i])| 的二分法的第 i 次迭代的值。当 E(i)<tol 时，函数应该终止迭代。假设 $sign(f(a)) \neq sign(f(b))$。

说明：输入 a 和 b 构成二分法的第一次迭代，因此，R 和 E 永远不应该为空。

测试用例：

```
In: f = lambda x: x**2 - 2
    [R, E] = my_bisection(f, 0, 2, 1e-1)
Out: R = [1, 1.5, 1.25, 1.375, 1.4375]
     E = [1, 0.25, 0.4375, 0.109375, 0.06640625]

In: f = lambda x: np.sin(x) - np.cos(x)
    [R, E] = my_bisection(f, 0, 2, 1e-2)
Out: R = [1, 0.5, 0.75, 0.875, 0.8125, 0.78125]
     E = [0.30116867893975674, 0.39815702328616975,
          0.05005010885048666, 0.12654664407270177,
          0.038323093040207645, 0.005866372111545948]
```

5. 编写一个返回 [R,E] 的函数 my_newton(f,df,x0,tol)，其中 f 是一个函数对象；df 是一个函数对象，它是 f 的导数，x0 是根的初始估计，tol 是一个严格的正标量。该函数应返回一个数组 R，其中 R[i] 是牛顿 – 拉夫森方法对 f 根的第 i 次迭代的估计。请记住还要包括初始估计值。该函数还应该返回一个数组 E，其中 E[i] 是 |f(R[i])| 的牛顿 – 拉夫森方法的第 i 次迭代的值。当 E(i)<tol 时，函数应该终止迭代。假设 f 的导数对于给定的任何测试用例，在任何迭代期间都不会达到 0。

测试用例：

```
In: f = lambda x: x**2 - 2
    df = lambda x: 2*x
    [R, E] = my_newton(f, df, 1, 1e-5)
Out: R = [1, 1.5, 1.4166666666666667, 1.4142156862745099]
     E = [1, 0.25, 0.006944444444444642, 6.007304882871267e-06]

In: f = lambda x: np.sin(x) - np.cos(x)
    df = lambda x: np.cos(x) + np.sin(x)
    [R, E] = my_newton(f, df, 1, 1e-5)
Out: R = [1, 0.782041901539138, 0.7853981759997019]
     E = [0.30116867893975674, 0.004746462127804163,
          1.7822277875723103e-08]
```

6. 思考从海上石油平台（离海岸线距离为 H）到陆地上的炼油厂（沿海岸距离为 L）建造管道的问题。当管道在海底时，建造管道的成本是 $C_{ocean/mile}$，当管道在陆地上时，成本是 $C_{land/mile}$。管道将沿直线朝向海岸建造，在那里它将会与在 0 和 L 之间的某个点 x 接触。它将沿着陆地上的海岸继续延伸，直到到达炼油厂。可参见下图。

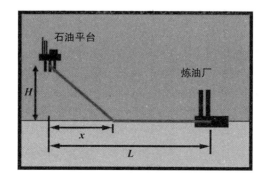

编写一个函数 my_pipe_builder(C_ocean,C_land,L,H)，其中输入参数如前所述，x 是使得管道总成本最小化的 x 值。从 $a=0$ 和 $b=L$ 的初始界限开始，使用二分法确定该值，使误差落在 1×10^{-6} 的公差范围内。

测试用例：

```
In: my_pipe_builder(20, 10, 100, 50)
Out: 28.867512941360474

In: my_pipe_builder(30, 10, 100, 50)
Out: 17.677670717239380

In: my_pipe_builder(30, 10, 100, 20)
Out: 7.071067392826080
```

7. 找到一个函数 $f(x)$ 并猜测其函数根，将根赋给 x_0，在 x_0 和 $-x_0$ 之间反复执行牛顿－拉夫森方法。

数 值 微 分

20.1　数值微分问题陈述

数值网格可以定义为在定义域（即自变量）上某个区间内的一组间隔均匀的点。数值网格的**间距**或**增长**是网格上相邻点之间的距离。就本文而言，如果 x 是数值网格，则 x_j 是数值网格中的第 j 个点，h 是 x_{j-1} 和 x_j 之间的间距。图 20.1 展示了一个数值网格的例子。

Python 中有许多函数可用于生成数值网格。对于一维的数值网格，使用 linspace 函数便足够，况且本书早已使用该函数创建过间隔均匀的数组。

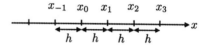

图 20.1　用于逼近函数的数值网格

在 Python 中，函数 $f(x)$ 可以通过在一个区间的网格上计算其值来表示。尽管函数本身可能是连续的，但这种**离散**或**离散化**的表示对于数值计算而言十分有用，并且符合在工程和科学实践中获得的数据集形式。具体来说，可能仅离散点处的函数值已知。例如，温度传感器可以以固定的时间间隔传递温度值。尽管描述温度随时间变化的函数是平滑的，但传感器仅提供离散的温度值，在这种特殊情况下，甚至可能不知道基础函数是什么。

无论 $f(x)$ 是解析函数还是解析函数的离散表示，我们都希望推导出在数值网格上近似 $f(x)$ 导数的方法，并确定其精度。

20.2　使用有限差分近似求导

函数 $f(x)$ 在 $x=a$ 处的导数 $f'(x)$ 定义为：

$$f'(a) = \lim_{x \to a} \frac{f(x) - f(a)}{x - a}$$

$x=a$ 处的导数是函数在该点的斜率。在该斜率的"有限差分"近似中，使用点 $x=a$ 的某个邻域内函数的值来近似求导。在不同应用中使用的有限差分公式有多种，下面给出使用两点的值来计算导数的 3 种公式。

前向差分公式使用 $(x_j, f(x_j))$ 和 $(x_{j+1}, f(x_{j+1}))$ 之间的连线来估计函数在 x_j 处的斜率：

$$f'(x_j) = \frac{f(x_{j+1}) - f(x_j)}{x_{j+1} - x_j}$$

后向差分公式使用 $(x_{j-1}, f(x_{j-1}))$ 和 $(x_j, f(x_j))$ 之间的连线来估计函数在 x_j 处的斜率：

$$f'(x_j) = \frac{f(x_j) - f(x_{j-1})}{x_j - x_{j-1}}$$

中心差分公式使用 $(x_{j-1}, f(x_{j-1}))$ 和 $(x_{j+1}, f(x_{j+1}))$ 之间的连线来估计函数在 x_j 处的斜率：

$$f'(x_j) = \frac{f(x_{j+1}) - f(x_{j-1})}{x_{j+1} - x_{j-1}}$$

图 20.2 展示了估计斜率所使用的这 3 个公式。

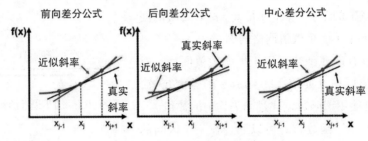

图 20.2   导数的有限差分近似

20.2.1   使用有限差分近似泰勒级数的导数

为了推导出函数导数的近似值，我们回到泰勒级数。对于任意函数 $f(x)$，它在点 $a = x_j$ 处的泰勒级数是：

$$f(x) = \frac{f(x_j)(x - x_j)^0}{0!} + \frac{f'(x_j)(x - x_j)^1}{1!} + \frac{f''(x_j)(x - x_j)^2}{2!} + \frac{f'''(x_j)(x - x_j)^3}{3!} + \cdots$$

如果 x 在间距为 h 的数值网格上，那么我们可以在 $x = x_{j+1}$ 处计算泰勒级数，获得：

$$f(x_{j+1}) = \frac{f(x_j)(x_{j+1} - x_j)^0}{0!} + \frac{f'(x_j)(x_{j+1} - x_j)^1}{1!} + \frac{f''(x_j)(x_{j+1} - x_j)^2}{2!} + \frac{f'''(x_j)(x_{j+1} - x_j)^3}{3!} + \cdots$$

代入 $h = x_{j+1} - x_j$，并求解 $f'(x_j)$ 得到方程：

$$f'(x_j) = \frac{f(x_{j+1}) - f(x_j)}{h} + \left(-\frac{f''(x_j)h}{2!} - \frac{f'''(x_j)h^2}{3!} - \cdots \right)$$

括号中的项，$-\dfrac{f''(x_j)h}{2!} - \dfrac{f'''(x_j)h^2}{3!} - \cdots$，称为 h 的**高阶项**。此高阶项可以改写为：

$$-\frac{f''(x_j)h}{2!} - \frac{f'''(x_j)h^2}{3!} - \cdots = h(\alpha + \epsilon(h))$$

其中 α 是一个常数，$\epsilon(h)$ 是 h 的函数，它随着 h 变为 0 而变为 0。可以使用代数来验证这个结论的正确性。通常情况下，我们使用缩写"$O(h)$"来表示 $h(\alpha+\epsilon(h))$，用"$O(h^p)$"来表示 $h^p(\alpha+\epsilon(h))$。

将 $O(h)$ 代入前面的方程得到：

$$f'(x_j) = \frac{f(x_{j+1}) - f(x_j)}{h} + O(h)$$

这里给出了近似导数的**前向差分公式**：

$$f'(x_j) \approx \frac{f(x_{j+1}) - f(x_j)}{h}$$

我们将此公式表示为 $O(h)$。

在这里，用 $O(h)$ 来描述近似导数的前向差分公式的**精度**。对于近似值 $O(h^p)$ 而言，我们将 p 表示为近似值精度的**阶数**。除少数个例外，高阶精度都优于低阶精度。为了说明这一点，假设 $q < p$。然后随着间距 h（比 0 大）趋近于 0，h^p 趋近于 0 的速度比 h^q 快。因此，当 h 趋近于 0 时，$O(h^p)$ 值的近似值能比 $O(h^q)$ 值的近似值更快地接近真实值。

通过在 $x=x_{j-1}$ 处围绕 $a=x_j$ 来计算泰勒级数并再次求解 $f'(x_j)$，我们得到**后向差分公式**：

$$f'(x_j) \approx \frac{f(x_j) - f(x_{j-1})}{h}$$

其精度也是 $O(h)$。请自行验证此结果。

显而易见，x_j 处导数的前向差分公式和后向差分公式分别是点 x_j 与点 x_{j+1} 之间和点 x_j 点 x_{j-1} 之间的斜率。

我们可以通过巧妙地处理不同点处的泰勒级数项来构造一个改进后的导数近似值。为了对此进行说明，我们在 x_{j+1} 和 x_{j-1} 处围绕 $a=x_j$ 来计算泰勒级数。把两个方程写出来为：

$$f(x_{j+1}) = f(x_j) + f'(x_j)h + \frac{1}{2}f''(x_j)h^2 + \frac{1}{6}f'''(x_j)h^3 + \cdots$$

和

$$f(x_{j-1}) = f(x_j) - f'(x_j)h + \frac{1}{2}f''(x_j)h^2 - \frac{1}{6}f'''(x_j)h^3 + \cdots$$

把上面的两个公式相减得到：

$$f(x_{j+1}) - f(x_{j-1}) = 2f'(x_j)h + \frac{2}{3}f'''(x_j)h^3 + \cdots$$

当求解 $f(x_j)$ 时，得到**中心差分公式**：

$$f'(x_j) \approx \frac{f(x_{j+1}) - f(x_{j-1})}{2h}$$

因为我们把那两个方程相减，所以含有 h 的项被抵消了。即使这需要与求前向差分公式和后向差分公式相同的计算量，但中心差分公式的精度为 $O(h^2)$！因此，中心差分公式自然就会有更高的精度。通常情况下，利用 x_j 周围对称点（如 x_{j-1} 和 x_{j+1}）求得的公式比利用非对称点求得的公式（如前向差分公式和后向差分公式）具有更高的精度。

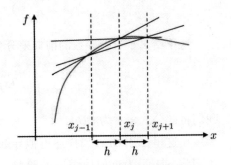

图 20.3 展示了函数 $f(x)$ 导数的 3 种近似：前向差分（连接 (x_j, y_j) 和 (x_{j+1}, y_{j+1}) 的线），后向差分（连接 (x_j, y_j) 和 (x_{j-1}, y_{j-1}) 的线），以及中心差分（连接 (x_{j-1}, y_{j-1}) 和 (x_{j+1}, y_{j+1}) 的线）。由此可以看出，根据增长 h 大小和函数性质的不同，斜率值的差异可能会有显著不同。

图 20.3　前向差分、后向差分和中心差分的图示。请注意斜率的差异取决于所使用的方法

尝试一下！ 取 f 围绕 $a = x_j$ 的泰勒级数，并计算在 $x = x_{j-2}$、x_{j-1}、x_{j+1}、x_{j+2} 处的级数。证明可以把所得到的方程组合起来形成 $f'(x_j)$ 的近似值，即 $O(h^4)$。

首先，计算指定点的泰勒级数：

$$f(x_{j-2}) = f(x_j) - 2hf'(x_j) + \frac{4h^2 f''(x_j)}{2} - \frac{8h^3 f'''(x_j)}{6} + \frac{16h^4 f''''(x_j)}{24} - \frac{32h^5 f'''''(x_j)}{120} + \cdots$$

$$f(x_{j-1}) = f(x_j) - hf'(x_j) + \frac{h^2 f''(x_j)}{2} - \frac{h^3 f'''(x_j)}{6} + \frac{h^4 f''''(x_j)}{24} - \frac{h^5 f'''''(x_j)}{120} + \cdots$$

$$f(x_{j+1}) = f(x_j) + hf'(x_j) + \frac{h^2 f''(x_j)}{2} + \frac{h^3 f'''(x_j)}{6} + \frac{h^4 f''''(x_j)}{24} + \frac{h^5 f'''''(x_j)}{120} + \cdots$$

$$f(x_{j+2}) = f(x_j) + 2hf'(x_j) + \frac{4h^2 f''(x_j)}{2} + \frac{8h^3 f'''(x_j)}{6} + \frac{16h^4 f''''(x_j)}{24} + \frac{32h^5 f'''''(x_j)}{120} + \cdots$$

为了确保含有 h^2、h^3 和 h^4 的项相互抵消，计算：

$$f(x_{j-2}) - 8f(x_{j-1}) + 8f(x_{j-1}) - f(x_{j+2}) = 12hf'(x_j) - \frac{48h^5 f'''''(x_j)}{120}$$

可以将其重新排列为：

$$f'(x_j) = \frac{f(x_{j-2}) - 8f(x_{j-1}) + 8f(x_{j-1}) - f(x_{j+2})}{12h} + O(h^4)$$

虽然该公式与中心差分公式相比在 x_j 处会得出更好的导数近似值，但其需要两倍的计算量。

提示！ Python 中有一个命令可用于直接计算有限差分：对于向量 f，命令 d ＝np.diff（f）可以输出一个数组 d，d 中的值是初始数组 f 中相邻元素的差值。换句话说，d(i) = f(i + 1)−f(i)。

警告！ 当使用命令 np.diff 时，输出数组的大小比输入数组的大小小 1，因为该命令需要两个参数才能产生一个差值。

示例： 思考一下函数 $f(x)=\cos(x)$。我们知道 $\cos(x)$ 的导数是 $-\sin(x)$，但在实际计算中可能不知道正在求解的基础函数的导数，这里使用简单的例子来说明上述数值微分方法及其精度。以下代码以数值方式来计算函数 $\cos(x)$ 的导数。

```python
In [1]: import numpy as np
        import matplotlib.pyplot as plt
        plt.style.use("seaborn-poster")
        %matplotlib inline

In [2]: # step size
        h = 0.1
        # define grid
        x = np.arange(0, 2*np.pi, h)
        # compute function
        y = np.cos(x)

        # compute vector of forward differences
        forward_diff = np.diff(y)/h
        # compute corresponding grid
        x_diff = x[:-1]
        # compute exact solution
        exact_solution = -np.sin(x_diff)

        # Plot solution
        plt.figure(figsize = (12, 8))
        plt.plot(x_diff, forward_diff, "-", \
                label = "Finite difference approximation")
        plt.plot(x_diff, exact_solution, label = "Exact solution")
        plt.legend()
        plt.show()

        # Compute max error between
        # numerical derivative and exact solution
        max_error = max(abs(exact_solution - forward_diff))
        print(max_error)
```

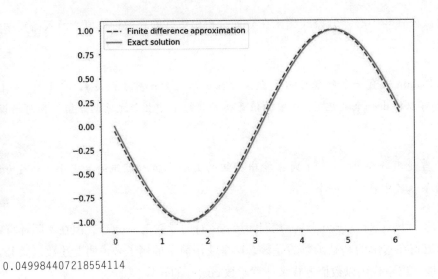

0.0499844407218554114

如上图所示，两条曲线之间存在小的偏移，这是数值求导计算中的数值误差造成的。两个数值结果之间的最大误差为 0.05 阶，并预计该误差会随着增长的增大而减小。

如前面的例子所示，有限差分法包含由于导数近似而导致的数值误差。这种差值随着离散化增长的增大而减小，如下例所示。

示例： 以下代码使用递减增长 h 的前向差分公式来计算 $f(x)=\cos(x)$ 的数值导数。然后绘制近似导数和真实导数之间的最大误差与 h 之间的关系，如生成的图所示。

```
In [3]: # define step size
        h = 1
        # define number of iterations to perform
        iterations = 20
        # list to store our step sizes
        step_size = []
        # list to store max error for each step size
        max_error = []

        for i in range(iterations):
            # halve the step size
            h /= 2
            # store this step size
            step_size.append(h)
            # compute new grid
            x = np.arange(0, 2 * np.pi, h)

            # compute function value at grid
            y = np.cos(x)
            # compute vector of forward differences
            forward_diff = np.diff(y)/h
            # compute corresponding grid
            x_diff = x[:-1]
```

```
    # compute exact solution
    exact_solution = -np.sin(x_diff)

    # Compute max error between
    # numerical derivative and exact solution
    max_error.append(max(abs(exact_solution - forward_diff)))

# produce log-log plot of max error versus step size
plt.figure(figsize = (12, 8))
plt.loglog(step_size, max_error, "v")
plt.show()
```

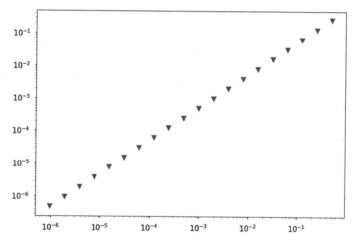

该线在 $\log - \log$ 空间中斜率为 1，故该误差与 h^1 成正比，也就是说，正如预期所料，前向差分公式的精度为 $O(h)$。

20.3 高阶导数的近似

使用泰勒级数也可以近似高阶导数（例如，$f''(x_j)$、$f'''(x_j)$ 等）。例如，围绕 $a = x_j$ 取泰勒级数，然后分别在 $x = x_{j-1}$ 和 x_{j+1} 处计算得到：

$$f(x_{j-1}) = f(x_j) - hf'(x_j) + \frac{h^2 f''(x_j)}{2} - \frac{h^3 f'''(x_j)}{6} + \cdots$$

和：

$$f(x_{j+1}) = f(x_j) + hf'(x_j) + \frac{h^2 f''(x_j)}{2} + \frac{h^3 f'''(x_j)}{6} + \cdots$$

将这两个方程相加，得到：

$$f(x_{j-1}) + f(x_{j+1}) = 2f(x_j) + h^2 f''(x_j) + \frac{h^4 f''''(x_j)}{24} + \cdots$$

经过一些重新排列，得到近似值：

$$f''(x_j) \approx \frac{f(x_{j+1}) - 2f(x_j) + f(x_{j-1})}{h^2}$$

即 $O(h^2)$。

20.4 带噪声的数值微分

如前所述，有时 f 是作为向量给出的，f 是另一个被网格化的向量 x 中独立数据值的对应函数值。有时数据可能会被**噪声**污染，也就是说它的值与根据纯数学函数计算得出的值会有很小的偏差。在工程实践中经常发生这种情况，这是测量设备的不精确性，或者数据本身可能会因相关系统之外的扰动而稍加波动造成的。例如，你正试图在喧哗的房间里听朋友讲话。信号 f 是你朋友讲话的强度和音调值，然而因为房间里很喧哗，所以你朋友讲话的声音里会伴随其他噪声，这让你难以听清你朋友讲话的内容。

为了说明这一点，我们用数值计算一个被小正弦波函数破坏的余弦波函数的导数。请思考以下两个函数：

$$f(x) = \cos(x)$$

和：

$$f_{\epsilon,\omega}(x) = \cos(x) + \epsilon \sin(\omega x)$$

其中 $0 < \epsilon \ll 1$ 是一个非常小的数，而 ω 是一个很大的数。当 ϵ 较小时，显然有 $f \approx f_{\epsilon,\omega}$。为了说明这一点，以 $\epsilon = 0.01$ 和 $\omega = 100$ 来绘制 $f_{\epsilon,\omega}(x)$，我们可以看到它的曲线非常接近 $f(x)$ 的曲线，如下图所示。

```
In [1]: import numpy as np
        import matplotlib.pyplot as plt
        plt.style.use("seaborn-poster")
        %matplotlib inline

In [2]: x = np.arange(0, 2*np.pi, 0.01)
        # compute function
        omega = 100
        epsilon = 0.01

        y = np.cos(x)
        y_noise = y + epsilon*np.sin(omega*x)

        # Plot solution
        plt.figure(figsize = (12, 8))
        plt.plot(x, y_noise, "r-", label = "cos(x) + noise")
        plt.plot(x, y, "b-", label = "cos(x)")

        plt.xlabel("x")
        plt.ylabel("y")
```

```
plt.legend()
plt.show()
```

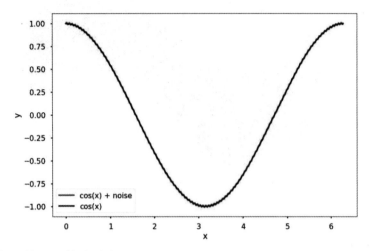

两个示例函数的导数分别为:

$$f'(x)=-\sin(x)$$

和

$$f'_{\epsilon,\omega}(x) = -\sin(x) + \epsilon\omega\cos(\omega x)$$

由于 ω 较大时 $\epsilon\omega$ 可能不是很小,因此噪声对导数造成的影响也可能不小。这样一来,导数(解析和数值)可能无法直接使用。例如,下图向我们展示了 ϵ =0.01 和 ω=100 时的 $f'(x)$ 和 $f'_{\epsilon,\omega}(x)$ 。

```
In [3]: x = np.arange(0, 2*np.pi, 0.01)
        # compute function
        y = -np.sin(x)
        y_noise = y + epsilon*omega*np.cos(omega*x)

        # Plot solution
        plt.figure(figsize = (12, 8))
        plt.plot(x, y_noise, "r-", label = "Derivative cos(x) + noise")
        plt.plot(x, y, "b-", label = "Derivative of cos(x)")

        plt.xlabel("x")
        plt.ylabel("y")

        plt.legend()
        plt.show()
```

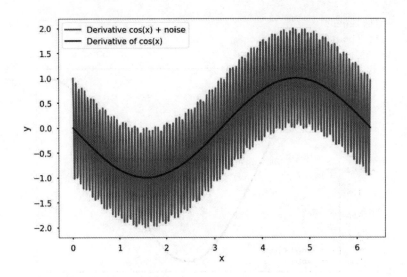

20.5 总结和习题

20.5.1 总结

1. 因为在工程应用中使用函数的显式推导有时比较复杂烦琐，所以数值方法在工程应用中更加适用。
2. 导数的数值近似可以在数值网格内使用有限差分来求。
3. 有限差分通过函数值在小区间上的差分比率来近似导数。
4. 根据所使用的方法，有限差分法具有不同的近似阶数。
5. 当数据含有噪声时，使用有限差分来近似导数会出现问题。

20.5.2 习题

1. 编写一个函数 my_der_calc(f,a,b,N,option)，输出为 [df,X]，其中 f 是一个函数对象，a 和 b 是标量，使得 a<b，N 是一个大于 10 的整数，option 是字符串 "forward"、"backward" 或 "central"。设 x 是一个从 a 开始，到 b 结束的数组，包含 N 个均匀间隔的元素，且令 y 是 f(x) 的数组 。输出参数 df 应该是根据输入参数 option 定义的方法来计算的 x 和 y 的数值导数。输出参数 X 应该是一个与 df 大小相同的数组，其中包含 x 中 df 有效的点。具体而言，前向差分 "丢失" 了最后一个点，后向差分丢失了第一个点，而中心差分丢失了首尾点。
2. 编写一个函数 my_num_diff(f,a,b,n,option)，输出为 [df,X]，其中 f 是一个函数对象。函数 my_num_diff 应该根据 option 定义的方法，对从 a 开始到 b 结束的 n 个均匀间隔的点以数值方式来计算 f 的导数。输入参数 option 是以下字符串之一："forward"、"backward" 和 "central"。请注意，对于前向差分和后向差分，输出参数 dy 应该是长度为 $n-1$ 的一维数组，对于中心差分的输出参数 dy 应该是长度为 $n-2$ 的一维数组。该函数还应该输出一个与 dy 大小相同的向量 X，用于表示对 dy 有效的 x 值。
测试用例：

```
x = np.linspace(0, 2*np.pi, 100)
f = lambda x: np.sin(x)
[dyf, Xf] = my_num_diff(f, 0, 2*np.pi, 10, "forward")
[dyb, Xb] = my_num_diff(f, 0, 2*np.pi, 10, "backward")
[dyc, Xc] = my_num_diff(f, 0, 2*np.pi, 10, "central")
plt.figure(figsize = (12, 8))
plt.plot(x, np.cos(x), label = "analytic")
plt.plot(Xf, dyf, label = "forward")
plt.plot(Xb, dyb, label = "backward")
plt.plot(Xc, dyc, label = "central")
plt.legend()
plt.title("Analytic and Numerical Derivatives of Sine")
plt.xlabel("x")
plt.ylabel("y")
plt.show()
```

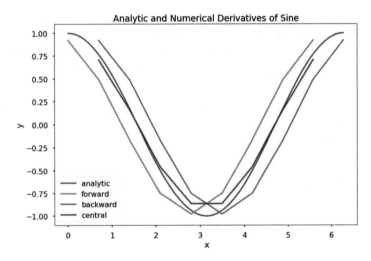

```
x = np.linspace(0, np.pi, 1000)
f = lambda x: np.sin(np.exp(x))
[dy10, X10] = my_num_diff(f, 0, np.pi, 10, "central")
[dy20, X20] = my_num_diff(f, 0, np.pi, 20, "central")
[dy100, X100] = my_num_diff(f, 0, np.pi, 100, "central")
plt.figure(figsize = (12, 8))
plt.plot(x, np.cos(np.exp(x)), label = "analytic")
plt.plot(X10, dy10, label = "10 points")
plt.plot(X20, dy20, label = "20 points")
plt.plot(X100, dy100, label = "100 points")
plt.legend()
plt.title("Analytic and Numerical Derivatives of Sine")
plt.xlabel("x")
plt.ylabel("y")
plt.show()
```

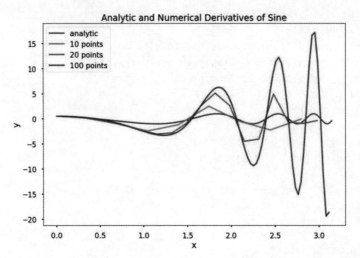

3. 编写一个函数 my_num_diff_w_smoothing(x,y,n)，输出为 [dy,X]，其中 x 和 y 是相同长度的一维 numpy 数组，n 是严格的正标量。该函数应首先创建一个"平滑"的 y 数据点向量，其中 y_smooth[i]=np.mean(y[i-n:i+n])。然后，该函数应使用中心差分计算 dy，即平滑后的 y 向量的导数。该函数还应输出一个与 dy 大小相同的一维数组 X，用于表示对 dy 有效的 x 值。

假设 x 中包含的数据按升序排列，且没有重复条目，那么 x 的元素可能不会均匀分布。请注意，输出 dy 将比 y 少 2*n*+2 个点。假设 y 的长度远大于 2*n*+2。

测试用例：

```
x = np.linspace(0, 2*np.pi, 100)
y = np.sin(x) + np.random.randn(len(x))/100
[dy, X] = my_num_diff_w_smoothing(x, y, 4)
plt.figure(figsize = (12, 12))
plt.subplot(211)
plt.plot(x, y)
plt.title("Noisy Sine function")
plt.xlabel("x")
plt.ylabel("y")
plt.subplot(212)
plt.plot(x, np.cos(x), "b", label = "cosine")
plt.plot(x[:-1], (y[1:] - y[:-1])/(x[1]-x[0]), "g", \
    label = "unsmoothed forward diff")
plt.plot(X, dy, "r", label = "smoothed")
plt.title("Analytic Derivative and Smoothed Derivative")
plt.xlabel("x")
plt.ylabel("y")
plt.legend()
plt.tight_layout()
plt.show()
```

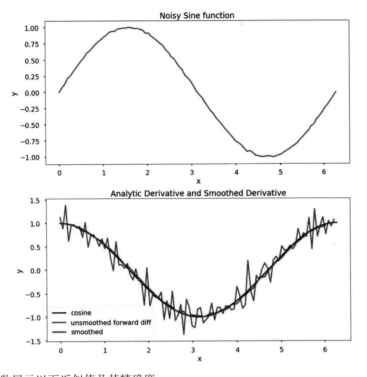

4. 使用泰勒级数展示以下近似值及其精确度：

$$f''(x_j) = \frac{-f(x_{j+3}) + 4f(x_{j+2}) - 5f(x_{j+1}) + 2f(x_j)}{h^2} + O(h^2)$$

$$f'''(x_j) = \frac{f(x_{j+3}) - 3f(x_{j+2}) + 3f(x_{j+1}) - f(x_j)}{h^3} + O(h)$$

数 值 积 分

21.1 数值积分问题陈述

数值积分问题是给定一个函数 $f(x)$ 后，近似 $f(x)$ 在整个**区间** $[a,b]$ 上的积分。图 21.1 为积分区域图示。为了达到这个目的，我们假设已经把区间 $[a,b]$ 离散化为一个数值网格 x，它由 $n+1$ 个点组成，间距为 $h=\dfrac{b-a}{n}$。在这里，我们用 x_i 表示 x 中的每个点，其中 $x_0=a$，$x_n=b$。请注意，之所以有 $n+1$ 个网格点，是因为计数是从 x_0 开始的。假设可以用函数 $f(x)$ 计算网格中任意一点的函数值，或者我们已经默认将函数指定为 $f(x_i)$。区间 $[x_i,x_{i+1}]$ 称为**子区间**。

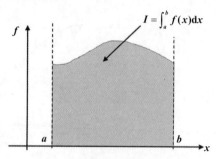

图 21.1 积分区域图示。函数 f 从 a 到 b 的积分是曲线下方区域的面积（灰色阴影）

后面几节给出了一些最常见的近似 $\int_a^b f(x)\mathrm{d}x$ 的入门级方法。每种方法都拿易于计算其精确面积的形状来近似 $f(x)$ 在单个子区间上的积分区域，然后对所有子区间上形状的面积值求和。

21.2 黎曼积分

近似积分最简单的方法是对每个子区间上定义的矩形面积求和。矩形的宽度为 $x_{i+1}-x_i=h$，高度则由子区间中某个点 x 的函数值 $f(x)$ 来确定。一个明确的选择是使用左端点 x_i 或右端点 x_{i+1} 处的函数值作为矩形的高度，因为即使函数本身是未知的也可以使用这些值。此方法给出了**黎曼积分**近似值，即：

$$\int_a^b f(x)\mathrm{d}x \approx \sum_{i=0}^{n-1} h f(x_i)$$

或

$$\int_a^b f(x)\mathrm{d}x \approx \sum_{i=1}^{n} h f(x_i)$$

具体用哪个取决于选择左端点的函数值还是右端点的函数值作为子区间高度。

与数值微分一样，我们想要表征精度如何随着 h 的减小而提高。为了证实这个特性，我们首先根据泰勒级数来重写 $f(x)$ 在任意子区间上的积分。$f(x)$ 在 $a = x_i$ 处的泰勒级数是：

$$f(x) = f(x_i) + f'(x_i)(x - x_i) + \cdots$$

因此：

$$\int_{x_i}^{x_{i+1}} f(x)\mathrm{d}x = \int_{x_i}^{x_{i+1}} \left(f(x_i) + f'(x_i)(x - x_i) + \cdots \right) \mathrm{d}x$$

用泰勒级数来代替函数。根据积分的性质，我们可将上述等式的右侧重新排列为以下形式：

$$\int_{x_i}^{x_{i+1}} f(x_i)\mathrm{d}x + \int_{x_i}^{x_{i+1}} f'(x_i)(x - x_i)\mathrm{d}x + \cdots$$

分别计算每个积分会得到近似值：

$$\int_{x_i}^{x_{i+1}} f(x)\mathrm{d}x = hf(x_i) + \frac{h^2}{2}f'(x_i) + O(h^3)$$

即：

$$\int_{x_i}^{x_{i+1}} f(x)\mathrm{d}x = hf(x_i) + O(h^2)$$

由于 $hf(x_i)$ 项是我们对单个子区间的黎曼积分近似，因此单个区间上的黎曼积分近似误差为 $O(h^2)$。

如果我们对全部黎曼和的误差 $O(h^2)$ 求和，那么会得到 $nO(h^2)$。n 和 h 之间的关系是

$$h = \frac{b-a}{n}$$

因此我们的总误差在整个区间内变为 $\frac{b-a}{h}O(h^2) = O(h)$。所以整体的数值误差为 $O(h)$。

中点法则将每个子区间 x_i 和 x_{i+1} 之间中点处的函数值作为矩形的高度，为了表达严谨，我们将中点表示为 $y_i = \frac{x_{i+1} + x_i}{2}$。中点公式为：

$$\int_a^b f(x)\mathrm{d}x \approx \sum_{i=0}^{n-1} hf(y_i)$$

与黎曼积分类似，我们取 $f(x)$ 在 y_i 处的泰勒级数，即：

$$f(x) = f(y_i) + f'(y_i)(x - y_i) + \frac{f''(y_i)(x - y_i)^2}{2!} + \cdots$$

那么一个子区间上的积分是：

$$\int_{x_i}^{x_{i+1}} f(x)\mathrm{d}x = \int_{x_i}^{x_{i+1}} \left(f(y_i) + f'(y_i)(x - y_i) + \frac{f''(y_i)(x - y_i)^2}{2!} + \cdots \right)\mathrm{d}x$$

根据积分性质重新排列得到：

$$\int_{x_i}^{x_{i+1}} f(x)\mathrm{d}x = \int_{x_i}^{x_{i+1}} f(y_i)\mathrm{d}x + \int_{x_i}^{x_{i+1}} f'(y_i)(x - y_i)\mathrm{d}x + \int_{x_i}^{x_{i+1}} \frac{f''(y_i)(x - y_i)^2}{2!}\mathrm{d}x + \cdots$$

因为 x_i 和 x_{i+1} 关于 y_i 对称，所以 $\int_{x_i}^{x_{i+1}} f'(y_i)(x - y_i)\mathrm{d}x = 0$。对于任意奇数 p，$(x - y_i)^p$ 的积分值均为 0。对于 $(x - y_i)^p$ 的积分值（p 为偶数），即 $\int_{x_i}^{x_{i+1}} (x - y_i)^p \mathrm{d}x = \int_{-\frac{h}{2}}^{\frac{h}{2}} x^p \mathrm{d}x$，将导致 h^{p+1} 的某些倍数不含有 h 的低次幂。

利用这些理论将 $f(x)$ 的积分表达式转化为：

$$\int_{x_i}^{x_{i+1}} f(x)\mathrm{d}x = hf(y_i) + O(h^3)$$

由于 $hf(y_i)$ 是子区间上积分的近似值，因此中点法则在一个子区间上的精确度为 $O(h^3)$。使用与黎曼积分类似的参数，我们会得到中点法则在整个区间上的精确度为 $O(h^2)$。由于中点法则需要与黎曼积分相同的计算次数，因此我们实质上会获得额外的精确度阶数。但是，如果 $f(x_i)$ 是以数据点的形式给出，那么我们将无法用此积分方法来计算 $f(y_i)$。

尝试一下！ 使用左右黎曼积分以及中点法则，在整个区间内用 11 个间隔均匀的网格点来近似 $\int_0^\pi \sin(x)\mathrm{d}x$。再将此近似值与精确值 2 进行比较。

```
In [1]: import numpy as np

        a = 0
        b = np.pi
        n = 11
        h = (b - a) / (n - 1)
        x = np.linspace(a, b, n)
        f = np.sin(x)

        I_riemannL = h * sum(f[:n-1])
        err_riemannL = 2 - I_riemannL

        I_riemannR = h * sum(f[1::])
        err_riemannR = 2 - I_riemannR

        I_mid = h * sum(np.sin((x[:n-1] + x[1:])/2))
        err_mid = 2 - I_mid

        print(I_riemannL)
        print(err_riemannL)
```

```
print(I_riemannR)
print(err_riemannR)

print(I_mid)
print(err_mid)
```

```
1.9835235375094546
0.01647646249054535
1.9835235375094546
0.01647646249054535
2.0082484079079745
-0.008248407907974542
```

21.3 梯形法则

梯形法则是将梯形拟合到每个子区间中，并对梯形的面积求和以近似总积分。使

用梯形法则对任意函数进行积分近似的图
示如图 21.2 所示。对于每个子区间，用梯
形 法 则 计 算 以 $(x_i, 0)$、$(x_{i+1}, 0)$、$(x_i, f(x_i))$
和 $(x_{i+1}, f(x_{i+1}))$ 为 顶 点 的 梯 形 的 面 积，即
$h\dfrac{f(x_i) + f(x_{i+1})}{2}$。因此，梯形法则根据表达式：

$$\int_a^b f(x)\mathrm{d}x \approx \sum_{i=0}^{n-1} h\frac{f(x_i) + f(x_{i+1})}{2}$$

来近似积分。

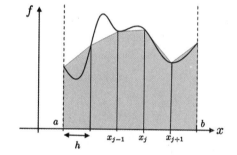

图 21.2 用梯形面积求积分过程的说明。曲
线下方区域的面积由近似函数的梯
形面积之和来近似

尝试一下！ 你可能会注意到梯形法则"重复
计算"了序列中的大多数项。为了说明这一
事实，请思考梯形法则表达式的展开：

$$\sum_{i=0}^{n-1} h\frac{f(x_i) + f(x_{i+1})}{2} = \frac{h}{2}[(f(x_0) + f(x_1)) + (f(x_1) + f(x_2)) + (f(x_2)$$
$$+ f(x_3)) + \cdots + (f(x_{n-1}) + f(x_n))]$$

如果直接计算这个展开式，那么会增加许多对 $f(x)$ 的额外添加和调用。我们可以
使用以下表达式来提高计算效率：

$$\int_a^b f(x)\mathrm{d}x \approx \frac{h}{2}\left(f(x_0) + 2\sum_{i=1}^{n-1} f(x_i) + f(x_n)\right)$$

为了确定使用梯形法则近似积分的准确性，我们首先对 $f(x)$ 在 $y_i = \dfrac{x_{i+1} + x_i}{2}$ 处进行泰
勒级数展开，其中 y_i 是 x_i 和 x_{i+1} 之间的中点。该泰勒级数展开式是：

$$f(x) = f(y_i) + f'(y_i)(x - y_i) + \frac{f''(y_i)(x - y_i)^2}{2!} + \cdots$$

计算 x_i 和 x_{i+1} 处的泰勒级数并结合 $x_i - y_i = -\dfrac{h}{2}$ 和 $x_{i+1} - y_i = \dfrac{h}{2}$ 推导出以下表达式:

$$f(x_i) = f(y_i) - \frac{hf'(y_i)}{2} + \frac{h^2 f''(y_i)}{8} - \cdots$$

和

$$f(x_{i+1}) = f(y_i) + \frac{hf'(y_i)}{2} + \frac{h^2 f''(y_i)}{8} + \cdots$$

取上述两个表达式相加后的平均值得出新的表达式为:

$$\frac{f(x_{i+1}) + f(x_i)}{2} = f(y_i) + O(h^2)$$

对这个表达式求解 $f(y_i)$ 会得到:

$$f(y_i) = \frac{f(x_{i+1}) + f(x_i)}{2} + O(h^2)$$

现在回到 $f(x)$ 的泰勒级数展开式, 则 $f(x)$ 在一个子区间上的积分是:

$$\int_{x_i}^{x_{i+1}} f(x)\mathrm{d}x = \int_{x_i}^{x_{i+1}} \left(f(y_i) + f'(y_i)(x - y_i) + \frac{f''(y_i)(x - y_i)^2}{2!} + \cdots \right) \mathrm{d}x$$

根据积分性质对此表达式进行重新排列后的结果为:

$$\int_{x_i}^{x_{i+1}} f(x)\mathrm{d}x = \int_{x_i}^{x_{i+1}} f(y_i)\mathrm{d}x + \int_{x_i}^{x_{i+1}} f'(y_i)(x - y_i)\mathrm{d}x + \int_{x_i}^{x_{i+1}} \frac{f''(y_i)(x - y_i)^2}{2!}\,\mathrm{d}x + \cdots$$

由于 x_i 和 x_{i+1} 关于 y_i 对称, 因此 $(x-y_i)^p$ 的奇数次幂的积分为 0, 偶数次幂则分解为多个 h^{p+1}:

$$\int_{x_i}^{x_{i+1}} f(x)\mathrm{d}x = hf(y_i) + O(h^3)$$

如果我们用由 $f(x_i)$ 和 $f(x_{i+1})$ 直接推导出的表达式替换 $f(y_i)$, 那么将得到:

$$\int_{x_i}^{x_{i+1}} f(x)\mathrm{d}x = h\left(\frac{f(x_{i+1}) + f(x_i)}{2} + O(h^2) \right) + O(h^3)$$

其等价于:

$$h\left(\frac{f(x_{i+1}) + f(x_i)}{2} \right) + hO(h^2) + O(h^3)$$

和

$$\int_{x_i}^{x_{i+1}} f(x)\mathrm{d}x = h\left(\frac{f(x_{i+1}) + f(x_i)}{2} \right) + O(h^3)$$

由于 $\dfrac{h}{2}(f(x_{i+1}) + f(x_i))$ 是子区间积分的梯形法则近似值, 因此单个子区间用梯形法则

求积分的精确度为 $O(h^3)$ ，整个区间的精确度为 $O(h^2)$ 。

尝试一下！ 使用梯形法则在整个区间内用 11 个间隔均匀的网格点来近似 $\int_0^\pi \sin(x)\mathrm{d}x$ 。再将此近似值与精确值 2 进行比较。

```
In [1]: import numpy as np

        a = 0
        b = np.pi
        n = 11
        h = (b - a) / (n - 1)
        x = np.linspace(a, b, n)
        f = np.sin(x)

        I_trap = (h/2)*(f[0] + 2 * sum(f[1:n-1]) + f[n-1])
        err_trap = 2 - I_trap

        print(I_trap)
        print(err_trap)

1.9835235375094546
0.01647646249054535
```

21.4　辛普森法则

思考两个连续的子区间，即 $[x_{i-1}, x_i]$ 和 $[x_i, x_{i+1}]$ 。**辛普森法则**通过点 $(x_{i-1}, f(x_{i-1}))$ 、$(x_i, f(x_i))$ 和 $(x_{i+1}, f(x_{i+1}))$ 拟合一个二次多项式（该多项式是唯一多项式）来近似 $f(x)$ 在这两个子区间上的面积，然后再对二次多项式进行精确积分。图 21.3 给出了使用辛普森法则对任意函数进行积分近似的图示。

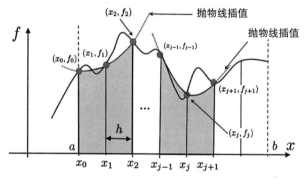

图 21.3　辛普森积分公式的说明。将离散点按三个分为一组，并通过典型的插值多项式在三个点之间拟合一条抛物线。曲线下区域的面积近似于抛物线下区域的面积

首先，我们要在两个子区间上构造函数的二次多项式逼近。构造该多项式最简单的方法是使用我们在第 17 章中讨论过的拉格朗日多项式。通过使用构造拉格朗日多项式的公式，我们得到：

$$P_i(x) = f(x_{i-1})\frac{(x-x_i)(x-x_{i+1})}{(x_{i-1}-x_i)(x_{i-1}-x_{i+1})} + f(x_i)\frac{(x-x_{i-1})(x-x_{i+1})}{(x_i-x_{i-1})(x_i-x_{i+1})}$$

$$+ f(x_{i+1})\frac{(x-x_{i-1})(x-x_i)}{(x_{i+1}-x_{i-1})(x_{i+1}-x_i)}$$

并通过替换 h 得到:

$$P_i(x) = \frac{f(x_{i-1})}{2h^2}(x-x_i)(x-x_{i+1}) - \frac{f(x_i)}{h^2}(x-x_{i-1})(x-x_{i+1}) + \frac{f(x_{i+1})}{2h^2}(x-x_{i-1})(x-x_i)$$

可以确定的是该多项式曲线与其期望点相交。通过一些代数和运算,得出 $P_i(x)$ 在这两个子区间上的积分为:

$$\int_{x_{i-1}}^{x_{i+1}} P_i(x)\mathrm{d}x = \frac{h}{3}\big(f(x_{i-1}) + 4f(x_i) + f(x_{i+1})\big)$$

由于 $P_i(x)$ 跨越了两个子区间,因此我们必须对 $P_i(x)$ 在所有子区间上的积分求和,以逼近函数在区间 $[a,b]$ 上的积分。用 $\frac{h}{3}(f(x_{i-1}) + 4f(x_i) + f(x_{i+1}))$ 代替 $P_i(x)$ 的积分,并重新组合有效系数项得到公式:

$$\int_a^b f(x)\mathrm{d}x \approx \frac{h}{3}\left[f(x_0) + 4\sum_{i=1,i为奇}^{n-1} f(x_i) + 2\sum_{i=2,i为偶}^{n-2} f(x_i) + f(x_n) \right]$$

重组过程如图 21.4 所示。

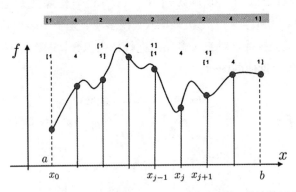

图 21.4 通过辛普森法则在整个区间 $[a,b]$ 上逼近函数 f 的计数过程的说明

提示！请注意,在使用辛普森法则时,**必须**有偶数个区间,因此就必须有奇数个网格点。

为了计算辛普森法则的精确度,我们采用 $f(x)$ 在 x_i 处的泰勒级数近似值,即:

$$f(x) = f(x_i) + f'(x_i)(x-x_i) + \frac{f''(x_i)(x-x_i)^2}{2!} + \frac{f'''(x_i)(x-x_i)^3}{3!} + \frac{f''''(x_i)(x-x_i)^4}{4!} + \cdots$$

计算 $f(x)$ 在 x_{i-1} 和 x_{i+1} 处的泰勒级数,并在适当的情况下用 h 替换部分内容,得出表达式：

$$f(x_{i-1}) = f(x_i) - hf'(x_i) + \frac{h^2 f''(x_i)}{2!} - \frac{h^3 f'''(x_i)}{3!} + \frac{h^4 f''''(x_i)}{4!} - \cdots$$

和

$$f(x_{i+1}) = f(x_i) + hf'(x_i) + \frac{h''(x_i)}{2!} + \frac{h^3 f'''(x_i)}{3!} + \frac{h^4 f''''(x_i)}{4!} + \cdots$$

思考表达式 $\dfrac{f(x_{i-1}) + 4f(x_i) + f(x_{i+1})}{6}$。将相应的数值代入泰勒级数中，得到方程：

$$\frac{f(x_{i-1}) + 4f(x_i) + f(x_{i+1})}{6} = f(x_i) + \frac{h^2}{6} f''(x_i) + \frac{h^4}{72} f''''(x_i) + \cdots$$

请注意，表达式中的奇数项相互抵消，这意味着：

$$f(x_i) = \frac{f(x_{i-1}) + 4f(x_i) + f(x_{i+1})}{6} - \frac{h^2}{6} f''(x_i) + O(h^4)$$

通过将 $f(x)$ 替换为其泰勒级数，$f(x)$ 在两个子区间上的积分表达式变为：

$$\int_{x_{i-1}}^{x_{i+1}} f(x)\mathrm{d}x = \int_{x_{i-1}}^{x_{i+1}} \left(\begin{array}{l} f(x_i) + f'(x_i)(x-x_i) + \dfrac{f''(x_i)(x-x_i)^2}{2!} \\ + \dfrac{f'''(x_i)(x-x_i)^3}{3!} + \dfrac{f''''(x_i)(x-x_i)^4}{4!} + \cdots \end{array} \right)\mathrm{d}x$$

我们再次重新排列积分，并删除具有奇数次幂项的积分（因为它们的值为 0），从而得到：

$$\int_{x_{i-1}}^{x_{i+1}} f(x)\mathrm{d}x = \int_{x_{i-1}}^{x_{i+1}} f(x_i)\mathrm{d}x + \int_{x_{i-1}}^{x_{i+1}} \frac{f''(x_i)(x-x_i)^2}{2!}\mathrm{d}x + \int_{x_{i-1}}^{x_{i+1}} \frac{f''''(x_i)(x-x_i)^4}{4!}\mathrm{d}x + \cdots$$

此时我们计算积分，很快便会明白在计算表达式第二项的积分时确实有优势。由此得到等式：

$$\int_{x_{i-1}}^{x_{i+1}} f(x)\mathrm{d}x = 2hf(x_i) + \frac{h^3}{3} f''(x_i) + O(h^5)$$

将前面推导出的 $f(x_i)$ 的表达式代入该等式，则等式的右边变为：

$$2h\left(\frac{f(x_{i-1}) + 4f(x_i) + f(x_{i+1})}{6} - \frac{h^2}{6} f''(x_i) + O(h^4) \right) + \frac{h^3}{3} f''(x_i) + O(h^5)$$

可将其重新排列为：

$$\left[\frac{h}{3} \big(f(x_{i-1}) + 4f(x_i) + f(x_{i+1}) \big) - \frac{h^3}{3} f''(x_i) + O(h^5) \right] + \frac{h^3}{3} f''(x_i) + O(h^5)$$

抵消及合并同类项得出积分表达式：

$$\int_{x_{i-1}}^{x_{i+1}} f(x)\mathrm{d}x = \frac{h}{3}\big(f(x_{i-1})+4f(x_i)+f(x_{i+1})\big)+O(h^5)$$

$\frac{h}{3}\big(f(x_{i-1})+4f(x_i)+f(x_{i+1})\big)$ 正是这个子区间上函数积分的辛普森法则近似值，这个等式也意味着辛普森法则在单个子区间上的精确度为 $O(h^5)$，而在整个区间上的精确度为 $O(h^4)$。因为含有 h^3 的项被完全抵消了，所以辛普森法则获得了两个数量级的精确度！

尝试一下！ 使用辛普森法则在整个区间内用 11 个间隔均匀的网格点来逼近 $\int_0^\pi \sin(x)\mathrm{d}x$。再将此近似值与精确值 2 进行比较。

```
In [1]: import numpy as np

        a = 0
        b = np.pi
        n = 11
        h = (b - a) / (n - 1)
        x = np.linspace(a, b, n)
        f = np.sin(x)

        I_simp = (h/3) * (f[0] + 2*sum(f[:n-2:2]) + 4*sum(f[1:n-1:2]) + f[n-1])
        err_simp = 2 - I_simp

        print(I_simp)
        print(err_simp)
2.0001095173150043
-0.00010951731500430384
```

21.5　在 Python 中计算积分

scipy.integrate 子包就有几个可以计算积分的函数。函数 trapz 将数值网格 x 上计算的函数值 f 的数组作为输入参数。

尝试一下！ 使用 trapz 函数在整个区间内用 11 个间隔均匀的网格点来逼近 $\int_0^\pi \sin(x)\mathrm{d}x$。将此近似值与在前面示例中使用梯形法则计算出的近似值进行比较。

```
In [1]: import numpy as np
        from scipy.integrate import trapz

        a = 0
        b = np.pi
        n = 11
        h = (b - a) / (n - 1)
        x = np.linspace(a, b, n)
        f = np.sin(x)

        I_trapz = trapz(f,x)
        I_trap = (h/2)*(f[0] + 2 * sum(f[1:n-1]) + f[n-1])
```

```
        print(I_trapz)
        print(I_trap)
```

1.9835235375094542
1.9835235375094546

有时我们需要知道累积积分，即 $F(X) = \int_{x_0}^{X} f(x)\mathrm{d}x$ 的近似值。为此，使用 cumtrapz 函数十分有用，其输入参数与 trapz 的相同。

尝试一下！ 使用 cumtrapz 函数逼近 $f(x)=\sin(x)$ 从 0 到 π 的累积积分，其中离散化增长为 0.01 。此积分的精确解是 $F(x)=\sin(x)$ 。请绘制结果。

```
In [2]: from scipy.integrate import cumtrapz
        import matplotlib.pyplot as plt
%matplotlib inline
plt.style.use("seaborn-poster")

x = np.arange(0, np.pi, 0.01)
F_exact = -np.cos(x)
F_approx = cumtrapz(np.sin(x), x)

plt.figure(figsize = (10,6))
plt.plot(x, F_exact)
plt.plot(x[1::], F_approx)
plt.grid()
plt.tight_layout()
plt.title("$F(x) = \int_0^{x} sin(y) dy$")
plt.xlabel("x")
plt.ylabel("f(x)")
plt.legend(["Exact with Offset", "Approx"])
plt.show()
```

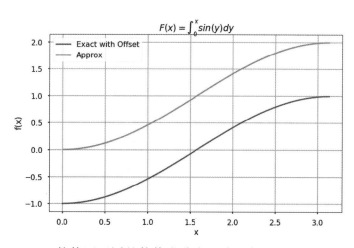

quad(f,a,b) 函数使用不同的数值微分方法来近似积分，quad 用于对由函数对象 f 定义的函数从 a 到 b 进行积分。

尝试一下! 使用 `integrate.quad` 函数计算 $\int_0^\pi \sin(x)\mathrm{d}x$。将得出的值与精确值 2 进行比较。

```
In [3]: from scipy.integrate import quad

        I_quad, est_err_quad = quad(np.sin, 0, np.pi)
        print(I_quad)

        err_quad = 2 - I_quad
        print(est_err_quad, err_quad)

2.0
2.220446049250313e-14 0.0
```

21.6　总结和习题

21.6.1　总结

1. 求函数的显式积分通常不可行或不方便,必须使用数值方法代替直接求。

2. 黎曼积分、梯形法则和辛普森法则是逼近积分的常用方法。

3. 每种逼近积分的常用方法都有一个精确度等级,这取决于函数曲线下方区域面积的近似值。

21.6.2　习题

1. 编写一个函数 my_int_calc(f,f0,a,b,N,option),其中 f 是一个函数对象,a 和 b 是标量,使得 a<b,N 是一个正整数,option 是字符串 "rect"、"trap" 或 "simp"。设 x 是一个从 a 开始到 b 结束的数组,其包含 N 个间隔均匀的元素。输出参数 I 是 f(x) 积分的近似值,初始条件 f0 根据输入参数 option 来计算。

2. 编写一个函数 my_poly_int(x,y),其中 x 和 y 是大小相同的一维数组,并且 x 的元素是唯一的且按升序排列。函数 my_poly_int 应该完成:(1)计算通过 x 和 y 定义的所有点的拉格朗日多项式;(2)返回由 x 和 y 定义的曲线下区域面积的近似值 I,其被定义为拉格朗日插值多项式的解析积分。

3. 在什么情况下 my_poly_int 会比梯形法则更不适用?

4. 编写一个函数 my_num_calc(f,a,b,n,option),其输出 I 为函数对象 f 在从 a 开始到 b 结束的 n 个间隔均匀的网格点上计算得出的数值积分。使用的积分方法应是 option 定义的以下字符串之一:"rect"、"trap" 或 "simp"。对于矩形方法(黎曼积分),用作计算矩形面积的函数值应从子区间的右端点处获取。假设 n 是奇数。

警告:在编写循环时,请注意 x 的下标是从 x_0 而不是从 x_1 开始。奇偶指数将被反转。此外,辛普森法则中给出的 n (即输入参数 n)表示的是子区间的数量,而不是指定的点数。

测试用例:

```
In: f = lambda x: x**2
    my_num_int(f, 0, 1, 3, "rect")
Out: 0.625

In: my_num_int(f, 0, 1, 3, "trap")
Out: 0.375
```

```
In: my_num_int(f, 0, 1, 3, "simp")
Out: 0.3333333333333333

In: f = lambda x: np.exp(x**2)
    my_num_int(f, -1, 1, 101, "simp")
Out: 2.9253035883926493

In: my_num_int(f, -1, 1, 10001, "simp")
Out: 2.925303491814364

In: my_num_int(f, -1, 1, 100001, "simp")
Out: 2.9253034918143634
```

5. 前一章论证了一些函数可以表示为多项式的无穷和（即泰勒级数）这一观点。对于其他函数，尤其是周期函数，则可以写成正弦波函数和余弦波函数的无穷和。对于这些函数，有：

$$f(x) = \frac{A_0}{2} + \sum_{n=1}^{\infty} A_n \cos(nx) + B_n \sin(nx)$$

能够看出，可以使用以下公式来计算 A_n 和 B_n 的值：

$$A_n = \frac{1}{\pi} \int_{-\pi}^{\pi} f(x) \cos(nx) \mathrm{d}x$$

$$B_n = \frac{1}{\pi} \int_{-\pi}^{\pi} f(x) \sin(nx) \mathrm{d}x$$

就像泰勒级数一样，可以通过在 $n=N$ 处截断傅里叶级数来逼近函数。傅里叶级数可以用来逼近一些特别复杂的函数，如阶梯函数，它们构成了许多工程应用的基础，比如信号处理。编写一个带有输出 [An,Bn] 的函数 my_fourier_coef(f,n)，其中 f 是一个以 2π 为周期的函数对象。函数 my_fourier_coef 应该计算出函数 f 的第 n 个傅里叶系数 An 和 Bn（由前面给出的两个公式定义）。使用 quad 函数计算积分。

测试用例：

使用以下绘图函数绘制函数的解析值和采用傅里叶级数得到的近似值。

```
def plot_results(f, N):
    x = np.linspace(-np.pi, np.pi, 10000)
    [A0, B0] = my_fourier_coef(f, 0)
    y = A0*np.ones(len(x))/2
    for n in range(1, N):
        [An, Bn] = my_fourier_coef(f, n)
        y += An*np.cos(n*x)+Bn*np.sin(n*x)
    plt.figure(figsize = (10,6))
    plt.plot(x, f(x), label = "analytic")
    plt.plot(x, y, label = "approximate")
    plt.xlabel("x")
    plt.ylabel("y")
    plt.grid()
    plt.legend()
    plt.title(f"{N}th Order Fourier Approximation")
```

```
    plt.show()

f = lambda x: np.sin(np.exp(x))
N = 2
plot_results(f, N)
```

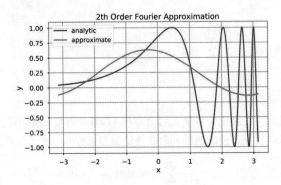

```
N = 2
plot_results(f, N)
```

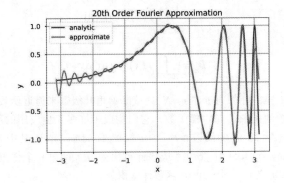

```
f = lambda x: np.mod(x, np.pi/2)
N = 5
plot_results(f, N)
```

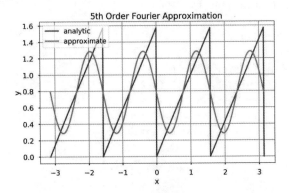

```
N = 20
plot_results(f, N)
```

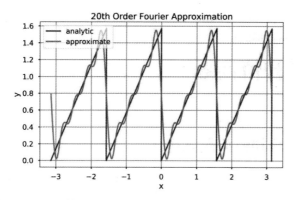

```
f = lambda x: (x > -np.pi/2) & (x < np.pi/2)
N = 2
plot_results(f, N)
```

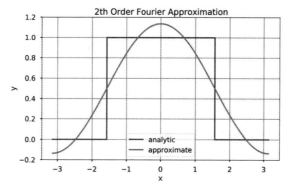

```
N = 20
plot_results(f, N)
```

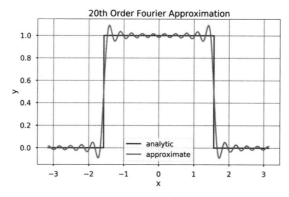

6. 对于间距为 h 的数值网格，用布尔法则近似积分：

$$\int_{x_i}^{x_{i+4}} f(x)\mathrm{d}x \approx \frac{3h}{90}\left[7f(x_i)+32f(x_{i+1})+12f(x_{i+2})+32f(x_{i+3})+7f(x_{i+4})\right]$$

证明使用布尔法则在单个子区间上近似积分的精确度是 $O(h^7)$。

常微分方程初值问题

22.1　常微分方程初值问题陈述

微分方程描述的是函数 $f(x)$、其自变量 x 及函数的任意阶导数之间的关系。**常微分方程（ODE）**是函数的自变量及导数在一维上的微分方程。出于本书的目的，我们假设常微分方程写为：

$$F\left(x, f(x), \frac{\mathrm{d}f(x)}{\mathrm{d}x}, \frac{\mathrm{d}^2 f(x)}{\mathrm{d}x^2}, \frac{\mathrm{d}^3 f(x)}{\mathrm{d}x^3}, \cdots, \frac{\mathrm{d}^{n-1} f(x)}{\mathrm{d}x^{n-1}}\right) = \frac{\mathrm{d}^n f(x)}{\mathrm{d}x^n}$$

其中 F 是包含一个或所有输入参数的任意函数，n 是微分方程的**阶数**。该方程称为 **n 阶常微分方程**。

举一个常微分方程的例子，思考一个摆长为 l，末端质量为 m 的钟摆，见图 22.1。由于存在竖直重力 g，随着时间的推移，钟摆与竖直轴的夹角 $\theta(t)$ 可以用钟摆方程来描述，即常微分方程：

$$ml \frac{\mathrm{d}^2 \theta(t)}{\mathrm{d}t^2} = -mg \sin(\theta(t))$$

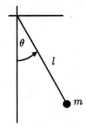

图 22.1　钟摆系统

可以通过将 x 和 y 方向上的力相加，然后将其更改为极坐标的形式推导出该方程。

相比之下，**偏微分方程（PDE）**是一般形式的微分方程，其中 x 是包含自变量 x_1，x_2，x_3，$\cdots$，x_m 的向量，并且对于任何自变量组合，其偏导数都是任意阶的。热力学方程就是偏微分方程的一个例子，它描述了空间温度随时间的变化：

$$\frac{\partial u(t,x,y,z)}{\partial t} = \alpha \left(\frac{\partial u(t,x,y,z)}{\partial x} + \frac{\partial u(t,x,y,z)}{\partial y} + \frac{\partial u(t,x,y,z)}{\partial z} \right)$$

这里，$u(t,x,y,z)$ 为 t 时刻 (x,y,z) 点处的温度，α 为热扩散常数。

$g(x)$ 是满足微分方程的**通解**。虽然一个微分方程通常有很多解，但其解仍很难求得。对于一个 n 阶常微分方程，$p(x)$ 是满足该微分方程的一个**特殊解**，并且它具有 n 个已知的**显式解**，或其在某些点的导数。一般而言，$p(x)$ 必须满足微分方程，以及 $p^{(j)}(x) = p_i$，其中 $p^{(j)}$ 是 p 对 n 个三元组 (j, x_i, p_i) 的第 j 个导数。出于本文的目的，我们将特解简称为**解**。

▌**尝试一下！**回到钟摆的例子，我们假设角度非常小（即 $\sin(\theta(t)) \approx \theta(t)$），那么钟摆方程将简化为：

$$l\frac{\mathrm{d}^2\theta(t)}{\mathrm{d}t^2} = -g\theta(t)$$

请验证 $\theta(t) = \cos\left(\sqrt{\frac{g}{t}}t\right)$ 是钟摆方程的通解。假设钟摆在 $t=0$ 时刻的角度和角速度分别是已知值 θ_0 和 0，请验证 $\theta(t) = \theta_0\cos\left(\sqrt{\frac{g}{t}}t\right)$ 是此时的特解。

对于通解，$\theta(t)$ 的一阶导数和二阶导数是：

$$\frac{\mathrm{d}\theta(t)}{\mathrm{d}t} = -\sqrt{\frac{g}{l}}\sin\left(\sqrt{\frac{g}{l}}t\right)$$

和

$$\frac{\mathrm{d}^2\theta(t)}{\mathrm{d}t^2} = -\frac{g}{l}\cos\left(\frac{g}{l}t\right)$$

将 $\theta(t)$ 的二阶导数代入钟摆方程的左边，便可很轻易地证实 $\theta(t)$ 满足该方程；因此，它是钟摆方程的一个通解。

对于特解，θ_0 系数将通过导数传递，并可以验证方程满足：$\theta(0) = \theta_0\cos(0) = \theta_0$，和 $0 = -\theta_0\sqrt{\frac{g}{t}}\sin(0) = 0$，因此该特解也具有已知值。

以小角度摆动的钟摆确实不是一个值得研究的系统。遗憾的是，具有大角度的钟摆方程并没有像简单代数那样的显式解。由于钟摆系统比大多数实际工程系统要简单很多，并且没有明显的解析解，因此显然需要常微分方程的数值解。

注意常微分方程的**解析解**是满足微分方程并具有初值的函数 $f(x)$ 的数学表达式。但在许多情况下，在工程和科学领域中不可能有解析解。常微分方程的数值解是一组近似函数 $f(x)$ 的离散点（数值网格），我们可以使用这些数值网格来获得解。

常微分方程解的一组常见已知值是其**初值**。对于 n 阶常微分方程，其初值是函数在 $x=0$ 处的 0 至 $(n-1)$ 阶导数的已知值，即 $f(0)$，$f^{(1)}(0)$，$f^{(2)}(0)$，$\cdots$，$f^{(n-1)}(0)$。对于某类常微分方程，用其初值便足以求得方程的唯一特解。寻找给定初值的常微分方程的解的问题称为**初值问题**。尽管问题名称表明我们将只讨论随时间变化的常微分方程，但初值问题也可以适用于在其他维度（如三维空间）中变化的方程组。显然，钟摆方程的解可以作为初值问题进行求解，因为仅在重力作用下，钟摆的初始位置和速度便足以描述钟摆在摆动期间的所有运动。

本章的其余部分介绍了在数值网格上对初值问题的解进行数值近似的几种方法。虽然初值问题不仅包含随时间变化的微分方程，但我们这里还是使用时间作为自变量。对 $f(t)$ 的一阶导数，我们使用这几种符号来表示：$f'(t)$、$f^{(1)}(t)$、$\frac{\mathrm{d}f(t)}{\mathrm{d}t}$ 和 $\dot{f}$。具体使用哪一种符号以上下文使用哪一种最方便为准。

22.2　降阶

许多求解初值问题的数值方法都是专门为求解一阶微分方程而提出的。为了使这些求解方法可用于求解高阶微分方程，我们必须经常将高阶微分方程的阶数**降阶**为一阶。要降阶，需考虑向量 $S(t)$，它用作时间函数的方程组**状态**。一般来说，方程组状态是与系统行为相关的所有因变量的集合。回顾前面讲的，本书中相关的常微分方程可以被表示为：

$$f^{(n)}(t) = F(t, f(t), f^{(1)}(t), f^{(2)}(t), f^{(3)}(t), \cdots, f^{(n-1)}(t))$$

对于初值问题，一个有效的操作是将方程组状态设为：

$$S(t) = \begin{bmatrix} f(t) \\ f^{(1)}(t) \\ f^{(2)}(t) \\ f^{(3)}(t) \\ \vdots \\ f^{(n-1)}(t) \end{bmatrix}$$

那么方程组状态的导数是：

$$\frac{\mathrm{d}S(t)}{\mathrm{d}t} = \begin{bmatrix} f^{(1)}(t) \\ f^{(2)}(t) \\ f^{(3)}(t) \\ f^{(4)}(t) \\ \vdots \\ f^{(n)}(t) \end{bmatrix} = \begin{bmatrix} f^{(1)}(t) \\ f^{(2)}(t) \\ f^{(3)}(t) \\ f^{(4)}(t) \\ \vdots \\ F(t, f(t), f^{(1)}(t), \cdots, f^{(n-1)}(t)) \end{bmatrix} = \begin{bmatrix} S_2(t) \\ S_3(t) \\ S_4(t) \\ S_5(t) \\ \vdots \\ F(t, S_1(t), S_2(t), \cdots, S_{(n-1)}(t)) \end{bmatrix}$$

其中 $S_i(t)$ 是 $S(t)$ 的第 i 个元素。以这种方式表示方程组状态后，$\dfrac{\mathrm{d}S(t)}{\mathrm{d}t}$ 可以仅使用 $S(t)$（即不需要 $f(t)$）或其导数符号来表示。特别是，$\dfrac{\mathrm{d}S(t)}{\mathrm{d}t} = \mathcal{F}(t, S(t))$，其中 $\mathcal{F}$ 是适当组合向量的函数，用以描述状态的导数。该方程为 S 的一阶微分方程形式。实质上，我们所做的是将一个 n 阶常微分方程变成 n 个**耦合**在一起的一阶常微分方程，也就是说它们具有相同的项。

尝试一下！ 将二阶钟摆方程简化为一阶方程，其中：

$$S(t) = \begin{bmatrix} \theta(t) \\ \dot{\theta}(t) \end{bmatrix}$$

取 $S(t)$ 的导数并将其代入方程进而得到正确的表达式：

$$\frac{\mathrm{d}\boldsymbol{S}(t)}{\mathrm{d}t} = \begin{bmatrix} \boldsymbol{S}_2(t) \\ -\dfrac{g}{l}\boldsymbol{S}_1(t) \end{bmatrix}$$

此常微分方程也可以写成矩阵形式：

$$\frac{\mathrm{d}\boldsymbol{S}(t)}{\mathrm{d}t} = \begin{bmatrix} 0 & 1 \\ -\dfrac{g}{l} & 0 \end{bmatrix}\boldsymbol{S}(t)$$

可以写成矩阵形式方程的常微分方程称为**线性常微分方程**。

虽然将常微分方程的阶数降为一阶会得到一个多变量的常微分方程，但其所有的导数仍然是对同一个自变量 t 求导而来的，因此保留了微分方程的平凡性。

请注意，只要这些导数与自变量的导数相同，其状态就可以持有多个因变量及其导数。

尝试一下！ 用一个非常简单的模型来描述由狼的数量 $w(t)$ 引起的兔子种群规模的变化 $r(t)$，其可以是：

$$\frac{\mathrm{d}r(t)}{\mathrm{d}t} = 4r(t) - 2w(t)$$

和

$$\frac{\mathrm{d}w(t)}{\mathrm{d}t} = r(t) + w(t)$$

第一个常微分方程表示，兔子种群规模的增长率是兔子数量的 4 倍减去狼（吃掉兔子的狼）数量的 2 倍。第二个常微分方程表示，狼种群规模的增长率等于狼数量的值加上兔子数量的值。将此微分方程组写成与 $\boldsymbol{S}(t)$ 中的等效微分方程：

$$\boldsymbol{S}(t) = \begin{bmatrix} r(t) \\ w(t) \end{bmatrix}$$

下列一阶常微分方程等价于常微分方程组：

$$\frac{\mathrm{d}\boldsymbol{S}(t)}{\mathrm{d}t} = \begin{bmatrix} 4 & -2 \\ 1 & 1 \end{bmatrix}\boldsymbol{S}(t)$$

22.3　欧拉方法

令 $\dfrac{\mathrm{d}\boldsymbol{S}(t)}{\mathrm{d}t} = F(t, \boldsymbol{S}(t))$ 是一个明确定义的一阶常微分方程，即 F 是一个函数，在给定时间和方程组状态值的情况下，F 表示方程组状态的导数或变化。此外，设 t 是间距为 h 的区间 $[t_0, t_f]$ 的数值网格。为了不失一般性，我们假设 $t_0 = 0$，并且对于某个正整数 N 有 $t_f = Nh$。

$S(t)$ 在 t_{j+1} 处围绕 t_j 的线性近似为：

$$S(t_{j+1}) = S(t_j) + (t_{j+1} - t_j)\frac{\mathrm{d}S(t_j)}{\mathrm{d}t}$$

也可以写成：

$$S(t_{j+1}) = S(t_j) + hF(t_j, S(t_j))$$

该公式称为**显式欧拉公式**。它使得我们可以在给定 $S(t_j)$ 处的方程组状态时计算 $S(t_{j+1})$ 处方程组状态的近似值。这实际上是基于我们在第 18 章中讨论过的泰勒级数，即我们仅使用泰勒级数中的一阶项来线性逼近下一个解。在本章的后面，我们将提出使用一个更高阶项的公式来提高结果的准确度。我们可以使用这个公式对从给定的初值 $S_0 = S(t_0)$ 到 $S(t_f)$ 之间的状态进行积分，这些 $S(t)$ 值是微分方程解的近似值。使用显式欧拉公式是求解初值问题最简单、最直观的方法。在任何方程组状态 $(t_j, S(t_j))$ 下，它都使用当前状态下的 F 来线性"指向"下一个方程组状态，然后在该方向上移动 h 的距离，如图 22.2 所示。

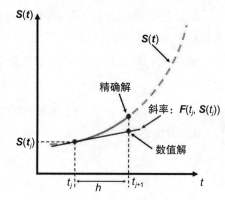

图 22.2　使用显式欧拉公式的说明

虽然有更复杂、更准确的方法来解决这些问题，但它们的基本构架都相同。因此，我们使用显式欧拉公式明确列举求解初值问题的步骤。

发生了什么？ 给定一个用于计算 $\dfrac{\mathrm{d}S(t)}{\mathrm{d}t}$ 的函数 $F(t, S(t))$，一个区间为 $[t_0, t_f]$ 的数值网格 t 和一个初始状态值 $S_0 = S(t_0)$。我们可以使用以下步骤计算 t 中每个 t_j 的 $S(t_j)$：

1. 将 $S_0 = S(t_0)$ 存储在数组 S 中；
2. 计算 $S(t_1) = S_0 + hF(t_0, S_0)$；
3. 将 $S_1 = S(t_1)$ 存储在数组 S 中；
4. 计算 $S(t_2) = S_1 + hF(t_1, S_1)$；
5. 将 $S_2 = S(t_2)$ 存储在数组 S 中；
6. ……
7. 计算 $S(t_f) = S_{f-1} + hF(t_{f-1}, S_{f-1})$；
8. 将 $S_f = S(t_f)$ 存储在数组 S 中；
9. 数组 S 是初值问题的近似解。

当使用具有这种结构的方法时，我们说该方法**集成**了常微分方程的解。

┃ **尝试一下！** 初始条件为 $f_0 = -1$ 的微分方程 $\dfrac{\mathrm{d}f(t)}{\mathrm{d}t} = \mathrm{e}^{-t}$ 具有精确解 $f(t) = -\mathrm{e}^{-t}$。使用显式

欧拉公式在 0 和 1 之间以 0.1 的增量来逼近此初值问题的解。绘制近似解与精确解之间的差值。

```
In [1]: import numpy as np
        import matplotlib.pyplot as plt

        plt.style.use("seaborn-poster")
        %matplotlib inline

        # Define parameters
        f = lambda t, s: np.exp(-t) # ODE
        h = 0.1 # Step size
        t = np.arange(0, 1 + h, h) # Numerical grid
        s0 = -1 # Initial Condition

        # Explicit Euler Method
        s = np.zeros(len(t))
        s[0] = s0

        for i in range(0, len(t) - 1):
            s[i + 1] = s[i] + h*f(t[i], s[i])

        plt.figure(figsize = (12, 8))
        plt.plot(t, s, "b-", label="Approximate")
        plt.plot(t, -np.exp(-t), "g", label="Exact")
        plt.title("Approximate and Exact Solution for Simple ODE")
        plt.xlabel("t")
        plt.ylabel("f(t)")
        plt.grid()
        plt.legend(loc="lower right")
        plt.show()
```

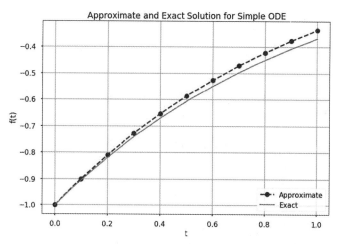

在上图中，每个点都是基于前一个点以线性方式计算得出的近似值。从初值开始，我们最终可以在数值网格上获得解的近似值。如果我们以 $h = 0.01$ 重复该过程，便会获

得更准确的近似解:

```
In [2]: h = 0.01 # Step size
        t = np.arange(0, 1 + h, h) # Numerical grid
        s0 = -1 # Initial Condition

        # Explicit Euler Method
        s = np.zeros(len(t))
        s[0] = s0

        for i in range(0, len(t) - 1):
            s[i + 1] = s[i] + h*f(t[i], s[i])

        plt.figure(figsize = (12, 8))
        plt.plot(t, s, "b-", label="Approximate")
        plt.plot(t, -np.exp(-t), "g", label="Exact")
        plt.title("Approximate and Exact Solution for Simple ODE")
        plt.xlabel("t")
        plt.ylabel("f(t)")
        plt.grid()
        plt.legend(loc="lower right")
        plt.show()
```

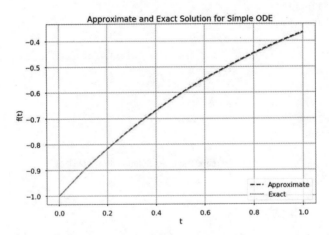

显式欧拉公式之所以被称为"显式",是因为它可以用 t_j 处的信息来计算 t_{j+1} 处的状态。也就是说, $S(t_{j+1})$ 可以根据我们已知的值(即 t_j 和 $S(t_j)$)来明确地写出。**隐式欧拉公式**可以通过在 t_{j+1} 附近取 $S(t)$ 的线性近似并在 t_j 处计算得出:

$$S(t_{j+1}) = S(t_j) + hF(t_{j+1}, S(t_{j+1}))$$

该公式非常特殊,因为它要求已知 $S(t_{j+1})$ 后才能计算 $S(t_{j+1})$!然而,有时我们可以使用这个公式来近似初值问题的解。在我们详细介绍如何使用隐式欧拉公式求解初值问题之前,我们先介绍另一个称为**梯形公式**的隐式公式,它是显式欧拉公式和隐式欧拉公式的平均值:

$$S(t_{j+1}) = S(t_j) + \frac{h}{2}(F(t_j, S(t_j)) + F(t_{j+1}, S(t_{j+1})))$$

为了说明如何求解这些隐格式，再次思考已降为一阶方程的钟摆方程：

$$\frac{\mathrm{d}S(t)}{\mathrm{d}t} = \begin{bmatrix} 0 & 1 \\ -\dfrac{g}{l} & 0 \end{bmatrix} S(t)$$

对于这个方程：

$$F(t_j, S(t_j)) = \begin{bmatrix} 0 & 1 \\ -\dfrac{g}{l} & 0 \end{bmatrix} S(t_j)$$

如果我们将此表达式代入显式欧拉公式，将得到以下等式：

$$S(t_{j+1}) = S(t_j) + h \begin{bmatrix} 0 & 1 \\ -\dfrac{g}{l} & 0 \end{bmatrix} S(t_j)$$

$$= \begin{bmatrix} 1 & 0 \\ 0 & 1 \end{bmatrix} S(t_j) + h \begin{bmatrix} 0 & 1 \\ -\dfrac{g}{l} & 0 \end{bmatrix} S(t_j) = \begin{bmatrix} 1 & h \\ -\dfrac{gh}{l} & 1 \end{bmatrix} S(t_j)$$

同样，我们可以将同样的表达式代入隐式欧拉公式得到：

$$\begin{bmatrix} 1 & -h \\ \dfrac{gh}{l} & 1 \end{bmatrix} S(t_{j+1}) = S(t_j)$$

代入梯形公式得到：

$$\begin{bmatrix} 1 & -\dfrac{h}{2} \\ \dfrac{gh}{2l} & 1 \end{bmatrix} S(t_{j+1}) = \begin{bmatrix} 1 & \dfrac{h}{2} \\ -\dfrac{gh}{2l} & 1 \end{bmatrix} S(t_j)$$

通过一些重新排列，上述方程分别变为：

$$S(t_{j+1}) = \begin{bmatrix} 1 & -h \\ \dfrac{gh}{l} & 1 \end{bmatrix}^{-1} S(t_j)$$

$$S(t_{j+1}) = \begin{bmatrix} 1 & -\dfrac{h}{2} \\ \dfrac{gh}{2l} & 1 \end{bmatrix}^{-1} \begin{bmatrix} 1 & \dfrac{h}{2} \\ -\dfrac{gh}{2l} & 1 \end{bmatrix} S(t_j)$$

有了这些方程，我们就可以对初值问题进行求解，因为在每个方程组状态 $S(t_j)$ 下，

我们都可以计算 $S(t_{j+1})$ 处的方程组状态。通常情况下，当一个常微分方程是线性的时候就可以执行上述操作。

22.4   数值误差和不稳定性

关于常微分方程的积分方法，这里主要有两个问题需要考虑：**精度**和**稳定性**。精度（通常是未知的）是指使用某一方法得出的解接近精确解的程度大小，它是增长 h 的函数。在前几章中使用符号 $O(h^p)$ 来表示精度，该符号也可用在对常微分方程的求解中。积分方法的稳定性是指它能够在积分过程中保持误差不变大。如果误差不变大，则方法稳定，否则不稳定。某些积分方法在 h 的特定取值下是稳定的，但在其他取值下不稳定，这些积分方法也是不稳定的。

为了说明稳定性问题，我们使用显式欧拉公式、隐式欧拉公式以及梯形公式分别对钟摆方程进行数值求解。

尝试一下！ 使用显式欧拉公式、隐式欧拉公式以及梯形公式以 0.1 为增量在时间区间 $[0,5]$ 内求解钟摆方程，并求解 $S_0 = \begin{bmatrix} 1 \\ 0 \end{bmatrix}$ 的初始解。对于使用 $\sqrt{\dfrac{g}{t}} = 4$ 的模型参数，在单个图形上绘制其近似解。

```
In [1]: import numpy as np
        from numpy.linalg import inv
        import matplotlib.pyplot as plt

        plt.style.use("seaborn-poster")

        %matplotlib inline

In [2]: # define step size
        h = 0.1
        # define numerical grid
        t = np.arange(0, 5.1, h)
        # oscillation freq. of pendulum
        w = 4
        s0 = np.array([[1], [0]])

        m_e = np.array([[1, h],
                        [-w**2*h, 1]])
        m_i = inv(np.array([[1, -h],
                            [w**2*h, 1]]))
        m_t = np.dot(inv(np.array([[1, -h/2],
            [w**2*h/2,1]])), np.array(
                [[1,h/2], [-w**2*h/2, 1]]))

        s_e = np.zeros((len(t), 2))
        s_i = np.zeros((len(t), 2))
```

```
s_t = np.zeros((len(t), 2))

# do integrations
s_e[0, :] = s0.T
s_i[0, :] = s0.T
s_t[0, :] = s0.T

for j in range(0, len(t)-1):
    s_e[j+1, :] = np.dot(m_e,s_e[j, :])
    s_i[j+1, :] = np.dot(m_i,s_i[j, :])
    s_t[j+1, :] = np.dot(m_t,s_t[j, :])

plt.figure(figsize = (12, 8))
plt.plot(t,s_e[:,0],"b-")
plt.plot(t,s_i[:,0],"g:")
plt.plot(t,s_t[:,0],"r-")
plt.plot(t, np.cos(w*t), "k")
plt.ylim([-3, 3])
plt.xlabel("t")
plt.ylabel("$\Theta (t)$")
plt.legend(["Explicit", "Implicit", "Trapezoidal", "Exact"])
plt.show()
```

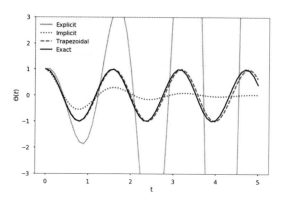

上面生成的图比较了针对钟摆问题的不同解决方法得出的不同数值解。钟摆方程的准确解是纯余弦波。显然使用显式欧拉公式是不稳定的。使用隐式欧拉公式是不正确的，因为其曲线呈指数衰减。使用梯形公式可以正确地捕获解，但随着时间的增加，所得解与准确解之间会产生一个很小的相移。

22.5 预测－校正法和龙格－库塔法

22.5.1 预测－校正法

在给定任意时间和方程组状态值的情况下，函数 $F(t,S(t))$ 将返回方程组状态的变化率 $\dfrac{\mathrm{d}S(t)}{\mathrm{d}t}$。用于求解初值问题的**预测－校正法**通过在不同位置多次查询 F 函数（预测）来提高非预测－校正法的近似精度。然后，使用结果的加权平均值（校正）来更新状态。实质上，该方法要用到两个公式：一个**预测器**和一个**校正器**。预测器是一个显式公式，首先要估计在 t_{j+1} 处的解（我们可以使用欧拉公式或其他一些方法来完成这一步）；在获得解 $S(t_{j+1})$ 后，应用校正器来提高解的精度。校正器可以通过在其他隐式公式右侧求得的 $S(t_{j+1})$ 计算出新的、更准确的解。

中点法作预测：

$$S\left(t_j + \frac{h}{2}\right) = S(t_j) + \frac{h}{2} F(t_j, S(t_j))$$

即预测 t_j 到 t_{j+1} 之间的解值。

然后计算校正：

$$S(t_{j+1}) = S(t_j) + hF\left(t_j + \frac{h}{2}, S\left(t_j + \frac{h}{2}\right)\right)$$

其根据 $S(t_j)$ 使用 $S\left(t_j + \frac{h}{2}\right)$ 的导数来计算 $S(t_{j+1})$ 处的解。

22.5.2 龙格－库塔法

龙格－库塔法（RK）是求解常微分方程最常用的方法之一。回想一下，欧拉公式使用泰勒级数中的前两项来近似数值积分，即线性积分：$S(t_{j+1}) = S(t_j + h) = S(t_j) + h \cdot S'(t_j)$。

如果我们将泰勒级数拓展到更多的项为：

$$S(t_{j+1}) = S(t_j + h) = S(t_j) + S'(t_j)h + \frac{1}{2!}S''(t_j)h^2 + \cdots + \frac{1}{n!}S^{(n)}(t_j)h^n$$

那么便可以极大地提高数值积分的精度。

为了得到更准确的解，我们需要推导出 $S''(t_j), S'''(t_j), \cdots, S^{(n)}(t_j)$ 的表达式。但使用龙格－库塔法就可以避免做这些额外的推导，它基于截断泰勒级数，且不需要计算这些更高阶导数。

22.5.2.1 二阶龙格－库塔法

我们首先导出二阶龙格－库塔法。令 $\dfrac{dS(t)}{dt} = F(t, S(t))$，然后我们假设一个积分公式，其形式为：

$$S(t+h) = S(t) + c_1 F(t, S(t))h + c_2 F\left[t + ph, S(t) + qhF(t, S(t))\right]h \tag{22.1}$$

我们可以尝试将上述方程与二阶泰勒级数进行匹配来找到方程中的参数 c_1、c_2、p、q：

$$S(t+h) = S(t) + S'(t)h + \frac{1}{2!}S''(t)h^2 = S(t) + F(t, S(t))h + \frac{1}{2!}F'(t, S(t))h^2 \tag{22.2}$$

请注意：

$$F'(t, \boldsymbol{S}(t)) = \frac{\partial F}{\partial t} + \frac{\partial F}{\partial \boldsymbol{S}} \frac{\partial \boldsymbol{S}}{\partial t} = \frac{\partial F}{\partial t} + \frac{\partial F}{\partial \boldsymbol{S}} F \qquad (22.3)$$

由此，方程（22.2）可以写成：

$$\boldsymbol{S}(t+h) = \boldsymbol{S} + Fh + \frac{1}{2!}\left(\frac{\partial F}{\partial t} + \frac{\partial F}{\partial \boldsymbol{S}} F\right)h^2 \qquad (22.4)$$

在方程（22.1）中，我们通过在几个变量中应用泰勒级数来重写最后一项：

$$F[t + ph, \boldsymbol{S} + qhF)] = F + \frac{\partial F}{\partial t} ph + qh \frac{\partial F}{\partial \boldsymbol{S}} F$$

因此方程（22.1）变成：

$$\boldsymbol{S}(t+h) = \boldsymbol{S} + (c_1 + c_2)Fh + c_1\left[\frac{\partial F}{\partial t} p + q \frac{\partial F}{\partial \boldsymbol{S}} F\right]h^2 \qquad (22.5)$$

比较方程（22.4）和（22.5），我们便可轻易地得到：

$$c_1 + c_2 = 1, c_2 p = \frac{1}{2}, c_2 q = \frac{1}{2} \qquad (22.6)$$

因为（22.6）中有 4 个未知数，但只有 3 个方程，所以我们给其中一个参数赋值，进而得到其余的参数。一种常见的做法是：

$$c_1 = \frac{1}{2}, c_2 = \frac{1}{2}, p = 1, q = 1$$

我们还可以这样定义：

$$k_1 = F(t_j, \boldsymbol{S}(t_j)),$$
$$k_2 = F(t_j + ph, \boldsymbol{S}(t_j) + qhk_1)$$

进而得到：

$$\boldsymbol{S}(t_{j+1}) = \boldsymbol{S}(t_j) + \frac{1}{2}(k_1 + k_2)h$$

22.5.2.2　四阶龙格-库塔法

四阶龙格-库塔法（RK4）是以高阶精度对常微分方程进行积分的一种经典方法。该方法使用 4 个点 k_1、k_2、k_3 和 k_4，使用这些预测值的加权平均值求得近似解。公式如下：

$$k_1 = F(t_j, \boldsymbol{S}(t_j))$$
$$k_2 = F\left(t_j + \frac{h}{2}, \boldsymbol{S}(t_j) + \frac{1}{2}k_1 h\right)$$
$$k_3 = F\left(t_j + \frac{h}{2}, \boldsymbol{S}(t_j) + \frac{1}{2}k_2 h\right)$$
$$k_4 = F\left(t_j + h, \boldsymbol{S}(t_j) + k_3 h\right)$$

因此，我们将有：

$$S(t_{j+1}) = S(t_j) + \frac{h}{6}(k_1 + 2k_2 + 2k_3 + k_4)$$

顾名思义，四阶龙格 – 库塔法是四阶精确度，或记作 $O(h^4)$。

22.6 Python ODE 求解器

在 scipy 库中，有几个用于求解初值问题的内置函数。其中最常见的函数是 scipy.integrate.solve_iVp 函数。该函数用法示例如下：

示例：

设 F 是一个用于计算函数：

$$\frac{\mathrm{d}S(t)}{\mathrm{d}t} = F(t, S(t))$$
$$S(t_0) = S_0$$

的函数对象。

变量 t 为一维自变量（时间），$S(t)$ 为 n 维向量值函数（方程组状态），并用 $F(t, S(t))$ 定义微分方程。S_0 是 S 的初始值。函数 F 必须有 $\mathrm{d}S = F(t, S)$ 的形式，函数名称不是非得用 F 表示。其目的是在给定初值 $S(t_0) = S_0$ 的情况下，找到近似满足微分方程的 $S(t)$。

使用求解器求解微分方程如下：

solve_ivp(fun,t_span,s0,method "RK45",t_eval=None)

其中 fun 用于接收方程组右侧的函数；t_span 是从 t_0 开始到 t_f 结束的积分区间 (t_0, t_f)；s0 是初始状态；这里有几种方法可供选择：5(4) 阶显式龙格 – 库塔法默认记作为 "RK45"。这里还有其他方法供选用，有关更多信息，请参阅本节末尾；t_eval 用于存储计算出的解决方案的时间，必须排序且在 t_span 之内。

再看下面的一个例子。

示例：思考初值为 $S_0 = 0$ 的常微分方程：

$$\frac{\mathrm{d}S(t)}{\mathrm{d}t} = \cos(t)$$

此常微分方程的精确解是 $S(t) = \sin(t)$。在区间 $[0, \pi]$ 上使用 solve_ivp 函数来近似此初值问题的解。绘制近似解与精确解的对比图以及两个解随时间变化的相对误差。

```
In [1]: import matplotlib.pyplot as plt
        import numpy as np
        from scipy.integrate import solve_ivp

        plt.style.use("seaborn-poster")
```

```
%matplotlib inline

F = lambda t, s: np.cos(t)
t_eval = np.arange(0, np.pi, 0.1)
sol = solve_ivp(F, [0, np.pi], [0], t_eval=t_eval)

plt.figure(figsize = (12, 4))
plt.subplot(121)
plt.plot(sol.t, sol.y[0])
plt.xlabel("t")
plt.ylabel("S(t)")
plt.subplot(122)
plt.plot(sol.t, sol.y[0] - np.sin(sol.t))
plt.xlabel("t")
plt.ylabel("S(t) - sin(t)")
plt.tight_layout()
plt.show()
```

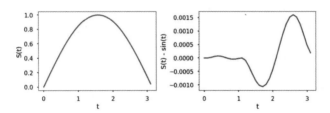

上述左图绘制了使用 solve_ivp 函数对 $\dfrac{\mathrm{d}S(t)}{\mathrm{d}t} = \cos(t)$ 求解的结果。右图则是通过 solve_ivp 来计算积分解与精确解之间的差值，并对此常微分方程的解析解进行评估。从上述图中可以看出，此常微分方程的近似解和精确解的差值很小。此外，我们可以使用 rtol 和 atol 参数来控制相对和绝对公差；求解器用以保持局部误差估计小于 atol+rtol*abs(S)。其中 rtol 的默认值为 1e−3，atol 的默认值为 1e−6。

尝试一下! 使用 rtol 和 atol 使近似解和精确解之间的差值小于 1e−7。

```
In [2]: sol = solve_ivp(F, [0, np.pi], [0], t_eval=t_eval, \
                rtol = 1e-8, atol = 1e-8)

plt.figure(figsize = (12, 4))
plt.subplot(121)
plt.plot(sol.t, sol.y[0])
plt.xlabel("t")
plt.ylabel("S(t)")
plt.subplot(122)
plt.plot(sol.t, sol.y[0] - np.sin(sol.t))
plt.xlabel("t")
plt.ylabel("S(t) - sin(t)")
plt.tight_layout()
plt.show()
```

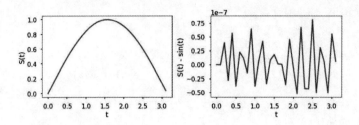

示例：思考初始值为 $S_0 = 1$ 的常微分方程：

$$\frac{\mathrm{d}S(t)}{\mathrm{d}t} = -S(t)$$

此常微分方程的精确解是 $S(t) = \mathrm{e}^{-t}$。在区间 $[0,1]$ 上使用 `solve_ivp` 函数来近似此初值问题的解。绘制近似解与精确解的对比图以及两个解随时间变化的相对误差。

```
In [3]: F = lambda t, s: -s

        t_eval = np.arange(0, 1.01, 0.01)
        sol = solve_ivp(F, [0, 1], [1], t_eval=t_eval)

        plt.figure(figsize = (12, 4))
        plt.subplot(121)
        plt.plot(sol.t, sol.y[0])
        plt.xlabel("t")
        plt.ylabel("S(t)")
        plt.subplot(122)
        plt.plot(sol.t, sol.y[0] - np.exp(-sol.t))
        plt.xlabel("t")
        plt.ylabel("S(t) - exp(-t)")
        plt.tight_layout()
        plt.show()
```

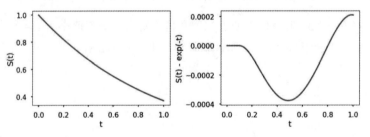

上图显示了相应的数值结果。如前一个例子所示，与函数值相比，用 Python 提供的 `solve_ivp` 函数算得的结果与解析解的评估之间的差值非常小。

示例：方程组状态由 $S(t) = \begin{bmatrix} x(t) \\ y(t) \end{bmatrix}$ 定义，方程组的变化由常微分方程：

$$\frac{\mathrm{d}S(t)}{\mathrm{d}t} = \begin{bmatrix} 0 & t^2 \\ -t & 0 \end{bmatrix} S(t)$$

定义。

在时间区间 [0,10] 上使用 `solve_ivp` 函数对始值为 $S_0 = \begin{bmatrix} 1 \\ 1 \end{bmatrix}$ 的常微分方程进行求解。并在 $(x(t), y(t))$ 坐标系中绘制解。

```
In [4]: F=lambda t, s: np.dot(np.array([[0, t**2], [-t,0]]),s)

        t_eval = np.arange(0, 10.01, 0.01)
        sol = solve_ivp(F, [0, 10], [1, 1], t_eval=t_eval)

        plt.figure(figsize = (12, 8))
        plt.plot(sol.y.T[:, 0], sol.y.T[:, 1])
        plt.xlabel("x")
        plt.ylabel("y")
        plt.show()
```

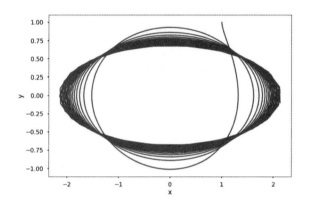

22.7　进阶专题

本节简要讨论常微分方程初值问题中的一些更高级的专题。我们不会对此进行详细的介绍，如果你对此感兴趣，我们建议你去阅读一些优秀的书，如：由 Morris Tenenbaum 和 Harry Pollard 编写的 *Ordinary Differential Equations*、由 Amos Gilat 和 Vish Subramaniam 编写的 *Numerical Methods for Engineers and Scientists*，以及由 J. C. Butcher 编写的 *Numerical Methods for Ordinary Differential Equations*。

22.7.1　多步法

到目前为止，我们讨论的大多数方法称为"一步法"，因为 t_{j+1} 的近似值是仅通过 $S(t_j)$ 和 t_j 的信息求得的。尽管某些方法（如 RK 方法）可能会对 t_j 和 t_{j+1} 之间的点使用函数求值信息，但它们不会保留这些信息以便在将来的近似计算中直接使用。为了获得更高的效率，**多步法**使用两个或多个先前的点来近似下一个点 t_{j+1} 处的解。线性多步法是使用先前点和导数的线性组合来近似下一个点的解。方程组可以通过使用多项式插值来确定，如第 17 章所述。

常用的线性多步法分为三类：亚当斯－巴什福思法、亚当斯－莫尔顿法和向后微分公式（BDF）。

22.7.2   刚性常微分方程

刚性是常微分方程数值求解中的一个难点和重要概念。刚性常微分方程的解变化缓慢且不稳定，即如果附近有解，那么这些解差异较大。这迫使我们采取小的增长来求得合理的解。因此，刚性通常被视作一个效率问题：如果不关心计算成本，就不必要关注刚性。

在科学和工程领域中，我们经常需要对具有各种各样的时间尺度或空间尺度的物理现象进行建模。这些应用通常导致方程组的解包含若干随时间以显著不同的速率变化的项。例如，图 22.3 显示了一个弹簧－质量系统，其中球体左右摆动，并且由于弹簧而上下振荡。因此，我们有两个不同的时间尺度，即摆动运动的时间尺度和振荡运动的时间尺度。如果弹簧真是刚性的，那么振荡运动的时间尺度会比摆动运动的时间尺度小很多。为了研究该系统，我们必须使用非常小的时间增长来求得振荡运动的精确解。

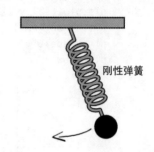

图 22.3   弹簧－质量系统的图示

根据常微分方程的特性和期望的精度级别，可能需要向 solve_ivp 函数传入不同的求解方法。

solve_ivp 函数中的 method 参数有多种方法可供选择，请浏览文档以获取更多信息。根据文档的建议，对非刚性问题使用 "RK45" 或 "RK23" 方法，对刚性问题使用 "Radau" 或 "BDF" 方法。如果不确定是刚性问题还是非刚性问题，则首先尝试运用 "RK45" 方法，如果解是经过异常多的迭代次数、发散或失败而得出的，那么此问题可能是刚性的，所以应该使用 "Radau" 或 "BDF" 方法来解决。虽然 "LSODA" 方法也可以是一个很好的通用选择，但由于它封装了旧的 Fortra 代码，所以使用起来可能不太方便。

22.8   总结和习题

22.8.1   总结

1. 常微分方程（ODE）是将函数与其导数联系起来的方程，初值问题是一类特殊的常微分方程求解问题。
2. 由于大多数初值问题无法进行显式积分，因此需要数值求解。
3. 有显式欧拉公式、隐式欧拉公式和预测－校正法用于数值求解初值问题。
4. 所用方法的精确度取决于其常微分方程的近似阶数。
5. 所用方法的稳定性取决于常微分方程、方法和积分参数的选择。

22.8.2   习题

1. 逻辑方程是一个简单的微分方程模型，在给定增长率 r 和承载能力 K 的情况下，它用于描述人

口的变化 $\dfrac{\mathrm{d}P}{\mathrm{d}t}$ 与当前人口数量 P 的关系。该逻辑方程可以表示为：

$$\frac{\mathrm{d}P}{\mathrm{d}t} = rP\left(1 - \frac{P}{K}\right)$$

编写一个函数 my_logistic_eq(t, P, r, K)，其返回值为 dP。请注意，此格式允许将 my_logistic_eq 用作 solve_ivp 的输入参数。假设 dP、t、P、r 和 K 都是标量，并且 dP 是在给定 r、P 和 K 情况下的值 $\dfrac{\mathrm{d}P}{\mathrm{d}t}$。请注意，如果将 my_logistic_eq 用作 solve_ivp 的输入参数，那么即使 t 是微分方程的一部分，它也必须作为输入参数一同进行输入。

请注意，该逻辑方程具有由：

$$P(t) = \frac{KP_0 \mathrm{e}^{rt}}{K + P_0(\mathrm{e}^{rt} - 1)}$$

定义的解析解，其中 P_0 是初始人口数量。验证此方程是逻辑方程的解。

测试用例：

```
In [1]: import numpy as np
        from scipy.integrate import solve_ivp
        import matplotlib.pyplot as plt
        from functools import partial
        plt.style.use("seaborn-poster")

        %matplotlib inline
In [2]: def my_logistic_eq(t, P, r, K):
            # put your code here

            return dP

        dP = my_logistic_eq(0, 10, 1.1, 15)
        dP
Out[2]: 3.666666666666667
In [3]: from functools import partial

        t0 = 0
        tf = 20
        P0 = 10
        r = 1.1
        K = 20
        t = np.linspace(0, 20, 2001)
        f = partial(my_logistic_eq, r=r, K=K)
        sol=solve_ivp(f,[t0,tf],[P0],t_eval=t)

        plt.figure(figsize = (10, 8))
        plt.plot(sol.t, sol.y[0])
        plt.plot(t, K*P0*np.exp(r*t)/(K+P0*(np.exp(r*t)-1)),"r:")
        plt.xlabel("time")
```

```
plt.ylabel("population")

plt.legend(["Numerical Solution", "Exact Solution"])
plt.grid(True)
plt.show()
```

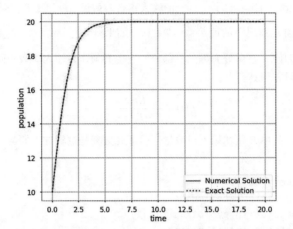

2. 洛伦兹吸引子是一个常微分方程组，最初开发其是将其用于模拟大气中的对流。洛伦兹方程可以写成：

$$\frac{\mathrm{d}x}{\mathrm{d}t} = \sigma(y - x)$$

$$\frac{\mathrm{d}y}{\mathrm{d}t} = x(\rho - z) - y$$

$$\frac{\mathrm{d}z}{\mathrm{d}t} = xy - \beta z$$

其中 x、y 和 z 表示三个维度中的位置，σ、ρ 和 β 是方程组的标量参数。可以在维基百科上阅读有关洛伦兹吸引子的更多信息，或在 *Viability Theory – New Directions* 一书中了解更多详细信息。编写一个函数 my_lorenz(t,S,sigma,rho,beta)，其中 t 是表示时间的标量，S 是表示位置 (x, y, z) 的三维数组，sigma、rho 和 beta 是严格的正标量，分别代表 σ、ρ 和 β。输出参数 dS 的大小应该与 S 的大小相同。

测试用例：

```
In [4]: def my_lorenz(t, S, sigma, rho, beta):
            # put your code here

            return dS

        s = np.array([1, 2, 3])
        dS = my_lorenz(0, s, 10, 28, 8/3)
        dS

Out[4]: array([10., 23., -6.])
```

3. 编写一个函数 my_lorenz_solver(t_span,s0,sigma,rho,beta)，使用 solve_ivp 来求解洛伦兹方程，该函数返回 [T,X,Y,Z]。输入参数 t_span 应该是一个形式为 $[t_0, t_f]$ 的

列表，其中 t_0 是起始时间，t_f 是终止时间。输入参数 s0 应该是形式为 $[x_0, y_0, z_0]$ 的三维数组，(x_0, y_0, z_0) 表示起始位置。最后，输入参数 sigma、rho 和 beta 是洛伦兹方程组的标量参数 σ、ρ 和 β。输出参数 T 应该是由 solve_ivp 的输出参数给出的时间数组。输出参数 X、Y 和 Z 应该是上一个问题中的 my_lorenz 和 solve_ivp 产生的数值积分解。

测试用例：

```
In [5]: def my_lorenz_solver(t_span, s0, sigma, rho, beta):
            # put your code here

            return [T, X, Y, Z]

        sigma = 10
        rho = 28
        beta = 8/3
        t0 = 0
        tf = 50
        s0 = np.array([0, 1, 1.05])

        [T, X, Y, Z] = my_lorenz_solver([t0, tf], s0, sigma, rho, beta)
        from mpl_toolkits import mplot3d

        fig = plt.figure(figsize = (10,10))
        ax = plt.axes(projection="3d")
        ax.grid()

        ax.plot3D(X, Y, Z)

        # Set axes label
        ax.set_xlabel("x", labelpad=20)
        ax.set_ylabel("y", labelpad=20)
        ax.set_zlabel("z", labelpad=20)

        plt.show()
```

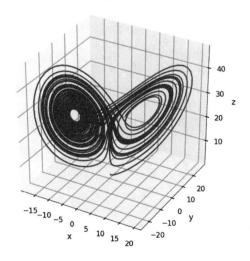

4. 思考以下一维质量－弹簧－阻尼器（MSD）系统模型。在该图中，m 表示块的质量，c 表示阻尼系数，k 表示弹簧刚性。阻尼器是一种通过抵抗速度来耗散系统中能量的机制。质量－弹簧－阻尼器系统是多个工程应用的简化模型，如冲击减震器和结构系统。

加速度、速度和位移之间的关系可以用以下质量－弹簧－阻尼器微分方程表示：

$$m\ddot{x} + c\dot{x} + kx = 0$$

可以将其改写为：

$$\ddot{x} = \frac{-(c\dot{x} + kx)}{m}$$

令向量 $S = [x; v]$ 表示方程组的状态，其中 x 是块从起始位置到达到静止状态时所处位置间的位移，v 是其速度。将质量－弹簧－阻尼器方程改写为方程组状态 S 的一阶微分方程。换句话说，就是将质量－弹簧－阻尼器方程改写为 $\mathrm{d}S / \mathrm{d}t = f(t, S)$。

编写函数 `my_msd(t,S,m,c,k)`，其中 t 是表示时间的标量，S 是表示质量－弹簧－阻尼器方程组状态的二维向量，而 m、c 和 k 分别是质量－弹簧－阻尼器方程的质量、阻尼系数和刚性系数。

测试用例：

```
In [6]: def my_msd(t, S, m, c, k):
            # put your code here
            return ds


        my_msd(0, [1, -1], 10, 1, 100)



Out[6]: array([-1. , -9.9])



In [7]: m = 1
        k = 10
        f = partial(my_msd, m=m, c=0, k=k)
        t_e = np.arange(0, 20, 0.1)
        sol_1=solve_ivp(f,[0,20],[1,0],t_eval=t_e)

        f = partial(my_msd, m=m, c=1, k=k)
        sol_2=solve_ivp(f,[0,20],[1,0],t_eval=t_e)

        f = partial(my_msd, m=m, c=10, k=k)
        sol_3=solve_ivp(f,[0,20],[1,0],t_eval=t_e)

        plt.figure(figsize = (10, 8))
        plt.plot(sol_1.t, sol_1.y[0])
        plt.plot(sol_2.t, sol_2.y[0])
        plt.plot(sol_3.t, sol_3.y[0])
        plt.title("Numerical Solution of MSD System with Varying Dampling")
        plt.xlabel("time")
```

```
        plt.ylabel("displacement")
        plt.legend(["no dampling", "c=1", ">critically damped"], loc=1)
```

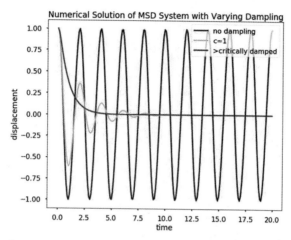

5. 编写一个函数 my_forward_euler(ds,t_span,s0)，其中 ds 是一个函数对象，$f(t,s)$ 用于描述一个一阶微分方程，t_span 为微分方程数值解所需要的时间数组，s0 是方程组的初始条件。假设状态的大小为 1。其输出参数应该是一个列表 [t,s]，这样对于所有 i 就有 t[i]=t_span[i]，并且 s 应该是 ds 在时间 t 上的积分值。使用前向欧拉法对 $s[t_i] = s[t_i-1] + (t_i - t_i-1)ds(t_i-1, s[t_i-1])$ 进行积分。请注意，$s[0]$ 应等于 s_0。
测试用例：

```
In [8]: def my_forward_euler(ds, t_span, s0):
            # put your code here

            return [t, s]

        t_span = np.linspace(0, 1, 10)
        s0 = 1

        # Define parameters
        f = lambda t, s: t*np.exp(-s)

        t_eul, s_eul = my_forward_euler(f, t_span, s0)

        print(t_eul)
        print(s_eul)

[0.         0.11111111 0.22222222 0.33333333 0.44444444 0.55555556
 0.66666667 0.77777778 0.88888889 1.        ]
[1.         1.         1.00454172 1.013584   1.02702534 1.04470783
 1.06642355 1.09192262 1.12092255 1.153118  ]

In [9]: plt.figure(figsize = (10, 8))

        # Exact solution
```

```
t = np.linspace(0, 1, 1000)
s = np.log(np.exp(s0) + (t**2-t[0])/2)
plt.plot(t, s, "r", label="Exact")

# Forward Euler
plt.plot(t_eul, s_eul, "g", label="Euler")

# Python solver
sol = solve_ivp(f, [0, 1], [s0], t_eval=t)
plt.plot(sol.t, sol.y[0], "b-", label="Python Solver")

plt.xlabel("t")
plt.ylabel("f(t)")
plt.grid()
plt.legend(loc=2)
plt.show()
```

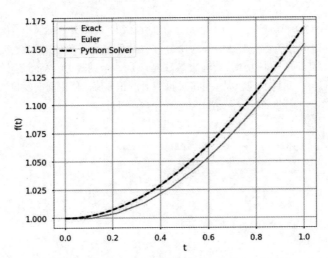

6. 编写一个函数 myRK4(ds,t_span,s0)，其输入参数和输出参数与问题 5 中的相同。函数 myRK4 应该使用四阶龙格 – 库塔法对 ds 进行数值积分。

测试用例：

```
In [10]: def myRK4(ds, t_span, s0):
             # put your code here

             return [t, s]
         f = lambda t, s: np.sin(np.exp(s))/(t+1)
         t_span = np.linspace(0, 2*np.pi, 10)
         s0 = 0

         plt.figure(figsize = (10, 8))

         # Runge-Kutta method
         t, s = myRK4(f, t_span, s0)
```

```
plt.plot(t, s, "r", label="RK4")

# Python solver
sol = solve_ivp(f, [0, 2*np.pi], [s0], t_eval=t)
plt.plot(sol.t, sol.y[0], "b-", label="Python Solver")

plt.xlabel("t")
plt.ylabel("f(t)")
plt.grid()
plt.legend(loc=2)
plt.show()
```

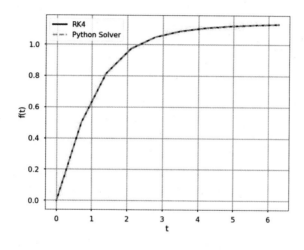

常微分方程边值问题

23.1 常微分方程边值问题陈述

上一章中介绍了常微分方程的初值问题。对于初值问题，所有已知值都是在自变量的同一个取值处指定的，这个取值通常为区间的下边界，这就是"初"的来源。本章将介绍另一种类型的问题，即**边值问题**。顾名思义，这种问题的已知值是在自变量的极值处指定的，即区间的两个边界。

例如，如果有一个简单的二阶常微分方程：

$$\frac{d^2 f(x)}{dx^2} = \frac{df(x)}{dx} + 3$$

并且假设自变量在 $[0,20]$ 的区间内变化，那么初值问题在 $x=0$ 处会有两个条件：已知 $f(0)$ 和 $f'(0)$ 的值。边值问题则会指定 $x=0$ 和 $x=20$ 处的值。请注意，求解一阶常微分方程以获得特解仅需要一个约束，求解 n 阶常微分方程则需要 n 个约束。

n 阶常微分方程：

$$F\left(x, f(x), \frac{df(x)}{dx}, \frac{d^2 f(x)}{dx^2}, \frac{d^3 f(x)}{dx^3}, \cdots, \frac{d^{n-1} f(x)}{dx^{n-1}}\right) = \frac{d^n f(x)}{dx^n}$$

的边值问题在 $x \in [a,b]$ 的区间上指定了在 a 和 b 处的 n 个已知边界条件来求解该方程。对于二阶情形，由于边界条件既可以是 $f(x)$ 的值也可以是导数 $f'(x)$ 的值，因此对于指定值，有几种不同的情形。例如，我们可以将边界条件值指定为：

1. $f(x)$ 的两个值，即 $f(a)$ 和 $f(b)$ 已知；

2. $f'(x)$ 的两个导数值，即 $f'(a)$ 和 $f'(b)$ 已知；

3. 上述两种情况的组合：即 $f(a)$ 和 $f'(b)$ ，或 $f'(a)$ 和 $f(b)$ 。

为了求得特解，我们需要两个边界条件。二阶常微分方程边值问题也称为"两点边值问题"。高阶常微分方程边值问题则需要额外的边界条件，这些边界条件通常是自变量的更高阶导数的值。本章重点讨论两点边值问题。

以下是一个边值问题及其解的例子。

翅片在许多应用中用于增加表面的热传递。通常，在许多应用中会遇到针状散热片的设计，例如，针状散热片用作冷却物体的散热器。我们可以模拟针状翅片的温度分布，如图 23.1 所示，其中翅片的长度为 L ，翅片的起点和终点分别为 $x=0$ 和 $x=L$ ，翅片两端的温度为 T_0 和 T_L ， T_s 为周围环境温度。如果同时考虑对流和辐射，则针状翅片的

稳态温度分布 $T(x)$ 可以建模为：

$$\frac{\mathrm{d}^2 T}{\mathrm{d}x^2} - \alpha_1(T - T_s) - \alpha_2(T^4 - T_s^4) = 0$$

具有边界条件 $T(0) = T_0$ 和 $T(L) = T_L$，α_1 和 α_2 是其系数。这是一个具有 2 个边界条件的二阶常微分方程，因此我们可以求出它的特解。

本章的其余部分将介绍在数值网格上对边值问题的解进行数值近似的两种方法。我们将使用打靶法和有限差分法来解决常微分方程边值问题。

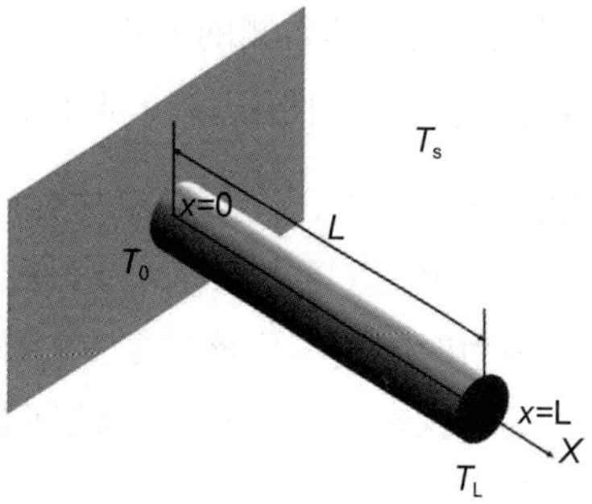

图 23.1　针状翅片中的热流。针状翅片的长度为从 $x = 0$ 开始，到 $x = L$ 结束的变量 L。针状翅片两端的温度分别为 T_0 和 T_L，T_s 为周围环境温度

23.2　打靶法

打靶法的目的是将常微分方程边值问题转化为等效的初值问题，以便我们可以使用从前一章中学到的方法。对于初值问题，我们从初值出发，并继续向前推进求解，但此方法不适用于边值问题，因为没有足够的初值条件来求解常微分方程以获得唯一解。打靶法就是为了克服这个难题而提出的。

"打靶法"这个名称类似于目标射击：如图 23.2 所示，我们对目标进行射击并观察击中目标的位置。若未击中目标，则可以调整射击角度并希望通过再次射击能击中更接近目标的位置。我们可以从以上类比中看出，打靶法是一种迭代优化方法。

图 23.2　类比射击的打靶法

让我们看看在给定 $f(a) = f_a$、$f(b) = f_b$ 以及：

$$F\left(x, f(x), \frac{\mathrm{d}f(x)}{\mathrm{d}x}\right) = \frac{\mathrm{d}^2 f(x)}{\mathrm{d}x^2}$$

的情况下，是如何使用打靶法求解二阶常微分方程的。

步骤 1. 我们通过假设 $f'(a) = \alpha$ 来开始整个过程，然后结合 $f(a) = f_a$，将上述问题转化为在 $x = a$ 处具有两个已知条件的初值问题。此步骤是**确定目标**。

步骤 2. 使用我们从前一章中学到的方法，即龙格-库塔法，从边界 a 到另一个边界 b 积分以找到 $f(b) = f_\beta$。此步骤是**打靶**。

步骤 3. 现在我们将 f_β 值与 f_b 进行比较。通常，我们最初的猜测是不准确的，故 $f_\beta \neq f_b$，但我们想要 $f_\beta - f_b = 0$。因此，我们要调整我们的初始猜测并重复该过程，直到误差是可以被接受的，可以停止重复。此步骤是迭代。

虽然打靶法蕴含的思想很简单，但比较并找到最佳猜测并不容易，这个过程可能非

常烦琐。寻找最佳猜测以获得 $f_\beta - f_b = 0$ 是一个寻根问题并可能很烦琐，但它确实提供了一种系统寻找最佳猜测的方法。由于 f_β 是 α 的函数，因此问题变成了求解 $g(\alpha) - f_b = 0$ 的根。由此我们可以使用第 19 章中的任意方法来解决这个问题。

尝试一下！ 假设，我们想要发射一枚火箭，令 $y(t)$ 是火箭在时间 t 时的高度（以 m 为单位）。我们知道重力加速度 $g = 9.8\ \text{m}/\text{s}^2$。如果我们想让火箭在发射 5 秒后离地 50 m，那么发射时的速度应该是多少？（假设忽略空气阻力。）

为了求解，我们可以将该问题构建为二阶常微分方程的边值问题。此二阶常微分方程为：

$$\frac{\mathrm{d}^2 y}{\mathrm{d}t^2} = -g$$

并且两个边界条件为 $y(0) = 0$ 和 $y(5) = 50$。我们想回答这个问题：启动时 $y'(0)$ 是多少？

这是一个非常简单的问题，可以很容易地通过分析解决，正确答案为 $y'(0)=34.5$。如果我们用打靶法对该问题求解，则需要先对函数进行降阶，将此二阶常微分方程变为：

$$\frac{\mathrm{d}y}{\mathrm{d}t} = v$$

$$\frac{\mathrm{d}v}{\mathrm{d}t} = -g$$

因此，我们有 $\boldsymbol{S}(t) = \begin{bmatrix} y(t) \\ v(t) \end{bmatrix}$ 来满足：

$$\frac{\mathrm{d}\boldsymbol{S}(t)}{\mathrm{d}t} = \begin{bmatrix} 0 & 1 \\ 0 & -g/v \end{bmatrix} \boldsymbol{S}(t)$$

```
In [1]: import numpy as np
        import matplotlib.pyplot as plt
        from scipy.integrate import solve_ivp
        plt.style.use("seaborn-poster")
        %matplotlib inline
```

对于我们的第一个猜测，我们将火箭发射时的速度设为 $25\ \text{m}/\text{s}$。

```
In [2]: F = lambda t, s: np.dot(np.array([[0,1],[0,-9.8/s[1]]]),s)

        t_span = np.linspace(0, 5, 100)
        y0 = 0
        v0 = 25
        t_eval = np.linspace(0, 5, 10)
        sol = solve_ivp(F, [0, 5], [y0, v0], t_eval = t_eval)

        plt.figure(figsize = (10, 8))
        plt.plot(sol.t, sol.y[0])
```

```
plt.plot(5, 50, "ro")
plt.xlabel("time (s)")
plt.ylabel("altitude (m)")
plt.title(f"first guess v={v0} m/s")
plt.show()
```

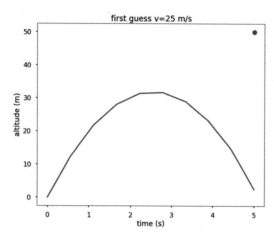

从图中可以看出，第一个猜测值略微小，因为选定初始速度经 5 s 后，火箭上升的高度小于 10 m。图中右上角的点就是我们要击中的目标。如果我们调整猜测并将速度增加到 40 m/s，那么将得到：

```
In [3]: v0 = 40
        sol = solve_ivp(F, [0, 5], [y0, v0], t_eval = t_eval)

        plt.figure(figsize = (10, 8))
        plt.plot(sol.t, sol.y[0])
        plt.plot(5, 50, "ro")
        plt.xlabel("time (s)")
        plt.ylabel("altitude (m)")
        plt.title(f"second guess v={v0} m/s")
        plt.show()
```

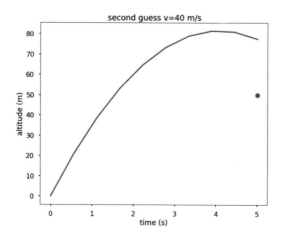

在这里，我们把发射速度的值估高了。因此，这种随机猜测可能不是获得结果的最佳方式。正如我们上面所提到的，把此过程视为寻根问题，这将为我们找到更加准确的结果。下面我们使用Python提供的fsolve函数来找根。下面的例子将演示如何直接找到正确的答案。

```
In [4]: from scipy.optimize import fsolve

        def objective(v0):
            sol = solve_ivp(F, [0, 5], [y0, v0], t_eval = t_eval)
            y = sol.y[0]
            return y[-1] - 50

        v0, = fsolve(objective, 10)
        print(v0)

34.499999999999986
```

```
In [5]: sol = solve_ivp(F, [0, 5], [y0, v0], t_eval = t_eval)

        plt.figure(figsize = (10, 8))
        plt.plot(sol.t, sol.y[0])
        plt.plot(5, 50, "ro")
        plt.xlabel("time (s)")
        plt.ylabel("altitude (m)")
        plt.title(f"root finding v={v0} m/s")
        plt.show()
```

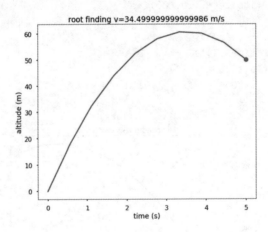

尝试一下！ 改变初始猜测，看看是否会改变结果。

```
In [6]: for v0_guess in range(1, 100, 10):
            v0, = fsolve(objective, v0_guess)
            print("Init: %d, Result: %.1f" % (v0_guess, v0))

Init: 1, Result: 34.5
```

```
Init: 11, Result: 34.5
Init: 21, Result: 34.5
Init: 31, Result: 34.5
Init: 41, Result: 34.5
Init: 51, Result: 34.5
Init: 61, Result: 34.5
Init: 71, Result: 34.5
Init: 81, Result: 34.5
Init: 91, Result: 34.5
```

　　注意改变初始猜测并不会改变结果，也就是说这个方法是稳定的。关于稳定性问题的更多讨论，请参见下文。

23.3　有限差分法

　　求解常微分方程边值问题的另一种方法是使用**有限差分法**，即在均匀分布的数值网格点上使用有限差分公式来近似微分方程，然后将微分方程转化为代数方程组进行求解。

　　在有限差分法中，使用有限差分公式来近似微分方程中的导数（详见第 20 章）。我们可以将 $[a,b]$ 的区间分成 n 个长度为 h 的相等子区间，如图 23.3 所示。

　　在有限差分方法中，通常采用中心差分公式，因为中心差分公式会得出精度较高的解。微分方程只能在数值网格点处转化得到，并且其一阶导数和二阶导数分别为：

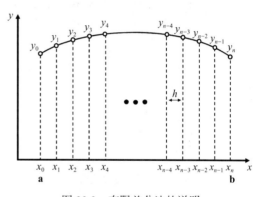

图 23.3　有限差分法的说明

$$\frac{\mathrm{d}y}{\mathrm{d}x} = \frac{y_{i+1} - y_{i-1}}{2h}$$

$$\frac{\mathrm{d}^2 y}{\mathrm{d}x^2} = \frac{y_{i-1} - 2y_i + y_{i+1}}{h^2}$$

　　这些有限差分表达式用于替换微分方程中 y 的导数，如果微分方程是线性的，则会产生 $n+1$ 个线性代数方程组。如果微分方程是非线性的，那么代数方程也将是非线性的。

　　示例：用有限差分法求解上一节中的火箭问题，绘制火箭发射后的高度。该常微分方程为：

$$\frac{\mathrm{d}^2 y}{\mathrm{d}t^2} = -g$$

　　边界条件为 $y(0) = 0$ 和 $y(5) = 50$。我们取 $n=10$。

由于时间区间为 $[0, 5]$，并且有 n=10 和 h=0.5，因此使用有限差分近似导数，我们得到：

$$y_0 = 0, \ y_{i-1} - 2y_i + y_{i+1} = -gh^2, \ i = 1, 2, \cdots, n-1, \ y_{10} = 50$$

如果使用矩阵表示法，将得到：

$$
\begin{bmatrix}
1 & 0 & & & \\
1 & -2 & 1 & & \\
 & & \ddots & & \\
 & & 1 & -2 & 1 \\
 & & & & 1
\end{bmatrix}
\begin{bmatrix}
y_0 \\
y_1 \\
\vdots \\
y_{n-1} \\
y_n
\end{bmatrix}
=
\begin{bmatrix}
0 \\
-gh^2 \\
\vdots \\
-gh^2 \\
50
\end{bmatrix}
$$

该方程组中有 11 个方程，我们可以使用在第 14 章中介绍的方法对它进行求解。

```
In [1]: import numpy as np
        import matplotlib.pyplot as plt
        plt.style.use("seaborn-poster")
        %matplotlib inline

        n = 10
        h = (5-0) / n

        # Get A
        A = np.zeros((n+1, n+1))
        A[0, 0] = 1
        A[n, n] = 1
        for i in range(1, n):
            A[i, i-1] = 1
            A[i, i] = -2
            A[i, i+1] = 1

        print(A)

        # Get b
        b = np.zeros(n+1)
        b[1:-1] = -9.8*h**2
        b[-1] = 50
        print(b)

        # solve the linear equations
        y = np.linalg.solve(A, b)
        t = np.linspace(0, 5, 11)

        plt.figure(figsize=(10,8))
        plt.plot(t, y)
        plt.plot(5, 50, "ro")
        plt.xlabel("time (s)")
```

```
        plt.ylabel("altitude (m)")
        plt.show()
```

```
[[ 1.  0.  0.  0.  0.  0.  0.  0.  0.  0.  0.]
 [ 1. -2.  1.  0.  0.  0.  0.  0.  0.  0.  0.]
 [ 0.  1. -2.  1.  0.  0.  0.  0.  0.  0.  0.]
 [ 0.  0.  1. -2.  1.  0.  0.  0.  0.  0.  0.]
 [ 0.  0.  0.  1. -2.  1.  0.  0.  0.  0.  0.]
 [ 0.  0.  0.  0.  1. -2.  1.  0.  0.  0.  0.]
 [ 0.  0.  0.  0.  0.  1. -2.  1.  0.  0.  0.]
 [ 0.  0.  0.  0.  0.  0.  1. -2.  1.  0.  0.]
 [ 0.  0.  0.  0.  0.  0.  0.  1. -2.  1.  0.]
 [ 0.  0.  0.  0.  0.  0.  0.  0.  1. -2.  1.]
 [ 0.  0.  0.  0.  0.  0.  0.  0.  0.  0.  1.]]
[0. -2.45 -2.45 -2.45 -2.45 -2.45 -2.45 -2.45 -2.45 50.]
```

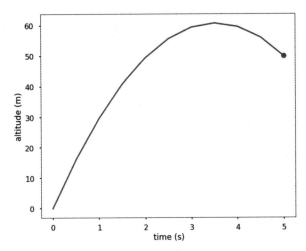

我们来求解 $y'(0)$。由有限差分公式可知 $\dfrac{\mathrm{d}y}{\mathrm{d}x} = \dfrac{y_{i+1} - y_{i-1}}{2h}$，即 $y'(0) = \dfrac{y_1 - y_{-1}}{2h}$；但是我们不知道 y_{-1} 的值是多少。我们可以通过计算来求出 y_{-1}，因为我们知道每个数值网格点上的 y 值。再由二阶导数有限差分公式可知 $\dfrac{y_{-1} - 2y_0 + y_1}{h^2} = -\mathrm{g}$，因此我们可以求出 y_{-1} 进而得到发射速度。请参阅下面的计算。

```
In [2]: y_n1 = -9.8*h**2 + 2*y[0] - y[1]
        (y[1] - y_n1) / (2*h)
```

```
Out[2]: 34.5
```

我们通过使用有限差分法求得了正确的发射速度。为了对这个概念有更多的了解，下面我们看另一个例子。

尝试一下！ 使用有限差分法求解下列线性边值问题：

$$\frac{\mathrm{d}''y(t)}{\mathrm{d}t^2} = -4y + 4x$$

其边界条件为 $y(0)=0$ 和 $y'(\pi/2)=0$。该问题的精确解是 $y=x-\sin 2x$，在 n 个网格点（n 从 3 到 100）上绘制边界点 $y(\pi/2)$ 的误差。

使用有限差分近似导数，我们有：

$$y_0=0, y_{i-1}-2y_i+y_{i+1}-h^2(-4y_i+4x_i)=0, i=1,2,\cdots,n-1$$
$$2y_{n-1}-2y_n-h^2(-4y_n+4x_n)=0$$

最后一个方程由 $\dfrac{y_{n+1}-y_{n-1}}{2h}$（边界条件 $y'(\pi/2)=0$）导出，因此 $y_{n+1}=y_{n-1}$。

如果我们使用矩阵表示法，那么将得到：

$$\begin{bmatrix} 1 & 0 & & & \\ 1 & -2+4h^2 & 1 & & \\ & & \ddots & & \\ & & 1 & -2+4h^2 & 1 \\ & & & 2 & -2+4h^2 \end{bmatrix} \begin{bmatrix} y_0 \\ y_1 \\ \vdots \\ y_{n-1} \\ y_n \end{bmatrix} = \begin{bmatrix} 0 \\ 4h^2x_1 \\ \vdots \\ 4h^2x_{n-1} \\ 4h^2x_n \end{bmatrix}$$

```
In [3]: def get_a_b(n):
            h = (np.pi/2-0) / n
            x = np.linspace(0, np.pi/2, n+1)
            # Get A
            A = np.zeros((n+1, n+1))
            A[0, 0] = 1
            A[n, n] = -2+4*h**2
            A[n, n-1] = 2
            for i in range(1, n):
                A[i, i-1] = 1
                A[i, i] = -2+4*h**2
                A[i, i+1] = 1

            # Get b
            b = np.zeros(n+1)
            for i in range(1, n+1):
                b[i] = 4*h**2*x[i]

            return x, A, b

        x = np.pi/2
        v = x - np.sin(2*x)

        n_s = []
        errors = []

        for n in range(3, 100, 5):
            x, A, b = get_a_b(n)
            y = np.linalg.solve(A, b)
            n_s.append(n)
```

```
        e = v - y[-1]
        errors.append(e)

plt.figure(figsize = (10,8))
plt.plot(n_s, errors)
plt.yscale("log")
plt.xlabel("n gird points")
plt.ylabel("errors at x = $\pi/2$")
plt.show()
```

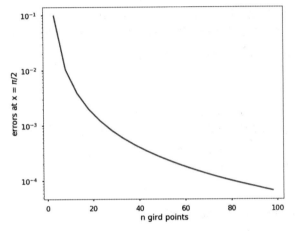

随着数值网格点变得密集，我们在边界点处逼近了精确解。

有限差分法也可以应用于高阶常微分方程，但它需要使用有限差分公式来获得高阶导数的近似值。例如，要求解四阶常微分方程需要执行以下操作：

$$\frac{\mathrm{d}^4 y}{\mathrm{d}x^4} = \frac{y_{i-2} - 4y_{i-1} + 6y_i - 4y_{i+1} + y_{i+2}}{h^4}$$

我们将不会对高阶常微分方程进行赘述，因为其求解的思想类似于我们上面介绍的二阶常微分方程。

23.4 数值误差和不稳定性

边值问题也存在第 22 章中讨论过的两个主要问题：**数值误差（精度）**和**稳定性**。根据所使用方法的不同，要记住，打靶法和有限差分法在所呈现出的误差方面是不同的。

对于打靶法，其数值误差与在初值问题中所描述的数值误差类似，因为打靶法实质上是将边值问题转化为一系列初值问题。就方法的稳定性而言，如 23.3 节的例子所示，即使我们最初的猜测不接近真实答案，打靶法最终也会返回一个准确的数值解。这归因于所添加的最右边的约束条件，由此便可以防止误差的无限增大。

在有限差分法的情况下，其数值误差由所用数值方法的精度级别决定。我们在第 20.2 节中讨论过用于导数近似的不同方法的精度。有限差分法的精度由两个截断误差中较大的一个决定：用于微分方程的差分法或用于离散边界条件的差分法（我们已经看到了增长会极大地影响有限差分的精度）。由于有限差分法实质上是将边值问题转化为求解方程组，因此它取决于同时求解方程组所用方法的稳定性。

23.5   总结和习题

23.5.1   总结

1. 边值问题是一类在区间的起始处和结束处指定边界条件的特殊常微分方程求解问题。

2. 打靶法可以将边值问题转化为初值问题，并且我们可以用寻根法来求解问题。

3. 有限差分法采用有限差分公式来逼近导数，并将问题转化为一组方程来求解。

4. 边值问题的精度和稳定性与初值问题有异同。

23.5.2   习题

1. 描述常微分方程中边值问题和初值问题之间的区别。

2. 尝试描述使用打靶法求解边值问题的思想及其与初值问题的联系。

3. 什么是边值问题的有限差分法？我们又该如何应用它？

4. 使用 $y(0)=0$ 和 $y(\pi/2)=1$ 求解以下边值问题：

$$y'' + (1 - 0.2x)y^2 = 0$$

5. 使用 $y(0)=0$ 和 $y(\pi)=0$ 求解以下常微分方程：

$$y'' + \sin y + 1 = 0$$

6. 给定边界条件为 $y(0)=0$ 和 $y(12)=0$ 的常微分方程：

$$y'' + 0.5x^2 - 6x = 0$$

其 $y'(0)$ 的值是多少？

7. 使用边界条件 $y(1)=0$、$y''(1)=0$ 和 $y(2)=1$ 来求解以下常微分方程：

$$y''' + \frac{1}{x}y'' - \frac{1}{x^2}y' - 0.1(y')^3 = 0$$

8. 在两点之间悬挂一根软缆绳，如下图所示。该缆绳的密度均匀。缆绳 $y(x)$ 的形状由微分方程描述：

$$\frac{\mathrm{d}^2 y}{\mathrm{d}^2 x} = C\sqrt{1 + \left(\frac{\mathrm{d}y}{\mathrm{d}x}\right)^2}$$

其中 C 是一个常数，其等于缆绳每单位长度的重量与缆绳在其最低点的水平张力分量的大小之比。缆绳悬挂在由 $y(0)=8\,\mathrm{m}$，$y(10)=10\,\mathrm{m}$ 指定的两点之间，且 $C=0.039\,\mathrm{m}^{-1}$。你能确定并绘制缆绳在 $x=0$ 和 $x=10$ 之间的形状吗？

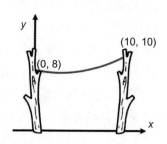

9. 翅片在许多应用中用于增加表面的热传递。冷却器翅片的设计有许多用途，例如，用作冷却物体的散热器。我们对针状翅片中的温度分布进行建模，如下图所示，其中翅片的长度为 L，翅片的起点和终点分别为 $x=0$ 和 $x=L$，翅片两端的温度分别为 T_0 和 T_L，T_s 为周围环境温度。如果我们同时考虑对流和辐射，那么在 $x=0$ 和 $x=L$ 之间的针状翅片 $T(x)$ 的稳态温度分布可以用以下方程建模：

$$\frac{\mathrm{d}^2 T}{\mathrm{d}x^2} - \alpha_1(T - T_s) - \alpha_2(T^4 - T_s^4) = 0$$

具有边界条件 $T(0)=T_0$ 和 $T(L)=T_L$，α_1 和 α_2 为系数。两个系数被定义为 $\alpha_1 = \dfrac{h_c p}{k A_c}$ 和 $\alpha_2 = \dfrac{\epsilon \sigma_{SB} P}{k A_c}$，其中 h_c 是对流传热系数，P 是翅片横截面的周长，ϵ 是翅片表面的辐射发射率，k 是翅片材料的热导率，A_c 是翅片的横截面积，以及 $\sigma_{SB} = 5.67 \times 10^{-8}\,\mathrm{W}/(\mathrm{m}^2 \mathrm{K}^2)$，它是斯特藩 – 玻尔兹曼常数。

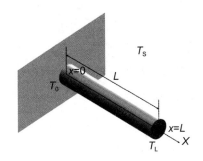

如果已知 $L=0.2\,\mathrm{m}$，$T(0)=475\,\mathrm{K}$、$T(0.1)=290\,\mathrm{K}$，$T_s=290\,\mathrm{K}$，则确定温度分布。使用以下参数值：$h_c=40\,\mathrm{W}/\mathrm{m}^2/\mathrm{K}$，$P=0.015\,\mathrm{m}$，$\epsilon=0.4$，$k=240\,\mathrm{W}/\mathrm{m}/\mathrm{K}$，并且 $A_c=1.55\times10^{-5}\,\mathrm{m}^2$。

10. 简支梁承载均匀的强度负荷 ω_0，如下图所示。

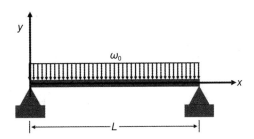

梁的挠度 y 由下列常微分方程定义：

$$\mathrm{EI}\frac{\mathrm{d}^2 y}{\mathrm{d}x^2} = \frac{1}{2}\omega_0(Lx - x^2)\left[1 + \left(\frac{\mathrm{d}y^2}{\mathrm{d}x}\right)^2\right]^{\frac{3}{2}}$$

其中 EI 是抗弯刚度。

设 $L=5\,\mathrm{m}$，并且两个边界条件为 $y(0)=0$ 和 $y(L)=0$，$\mathrm{EI}=1.8\times10^7\,\mathrm{N}\cdot\mathrm{m}^2$，以及 $\omega_0=15\times10^3\,\mathrm{N}/\mathrm{m}$，由以上信息确定并绘制梁的挠度。

傅里叶变换

24.1 波的基本原理

在我们所处的环境中有许多类型的波。例如,将一块石头扔进池塘,可以看到波在水中形成并进行传播。波有很多种。其中一些是很难看到的,如声波、地震波和微波炉(我们用来在厨房做饭)的波。但在物理学中,波是一种穿过空间和物质的扰动,能将能量从一个地方转移到另一个地方。研究我们生活中的波,了解波如何形成以及传播等非常重要。本章将介绍一个帮助我们理解和研究波的基本工具——**傅里叶变换**。在进一步讲解之前,我们首先熟悉如何以数学方式对波进行建模。

24.1.1 使用数学工具对波建模

我们可以使用函数 $F(x,t)$ 对单个波建模,其中 x 是空间中某个点的位置,t 是时间。一种最简单的情形是随 x 变化的正弦波的波形。

```
In [1]: import matplotlib.pyplot as plt
        import numpy as np

        plt.style.use("seaborn-poster")
        %matplotlib inline

In [2]: x = np.linspace(0, 20, 201)
        y = np.sin(x)

        plt.figure(figsize = (8, 6))
        plt.plot(x, y, "b")
        plt.ylabel("Amplitude")
        plt.xlabel("Location (x)")
        plt.show()
```

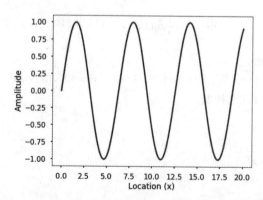

正弦波可以在时间和空间上发生变化。如果我们绘制正弦波在不同位置的变化，那么每次快照都将是一个随位置变化的正弦波。如下面示例中的图所示，固定研究点 $x=2.5$ 处正弦波曲线的位置，并在该位置处显示一个圆点。当然，你也可以观察某特定位置随时间的变化，请你自己绘制这个图形。

```
In [3]: fig = plt.figure(figsize = (8,8))

        times = np.arange(5)

        n = len(times)

        for t in times:
            plt.subplot(n, 1, t+1)

    y = np.sin(x + t)
    plt.plot(x, y, "b")
    plt.plot(x[25], y [25], "ro")
    plt.ylim(-1.1, 1.1)
    plt.ylabel("y")
    plt.title(f"t = {t}")

plt.xlabel("location (x)")
plt.tight_layout()
plt.show()
```

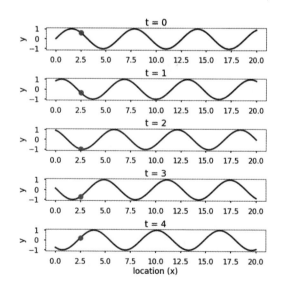

24.1.2　波的特性

波在时间和空间上都可以是一个连续的实体。出于数值目的，需要在各点上对时间和空间进行数字化。例如，在地球物理学的背景下，可以在地球的不同位置使用加速度计（用于测量运动的加速度）等传感器来监测地震，这称为空间离散化。同样，这些传感器通常会在特定时间内记录数据，这称为时间离散化。对于单个波而言，它也具有许多不同的特征。请看图 24.1 和 24.2。

振幅用于描述最大值与基线值之间的差值（见图 24.1）。正弦波是一种周期性信号，也就是说它会在一定时间后自我重复并且可以按周期测量。波的周期是指要完成全循环所需的时间。在图 24.1 中，可以根据两个相邻的波峰来测量周期。**波长**是波的两个连续波峰或波谷之间的距离。**频率**描述了在给定时间内通过固定位置的波的数量。频率可以通过 1 秒包含多少个周期来测量。因此，频率的单位是周期／秒，或是更常用的**赫兹**（Hz）。频率虽不同于周期，但它们是相互关联的。频率是指某事发生的次数，周期是完成某事所需的时间，由此数学上便有：

$$周期 = \frac{1}{频率}$$

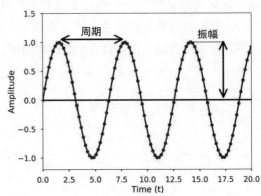

图 24.1　正弦波的周期和振幅

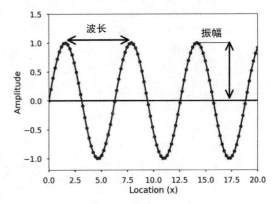

图 24.2　正弦波的波长和振幅

注意图 24.1 和图 24.2 中正弦波上的圆点，它们是我们在时间和空间上绘制的离散化点，我们仅在这些点处对波的值进行了采样。通常我们在记录一个波的时候，需要指定对波的采样频率，这个过程称为**采样**，这个频率称为**采样率**，单位为 Hz。例如，以 2Hz 的频率采样一个波，意味着我们每秒要采样两个数据点。现在我们对波的基础知识有了更多的了解，那么就来研究一下正弦波，它可以用以下等式表示：

$$y(t) = A\sin(\omega t + \phi)$$

其中，A 是波的振幅；ω 是**角频率**，它以弧度每秒为单位指定在一秒内包含多少个周期；ϕ 是波的**相位**。如果 T 是波的周期，f 是波的频率，则 ω 与它们有以下关系：

$$\omega = \frac{2\pi}{T} = 2\pi f$$

尝试一下！ 生成两个正弦波，其频率分别为 5Hz 和 10Hz，时间在 0 到 1s 之间，采样频率均为 100Hz。绘制两个波并查看差异。数一数 1 秒内有多少个周期。

```
In [4]: # sampling rate
        sr = 100.0
        # sampling interval
        ts = 1.0/sr
        t = np.arange(0,1,ts)

        # frequency of the signal
        freq = 5
        y = np.sin(2*np.pi*freq*t)

        plt.figure(figsize = (8, 8))
        plt.subplot(211)
        plt.plot(t, y, "b")
        plt.ylabel("Amplitude")

        freq = 10
        y = np.sin(2*np.pi*freq*t)

        plt.subplot(212)
        plt.plot(t, y, "b")
        plt.ylabel("Amplitude")

        plt.xlabel("Time (s)")
        plt.show()
```

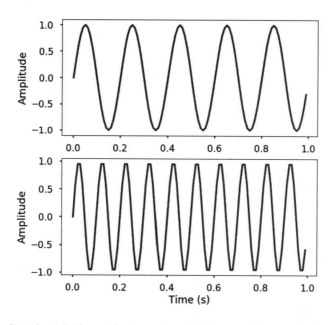

尝试一下！生成两个正弦波，时间在 0 到 1 秒之间。两种波的频率均为 5Hz，采样频率均为 100Hz，但它们的相位分别为 0 和 10。两个波的振幅分别为 5 和 10。绘制两个波并观察它们之间的差异。

```
In [5]: # frequency of the signal
        freq = 5
        y = 5*np.sin(2*np.pi*freq*t)

        plt.figure(figsize = (8, 8))
        plt.subplot(211)
        plt.plot(t, y, "b")
        plt.ylabel("Amplitude")

        y = 10*np.sin(2*np.pi*freq*t + 10)

        plt.subplot(212)
        plt.plot(t, y, "b")
        plt.ylabel("Amplitude")

        plt.xlabel("Time (s)")
        plt.show()
```

24.2 离散傅里叶变换简介

　　上一节论述了用周期或频率、振幅
和相位这样的描述手段能轻易地表征出
波。但这仅适用于简单的周期性信号，
如正弦波或余弦波。对于复杂的波而言，
就很难使用上述的描述手段表征出波。
例如，图 24.3 展示了一个较为复杂的
波，很难知道该波的频率和振幅是多少。

　　在现实世界中还有更为复杂的情况。
傅里叶变换可用于研究这些复杂的波，

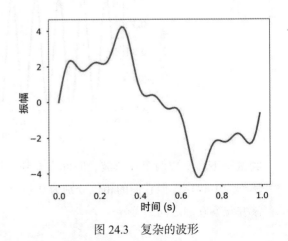

图 24.3　复杂的波形

它能将任意波分解为易于测量频率、振幅和相位的基本的正弦波和余弦波的总和。傅里叶变换可以应用于连续波和离散波，本章将只讨论离散傅里叶变换（DFT）。

使用离散傅里叶变换，我们可以将图 24.3 中的波组合成一系列具有不同频率的正弦波。以下的 3D 图（图 24.4）展示了离散傅里叶变换蕴含的思想：图 24.3 中的波实际上是 3 个不同正弦波叠加后的结果。时域信号，即上述可以在频域中转化为图形的信号，称为离散傅里叶变换振幅谱，其中信号频率用竖线表示。以上 3 个正弦波归一化后的条形高度是时域中信号的振幅。请注意，这三条竖线分别对应于正弦波的 3 个频率，已在图中绘制。

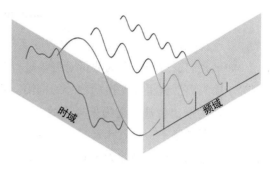

图 24.4　时域和频域信号的傅里叶变换图示

本节将讨论如何使用离散傅里叶变换来计算和绘制离散傅里叶变换振幅谱。

24.2.1　离散傅里叶变换

离散傅里叶变换可以将等间隔的信号序列转换为所有需要求和的正弦波的频率信息，进而来获得时域信号。它被定义为：

$$X_k = \sum_{n=0}^{N=1} x_n \cdot e^{-i2\pi kn/N} = \sum_{n=0}^{N-1} x_n \big[\cos(2\pi kn/N) - i \cdot \sin(2\pi kn/N) \big]$$

- $N=$ 样本数
- $n=$ 当前样本
- $k=$ 当前频率，其中 $k \in [0, N-1]$
- $x_n=$ 样本 n 处的正弦值
- $X_k=$ 包含振幅和相位信息的离散傅里叶变换

此外，上述方程中的最后一个表达式源自欧拉公式，该公式将三角函数与复指数函数联系起来：$e^{i \cdot x} = \cos x + i \sin x$。

由于变换的性质，$X_0 = \sum_{n=0}^{N-1} x_n$。如果 N 是奇数，则元素 $X_1, X_2, \cdots, X_{(N-1)/2}$ 包含正频率项，元素 $X_{(N+1)/2}, \cdots, X_{N-1}$ 包含负频率项，并按负频率递减的顺序排列。如果 N 为偶数，则元素 $X_1, X_2, \cdots, X_{(N-1)/2}$ 包含正频率项，元素 $X_{N/2}, \cdots, X_{N-1}$ 包含负频率项，并按负频率递减的顺序排列。在这种情况下，我们的输入信号 x 是一个实数值序列，因此正频率的离散傅里叶变换输出 X_n 是负频率值 X_n 的共轭，并且其频谱将是对称的。通常情况下，我们仅绘制对应于正频率的离散傅里叶变换。

请注意，X_k 是一个复数，它对函数 x_n 的复正弦分量 $e^{i \cdot 2\pi kn/N}$ 的振幅和相位信息进行编码。信号的振幅和相位可以用：

$$振幅 = \frac{|X_k|}{N} = \frac{\sqrt{\text{Re}(X_k)^2 + \text{Im}(X_k)^2}}{N}$$

$$相位 = a\tan 2\big(\text{Im}(X_k), \text{Re}(X_k)\big)$$

来计算，其中 $\text{Re}(X_k)$ 和 $\text{Im}(X_k)$ 是复数的实部和虚部，atan2 是双变量反正切函数。

如果我们通过采样点的数量对振幅进行归一化处理，那么离散傅里叶变换返回的振幅等于输入离散傅里叶变换的信号的振幅。我们之前提到过，对于实数值信号，离散傅里叶变换的输出将被映射为采样率的一半左右（如下面的示例所示）。这一半的采样率称为**奈奎斯特频率**。这意味着我们只需要查看离散傅里叶变换结果的一侧即可，另一侧的重复信息则丢弃，因此为了获得与时域信号对应的振幅，我们需要除以的是 $N/2$ 而不是 N。

既然我们已经掌握了离散傅里叶变换的基本知识，那么就来看看该如何使用它。

尝试一下！生成 3 个频率为 1Hz、4Hz、7Hz，振幅为 3、1、0.5，以及相位全为 0 的正弦波。将这 3 个采样率为 100Hz 的正弦波叠加，所得波与本节开头举例的信号相同。

```python
In [1]: import matplotlib.pyplot as plt
        import numpy as np

        plt.style.use("seaborn-poster")
        %matplotlib inline

In [2]: # sampling rate
        sr = 100
        # sampling interval
        ts = 1.0/sr
        t = np.arange(0,1,ts)

        freq = 1.
        x = 3*np.sin(2*np.pi*freq*t)

        freq = 4
        x += np.sin(2*np.pi*freq*t)

        freq = 7
        x += 0.5* np.sin(2*np.pi*freq*t)

        plt.figure(figsize = (8, 6))
        plt.plot(t, x, "r")
        plt.ylabel("Amplitude")

        plt.show()
```

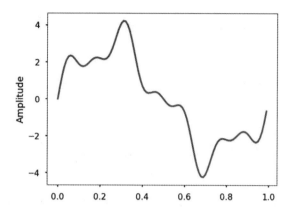

尝试一下！编写一个函数 DFT(x)，其接收一个参数 x（一维实数值信号）。该函数将计算并返回信号的离散傅里叶变换值。将此函数应用于我们上述示例中生成的信号并绘制其结果。

```
In [3]: def DFT(x):
            """
            Function to calculate the
            discrete Fourier Transform
            of a 1D real-valued signal x
            """

            N = len(x)
            n = np.arange(N)
            k = n.reshape((N, 1))
            e = np.exp(-2j * np.pi * k * n / N)

            X = np.dot(e, x)

            return X

In [4]: X = DFT(x)

        # calculate the frequency
        N = len(X)
        n = np.arange(N)
        T = N/sr
        freq = n/T

        plt.figure(figsize = (8, 6))
        plt.stem(freq, abs(X), "b", markerfmt=" ", basefmt="-b")
        plt.xlabel("Freq (Hz)")
        plt.ylabel("DFT Amplitude |X(freq)|")
        plt.show()
```

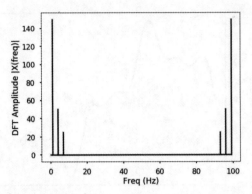

请注意，离散傅里叶变换的输出关于采样率的一半处对称（使用不同的采样率也是很有趣的尝试）。如前所述，这一半的采样率称为**奈奎斯特频率**或折叠频率，这以电气工程师奈奎斯特的名字命名。他和克劳德·香农提出了奈奎斯特–香农采样定理，该定理指出，如果以某个速率采样的信号仅包含低于采样率一半的频率分量，则可以完全重构该信号。因此，离散傅里叶变换输出的最高频率是采样率的一半。

```
In [5]: n_oneside = N//2
        # get the one side frequency
        f_oneside = freq[:n_oneside]

        # normalize the amplitude
        X_oneside =X[:n_oneside]/n_oneside

        plt.figure(figsize = (12, 6))
        plt.subplot(121)
        plt.stem(f_oneside, abs(X_oneside), "b", markerfmt=" ", basefmt="-b")
        plt.xlabel("Freq (Hz)")
        plt.ylabel("DFT Amplitude |X(freq)|")

        plt.subplot(122)
        plt.stem(f_oneside, abs(X_oneside), "b", markerfmt=" ", basefmt="-b")
        plt.xlabel("Freq (Hz)")
        plt.xlim(0, 10)
        plt.tight_layout()
        plt.show()
```

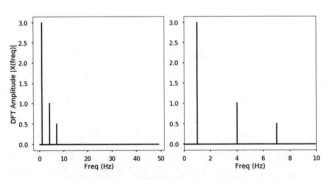

正如预期那样，绘制出的离散傅里叶变换结果的前半部分，包含 3 个清晰的峰值，分别对应频率为 1Hz、4Hz、7Hz 和振幅 3、1、0.5。以上就是我们使用离散傅里叶变换来分析任意波的方法，即把任意波分解为简单的正弦波。

24.2.2　逆离散傅里叶变换

我们可以轻松计算离散傅里叶变换的逆变换：

$$x_n = \frac{1}{N}\sum_{k=0}^{N-1} X_k \cdot e^{i \cdot 2\pi kn/N}$$

留一个练习，试着编写函数实现逆离散傅里叶变换。

24.2.3　离散傅里叶变换的极限

上述离散傅里叶变换实现的主要问题是，如果信号包含多个数据点，则效率低下。如果信号量较大，那么计算可能需要很长时间。

尝试一下！ 编写一个函数来生成具有不同采样率的简单信号，并通过改变采样率来观察计算所需用时的区别。

```
In [6]: def gen_sig(sr):
            """
            function to generate
            a simple 1D signal with
            different sampling rate
            """
            ts = 1.0/sr
            t = np.arange(0,1,ts)

            freq = 1.
            x = 3*np.sin(2*np.pi*freq*t)
            return x

In [7]: # sampling rate =2000
        sr = 2000
        %timeit DFT(gen_sig(sr))
```

每个循环 120 ms ± 8.27 ms（7 次运行的平均值 ± 标准偏差，每次 10 次循环）

```
In [8]: # sampling rate 20000
        sr = 20000
        %timeit DFT(gen_sig(sr))
```

每个循环 15.9 s ± 1.51 s（7 次运行的平均值 ± 标准偏差，每次 1 次循环）

使用此离散傅里叶变换来计算越来越多的数据点将需要大量的计算时间。幸好，在 1965 年，库利和图基发表的论文 ⊖ 中所提出的快速傅里叶变换（FFT）可以有效地解决这

⊖　http://www.ams.org/journals/mcom/1965-19-090/S0025-5718-1965-0178586-1/。

个问题。该方法是下一节中的主题。

24.3　快速傅里叶变换

快速傅里叶变换是一种用于计算序列的离散傅里叶变换的有效算法。在 1965 年，库利和图基的经典论文中首次描述了这个算法，该算法思想可以追溯到高斯在 1805 年未发表的著作中。它是一种分而治之的算法，该算法将离散傅里叶变换递归地分解为更小的离散傅里叶变换以减少计算次数。作为结果而言，该方法成功地将离散傅里叶变换的复杂度从 $O(n^2)$ 降低到 $O(n\log^n)$，其中 n 是问题的规模。特别是对于 N 较大的数据，使用这种方法会更为显著地减少所用的计算时间，因此快速傅里叶变换在工程、科学和数学领域中被广泛应用。

本节将探讨如何使用快速傅里叶变换减少计算时间。本节的内容主要基于由 Jake VanderPlas[一]所编写的优秀教材[二]。

24.3.1　离散傅里叶变换的对称性

快速傅里叶变换如何加速离散傅里叶变换的计算，其答案是利用离散傅里叶变换的对称性。我们来研究一下离散傅里叶变换的对称性。根据离散傅里叶变换方程的定义：

$$X_k = \sum_{n=0}^{N-1} x_n \cdot e^{-i2\pi kn/N}$$

我们可以计算：

$$X_{k+N} = \sum_{n=0}^{N-1} x_n \cdot e^{-i2\pi(k+N)n/N} = \sum_{n=0}^{N-1} x_n \cdot e^{-i2\pi n} \cdot e^{-i2\pi kn/N}$$

请注意，$e^{-i2\pi n} = 1$，因此我们便有：

$$X_{k+N} = \sum_{n=0}^{N-1} x_n \cdot e^{-i2\pi kn/N} = X_k$$

稍加拓展，我们就可以得到：

$$X_{k+i\cdot N} = X_k \quad i\text{为任意整数}$$

因此，显然我们可以利用离散傅里叶变换的这些对称性来减少计算量。

24.3.2　快速傅里叶变换的技巧

鉴于离散傅里叶变换中存在对称性，我们可以考虑使用这些对称性来减少计算量，意味着如果我们需要计算 X_k 和 X_{k+N}，那么只需要对它们中的一个使用一次离散傅里叶变

[一]　http://vanderplas.com。

[二]　https://jakevdp.github.io/blog/2013/08/28/understanding-the-fft/。

换即可。这正是快速傅里叶变换蕴含的思想。库利和图基表示，如果我们继续将问题细分成更小的问题，那么便可以更高效地来计算离散傅里叶变换。我们先来把整个序列分成两部分，即偶数部分和奇数部分：

$$X_k = \sum_{n=0}^{N-1} x_n \cdot e^{-i2\pi kn/N}$$

$$= \sum_{m=0}^{N/2-1} x_{2m} \cdot e^{-i2\pi k(2m)/N} + \sum_{m=0}^{N/2-1} x_{2m+1} \cdot e^{-i2\pi k(2m+1)/N}$$

$$= \sum_{m=0}^{N/2-1} x_{2m} \cdot e^{-i2\pi km/(N/2)} + e^{-i2\pi k/N} \sum_{m=0}^{N/2-1} x_{2m+1} \cdot e^{-i2\pi km/(N/2)}$$

可以看出，两个较小的项仅为最初等式的一半大小 $\left(\dfrac{N}{2}\right)$，它们是两个较小的离散傅里叶变换。对于每一项而言，都有 $0 \leqslant m \leqslant \dfrac{N}{2}$，但 $0 \leqslant k \leqslant N$，因此由于上述所描述的对称性，故每一项都将有一半的值是相同的。也就是说，我们只需要计算每一项中的一半。当然，我们可以继续用偶数和奇数将每一项分成两半，直到得到最后两个数，彼时的计算将非常简单。

以上就是使用快速傅里叶变换这种递归方法的工作原理。接下来我们快速而简略地实现快速傅里叶变换。请注意，快速傅里叶变换的输入信号，其长度应为 2 的幂次。如果其长度不是 2 的幂次，那么我们需要对其补零使长度达到下一个 2 的幂次。

```
In [1]: import matplotlib.pyplot as plt
        import numpy as np

        plt.style.use("seaborn-poster")
        %matplotlib inline

In [2]: def FFT(x):
            """
            A recursive implementation of
            the 1D Cooley-Tukey FFT, the
            input should have a length of
            power of 2.
            """
            N = len(x)

            if N == 1:
                return x
            else:
                X_even = FFT(x[::2])
                X_odd = FFT(x[1::2])
                factor = np.exp(-2j*np.pi*np.arange(N)/ N)
                X = np.concatenate(\
                    [X_even+factor[:int(N/2)]*X_odd,
```

```
                    X_even+factor[int(N/2):]*X_odd])
            return X

In [3]:  # sampling rate
         sr = 128
         # sampling interval
         ts = 1.0/sr
         t = np.arange(0,1,ts)

         freq = 1.
         x = 3*np.sin(2*np.pi*freq*t)

         freq = 4
         x += np.sin(2*np.pi*freq*t)

         freq = 7
         x += 0.5* np.sin(2*np.pi*freq*t)

         plt.figure(figsize = (8, 6))
         plt.plot(t, x, "r")
         plt.ylabel("Amplitude")

         plt.show()
```

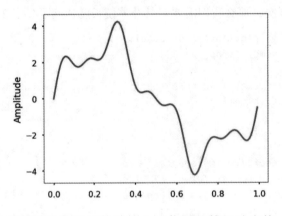

尝试一下! 使用快速傅里叶变换函数计算上述信号的傅里叶变换。并绘制双侧和单侧频率的振幅谱。

```
In [4]:  X=FFT(x)

         # calculate the frequency
         N = len(X)
         n = np.arange(N)
         T = N/sr
         freq = n/T

         plt.figure(figsize = (12, 6))
```

```
plt.subplot(121)
plt.stem(freq, abs(X), "b", markerfmt=" ", basefmt="-b")
plt.xlabel("Freq (Hz)")
plt.ylabel("FFT Amplitude |X(freq)|")

# Get the one-sided spectrum
n_oneside = N//2
# get the one side frequency
f_oneside = freq[:n_oneside]

# normalize the amplitude
X_oneside =X[:n_oneside]/n_oneside

plt.subplot(122)
plt.stem(f_oneside, abs(X_oneside), "b", markerfmt=" ", basefmt="-b")
plt.xlabel("Freq (Hz)")
plt.ylabel("Normalized FFT Amplitude |X(freq)|")
plt.tight_layout()
plt.show()
```

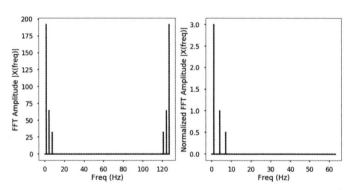

尝试一下！生成长度为 2 048 的简单信号，并记录运行快速傅里叶变换所需的时间，对快速傅里叶变换的运行速度与离散傅里叶变换的运行速度进行比较。

```
In [5]: def gen_sig(sr):
            """
            function to generate
            a simple 1D signal with
            different sampling rate
            """
            ts = 1.0/sr
            t = np.arange(0,1,ts)

            freq = 1.
            x = 3*np.sin(2*np.pi*freq*t)
            return x

In [6]: # sampling rate =2048
```

```
sr = 2048
%timeit FFT(gen_sig(sr))
```

每次循环 16.9 ms ± 1.3 ms（7 次运行的平均值 ± 标准偏差，每次 100 次循环）

因此，对于长度为 2 048（约 2 000）的信号，运行快速傅里叶变换用时 16.9ms，若使用离散傅里叶变换，则需 120ms。请注意，有很多方法可以优化快速傅里叶变换的执行过程以使其计算得更快。在下一节中将介绍 Python 内置的快速傅里叶变换函数，针对上述示例，该函数能达到更快的运行速度。

24.4　Python 中的快速傅里叶变换函数

Python 的 numpy 和 scipy 包中都有非常成熟的快速傅里叶变换函数。本节将介绍这两个软件包，并演示如何轻松地将它们运用到我们的工作中。我们仍然使用前面示例中生成的信号来进行运行测试，如图 24.5 所示。

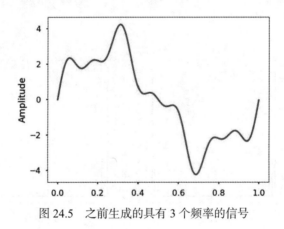

图 24.5　之前生成的具有 3 个频率的信号

24.4.1　numpy 中的快速傅里叶变换函数

示例：使用 numpy 中的 fft 和 ifft 函数来计算快速傅里叶变换振幅谱，并通过逆快速傅里叶变换来获得原始信号。请绘制这两个结果，并使用这个长度为 2 000 的信号对 fft 函数计时。

```
In [3]: from numpy.fft import fft, ifft

        X = fft(x)
        N = len(X)
        n = np.arange(N)
        T = N/sr
        freq = n/T

        plt.figure(figsize = (12, 6))
        plt.subplot(121)
```

```
plt.stem(freq, np.abs(X), "b", markerfmt=" ", basefmt="-b")
plt.xlabel("Freq (Hz)")
plt.ylabel("FFT Amplitude |X(freq)|")
plt.xlim(0, 10)

plt.subplot(122)
plt.plot(t, ifft(X), "r")
plt.xlabel("Time (s)")
plt.ylabel("Amplitude")
plt.tight_layout()
plt.show()
```

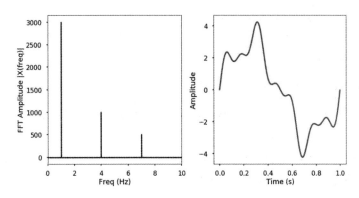

```
In [4]: %timeit fft(x)
```

每个循环 42.3 μs ± 5.03 μs（7 次运行的平均值 ± 标准偏差，每次 10 000 次循环）

24.4.2　`scipy` 中的快速傅里叶变换函数

示例： 使用 `scipy` 中的 `fft` 和 `ifft` 函数来计算快速傅里叶变换振幅谱，并通过逆快速傅里叶变换来获得原始信号。请绘制这两个结果，并使用这个长度为 2 000 的信号对 `fft` 函数计时。

```
In [5]: from scipy.fftpack import fft, ifft

        X = fft(x)

        plt.figure(figsize = (12, 6))
        plt.subplot(121)

        plt.stem(freq, np.abs(X), "b", markerfmt=" ", basefmt="-b")
        plt.xlabel("Freq (Hz)")
        plt.ylabel("FFT Amplitude |X(freq)|")
        plt.xlim(0, 10)

        plt.subplot(122)
        plt.plot(t, ifft(X), "r")
        plt.xlabel("Time (s)")
```

```
plt.ylabel("Amplitude")
plt.tight_layout()
plt.show()
```

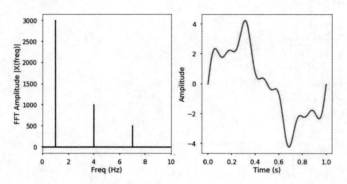

```
In [6]: %timeit fft(x)
```

每个循环 12.6 μs ± 222 ns（7 次运行的平均值 ± 标准偏差，每次 100 000 次循环）

请注意，尤其是在使用 scipy 版本的内置快速傅里叶变换函数时，运行速度更快且更易于使用。以下是比较结果：

- 执行完离散傅里叶变换耗时：120 毫秒
- 执行完快速傅里叶变换耗时：16.9 毫秒
- 使用 numpy 中的内置函数执行快速傅里叶变换耗时：42.3 微秒
- 使用 scipy 中的内置函数执行快速傅里叶变换耗时：12.6 微秒

24.4.3 更多例子

本节给出了如何在实际应用中使用快速傅里叶变换的更多示例。

24.4.3.1 加州电力需求

首先，我们将探讨 2019 年 11 月 30 日至 2019 年 12 月 30 日加利福尼亚州的电力需求。可以从美国能源信息署[⊖]下载这项数据。在此，该数据已经下载完毕。

加利福尼亚州的电力需求数据以 3 列的形式存储在"930-data-export.csv"文件中。请记住，我们先前学习了如何使用 numpy 来读取 CSV 文件。在这里，我们将使用另一个软件包 pandas，它是一个非常常用的用于处理时间序列数据的软件包。不过这里不会过多地讨论这个软件包，我们强烈建议你自行学习如何使用它。

首先，我们研究一下数据。

```
In [7]: import pandas as pd
```

read_csv 函数将读取 CSV 文件。请注意 parse_dates 参数，它将在第一列数据中找到日期和时间。将数据读入 panda 库的 DataFrame 中，然后使用 df 来存储数

⊖ https://www.eia.gov/beta/electricity/gridmonitor/dashboard/electric_overview/US48/US48。

据。最后，更改原始文件中的头文件，使其更易于使用。

```
In [8]: df = pd.read_csv("./data/930-data-export.csv",
                         delimiter=",", parse_dates=[1])
        df.rename(columns={"Timestamp (Hour Ending)":"hour",
                           "Total CAL Demand (MWh)":"demand"},
                  inplace=True)
```

通过绘制数据，我们可以看到电力需求是如何随时间变化的。

```
In [9]: plt.figure(figsize = (12, 6))
        plt.plot(df["hour"], df["demand"])
        plt.xlabel("Datetime")
        plt.ylabel("California electricity demand (MWh)")
        plt.xticks(rotation=25)
        plt.show()
```

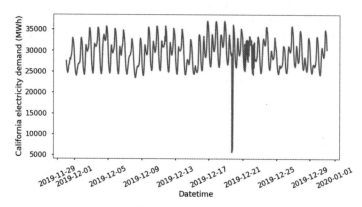

从绘制的时间序列看，很难辨别数据背后是否存在规律。我们将数据转换到频域，再观察是否会有新发现。

```
In [10]: X = fft(df["demand"])
         N = len(X)
         n = np.arange(N)
         # get the sampling rate
         sr = 1 / (60*60)
         T = N/sr
         freq = n/T

         # Get the one-sided spectrum
         n_oneside = N//2
         # get the one side frequency
         f_oneside = freq[:n_oneside]

         plt.figure(figsize = (12, 6))
         plt.plot(f_oneside, np.abs(X[:n_oneside]), "b")
         plt.xlabel("Freq (Hz)")
         plt.ylabel("FFT Amplitude |X(freq)|")
         plt.show()
```

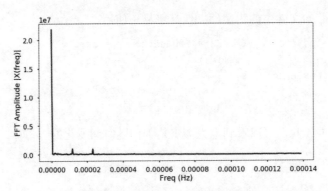

请注意，尽管快速傅里叶变换振幅图中有清晰的峰值，但很难从频率方面分辨峰值是什么。下面我们以小时为横坐标的单位来绘制结果，并突出显示一些与峰值有关的小时坐标点。

```
In [11]: # convert frequency to hour
         t_h = 1/f_oneside / (60 * 60)

         plt.figure(figsize=(12,6))
         plt.plot(t_h, np.abs(X[:n_oneside])/n_oneside)
         plt.xticks([12, 24, 84, 168])
         plt.xlim(0, 200)
         plt.xlabel("Period ($hour$)")
         plt.show()
```

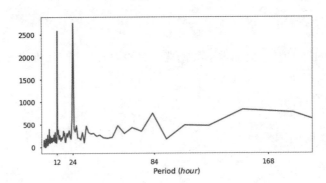

现在可以观察到一些有趣的规律，即与 12、24 和 84 小时相关的 3 个峰值。这些峰值意味着我们每 12、24 和 84 小时都会看到某些重复信号。该规律是合理的，也符合我们人类的活动规律。快速傅里叶变换可以帮助我们了解物理世界中的一些重复信号。

24.4.3.2 在频域中过滤信号

滤波是信号处理中的一个过程，用于去除特定频率范围内不需要的信号部分。低通滤波器用于去除高于特定截止频率外的所有信号，高通滤波器则与之相反。结合低通滤波器和高通滤波器可以构建一个带通滤波器，也就是说我们将要保留的信号保持在一对频率内。使用快速傅里叶变换可以轻松达到这一要求。下面的例子用来说明带通滤波器的基本原理。请注意，我们只是想用非常基本的操作来展示滤波的思想，实际上，滤波过程非常复杂。

示例： 使用本节第一个示例中生成的信号（1Hz、4Hz 和 7Hz 的混合正弦波）并在 6Hz 处对该信号进行高通滤波。绘制滤波后的信号和滤波前后的快速傅里叶变换振幅。

```
In [12]: from scipy.fftpack import fftfreq
```

```
In [13]: plt.figure(figsize = (8, 6))
         plt.plot(t, x, "r")
         plt.ylabel("Amplitude")
         plt.title("Original signal")
         plt.show()
```

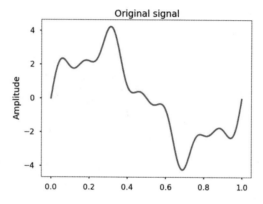

```
In [14]: # FFT the signal
         sig_fft = fft(x)
         # copy the FFT results
         sig_fft_filtered = sig_fft.copy()

         # obtain the frequencies using scipy function
         freq = fftfreq(len(x), d=1./2000)

         # define the cut-off frequency
         cut_off = 6

         # high-pass filter by assign zeros to the
         # FFT amplitudes where the absolute
         # frequencies smaller than the cut-off
         sig_fft_filtered[np.abs(freq) < cut_off] = 0

         # get the filtered signal in time domain
         filtered = ifft(sig_fft_fillered)

         # plot the filtered signal
         plt.figure(figsize = (12, 6))
         plt.plot(t, filtered)
         plt.xlabel("Time (s)")
         plt.ylabel("Amplitude")
         plt.show()
```

```
# plot the FFT amplitude before and after
plt.figure(figsize = (12, 6))
plt.subplot(121)
plt.stem(freq, np.abs(sig_fft), "b", markerfmt=" ", basefmt="-b")
plt.title("Before filtering")
plt.xlim(0, 10)
plt.xlabel("Frequency (Hz)")
plt.ylabel("FFT Amplitude")
plt.subplot(122)
plt.stem(freq, np.abs(sig_fft_filtered), "b", markerfmt=" ", basefmt="-b")
plt.title("After filtering")
plt.xlim(0, 10)
plt.xlabel("Frequency (Hz)")
plt.ylabel("FFT Amplitude")
plt.tight_layout()
plt.show()
```

在以上的例子中，我们将快速傅里叶变换振幅的任意绝对频率赋值为 0，并返回时域信号，通过几个步骤便实现了一个非常基础的高通滤波器。因此，快速傅里叶变换可以帮助我们获取想要的信号并去除不需要的信号。

24.5 总结和习题

24.5.1 总结

1. 我们学习了波的基础知识：频率、周期、振幅和波长。它们都是波的特征。
2. 离散傅里叶变换是一种利用正弦波序列之和将信号从时域变换到频域的方法。

3. 快速傅里叶变换是一种利用离散傅里叶变换的对称性来高效地计算离散傅里叶变换的算法。

24.5.2　习题

1. 要求你连续 30 天测量房间的温度，且每天中午测量温度并记录数值。请问你得到的温度信号的频率是多少？

2. 波的频率和周期有什么关系？

3. 周期和波长有什么区别？它们之间有什么相似之处？

4. 信号的时域和频域代表什么？

5. 生成两个信号：信号 1 是频率为 5Hz、振幅为 3、相位为 3 的正弦波；信号 2 是频率为 2Hz、振幅为 2、相位为 −2 的正弦波。绘制持续 2 秒的信号。

测试用例：

```
In [1]: # sampling rate
        sr = 100
        # sampling interval
        ts = 1.0/sr
        t = np.arange(0,2,ts)

        freq = 5.
        x = 3*np.sin(2*np.pi*freq*t + 3)

        freq = 2
        x += 2*np.sin(2*np.pi*freq*t - 2)


        plt.figure(figsize = (8, 6))
        plt.plot(t, x, "r")
        plt.ylabel("Amplitude")
        plt.xlabel("Time (s)")
        plt.show()
```

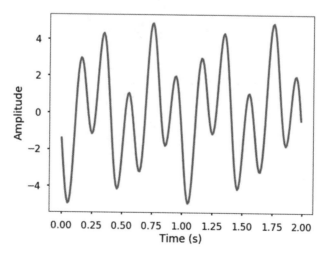

6. 使用 5Hz、10Hz、20Hz、50Hz 和 100Hz 的采样率对你在问题 5 中生成的信号进行采样，并观察使用不同采样率带来的差异。

7. 给定信号 t = [0,1,2,3] 和 y = [0,3,2,0]，找出 X 真实的离散傅里叶变换。写出逆离散傅里叶变换的表达式。不要使用 Python 来查找结果，写出方程并计算其值。

8. 信号的离散傅里叶变换值的振幅和相位是多少？

9. 我们之前实现了离散傅里叶变换。你能用类似的方法在 Python 中实现逆离散傅里叶变换吗？

10. 使用我们已实现的离散傅里叶变换函数和逆离散傅里叶变换，为问题 5 中生成的信号生成振幅谱。将离散傅里叶变换振幅归一化以获得正确的相应时域振幅。

11. 你能描述一下快速傅里叶变换中用来加快计算速度的技巧吗？

12. 使用 scipy 包中的 fft 和 ifft 函数对问题 10 重新求解。

13. 使用 numpy 包将随机正态分布噪声添加到问题 5 的信号中，并绘制快速傅里叶变换振幅谱。你将观察到什么？带有噪声的信号将在以下测试用例中显示。

测试用例：

```
In [2]: np.random.seed(10)
        x_noise = x + np.random.normal(0, 2, size = len(x))

        plt.figure(figsize = (8, 6))
        plt.plot(t, x_noise, "r")
        plt.ylabel("Amplitude")
        plt.xlabel("Time (s)")
        plt.show()
```

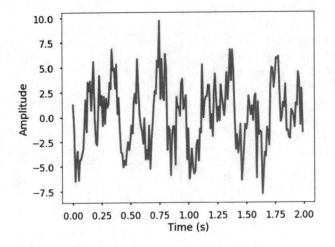

在 Windows 中使用 Python

A.1　开始在 Windows 中使用 Python

A.1.1　在 Windows 中设置工作环境

在开始使用 Python 之前，我们需要在计算机上搭建 Python 工作环境。本节我们将介绍启动 Python 的全过程。

Python 及其依赖包的安装和管理方式有多种，这里我们推荐使用 Anaconda[⊖]或 Miniconda[⊜]。根据你使用的操作系统（OS），即 Windows、Mac OS X 或 Linux，你需要下载不同的安装程序。Anaconda 和 Miniconda 都旨在提供简单的方法来管理科学计算和数据科学中的 Python 工作环境。

这里我们以 Windows 为例来展示安装过程。对于 Mac 用户和 Linux 用户，请参阅第 1 章了解它们的安装全过程。Anaconda 和 Miniconda 之间的主要区别是：

- Anaconda 是一个完整的分布式架构，其包括 Python 解释器、包管理器以及科学计算中常用的包。
- Miniconda 是 Anaconda 的轻量化版本，由于它不包含科学计算中常用的包，所以你需要自己安装所有不同的包，但它包含 Python 解释器和包管理器。

在这里我们选择使用 Miniconda 来管理软件包的安装，这样就只需要安装我们所需要的包即可。

Miniconda 安装过程描述如下：

步骤 1　从网站下载 Miniconda 安装程序，如图 A.1 所示。在这里，可以根据你的操作系统选择不同的安装程序。我们选择 Windows 安装程序和 Python 3.7 作为示例。

步骤 2　双击安装程序来运行安装程序。运行安装程序后，按照安装指示操作，就能成功地把 Miniconda 安装到计算机上（图 A.2）。需要注意的是你可以设置其他的安装路径来更改默认的安装位置，在这里我们使用默认路径来演示安装过程（图 A.3）。

⊖　https://www.anaconda.com/download/。

⊜　https://conda.io/miniconda.html。

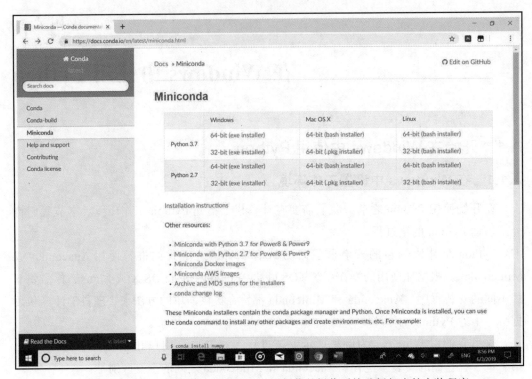

图 A.1　Miniconda 安装程序下载页面，根据你的操作系统选择相应的安装程序

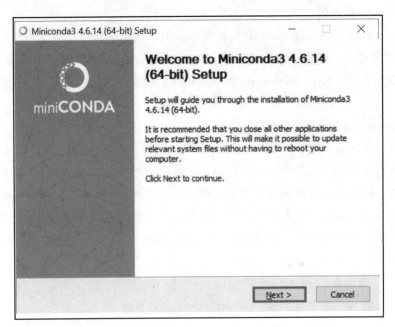

图 A.2　在 Anaconda 提示符下运行安装程序的屏幕截图

安装完成后，我们可以从开始菜单中打开 Anaconda prompt（Mac 或 Linux 上的等效终端），如图 A.4 所示。然后我们可以输入图 A.5 所示的命令来检验是否安装成功。

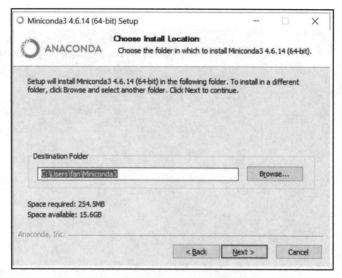

图 A.3　文件系统的默认安装位置

图 A.4　从开始菜单中打开 Anaconda prompt

　　步骤 3　按照图 A.6，安装本书中使用的基本软件包。让我们先安装一些本书中的包——`ipython`、`numpy`、`scipy`、`pandas`、`matplotlib` 和 `jupyter`。稍后我们将详细讨论使用 `pip` 和 `conda` 工具对包进行管理的过程。

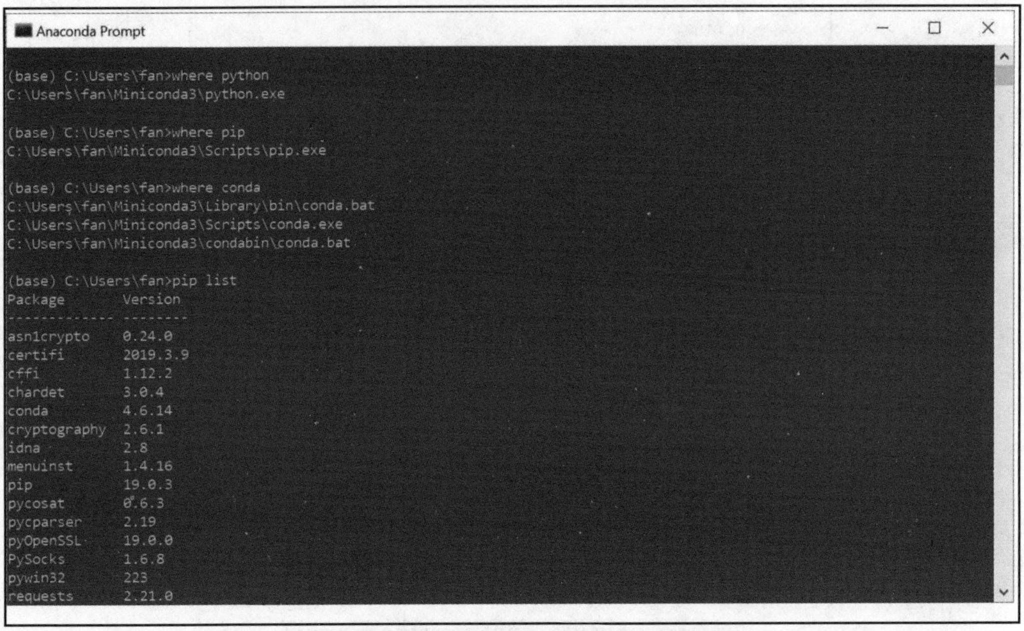

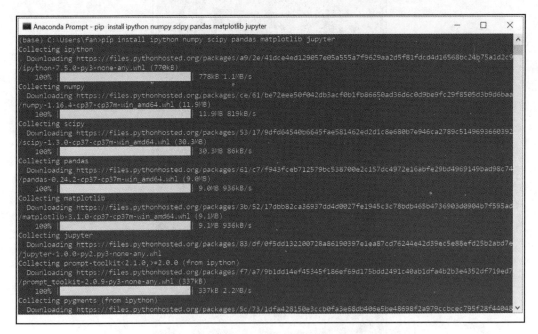

图 A.5   检验安装的 Miniconda 是否正常运行的快速方法

图 A.6   本书其余部分将使用的软件包的安装过程

A.1.2　运行 Python 代码的三种方式

运行 Python 代码有不同的方式，它们都有不同的用途。在本节中，我们将快速介绍三种不同的方法来帮你入门。

A.1.2.1 使用 Python 或 IPython shell

运行 Python 代码最简单方法是通过 Python 或 IPython shell（表示交互式 Python）。IPython shell 比 Python shell 更加丰富，例如，tab 自动完成、颜色高亮显示错误消息、基本 UNIX shell 集成等。因为我们刚刚安装了 IPython，所以让我们尝试用它来运行"Hello World"示例。我们通过在 Anaconda 提示符中输入 Python 或 IPython shell 的方式来启动它们（见图 A.7）。然后我们可以通过在 IPython shell 中输入 Python 命令来运行它，我们按下 Enter 便会立即看到命令的执行结果。例如，我们可以输入 print("Hello World") 来打印出"Hello World"，如图 A.7 所示。

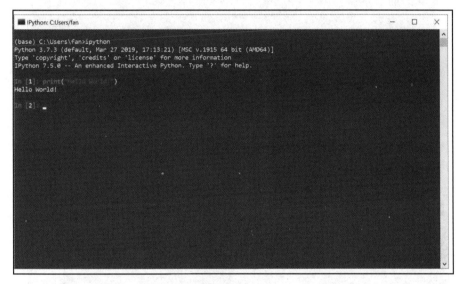

图 A.7 通过在 IPython shell 中输入命令运行"Hello World"示例，"print"是我们即将要学习的用于打印括号内内容的函数

在上面的命令中，print() 是 Python 中的一个函数，而"Hello World"是我们在书中介绍的字符串类型的数据。

A.1.2.2 在命令行运行 Python 脚本 / 文件

第二种运行 Python 代码的方法是将所有命令放入一个文件中，并将其保存为扩展名为 .py 的文件（文件的扩展名可以是任何内容，但按照惯例，通常是 .py）。例如，使用你常用的文本编辑器（这里用 Visual Studio Code[⊖]演示），将命令放入名为 hello_world.py 的文件中，如图 A.8 所示。然后在提示符下运行它（图 A.9）。

A.1.2.3 使用 Jupyter Notebook

运行 Python 的第三种方式是通过 Jupyter Notebook。它是一个非常强大的基于网页的 Python 工作环境，我们详细讨论过它。在这里，我们只是快速讲解如何用 Jupyter Notebook 来运行 Python 代码。在 bash 命令行中输入 jupyter notebook：

⊖ https://code.visualstudio.com。

图 A.8　使用 Visual Studio Code 编写 Python 脚本文件示例。输入要执行的命令并使用正确的名称保存文件

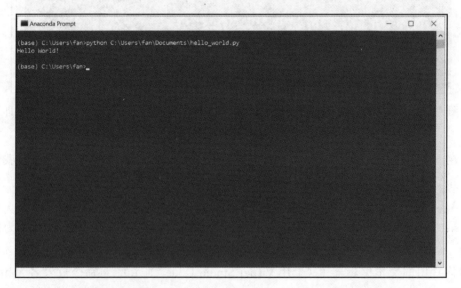

图 A.9　我们可以通过在命令行输入 "python hello _world.py" 来运行 Python 脚本。这一行会告知 Python 我们将执行保存在这个文件中的命令

随后你会看到弹出一个本地网页，单击右上角的按钮创建一个新的 Python3 notebook，如图 A.10。

在 Jupyter Notebook 中运行代码是比较容易的，在单元格中输入代码，然后按 Shift + Enter 来运行单元格，其结果将在代码下方显示（图 A.11）。

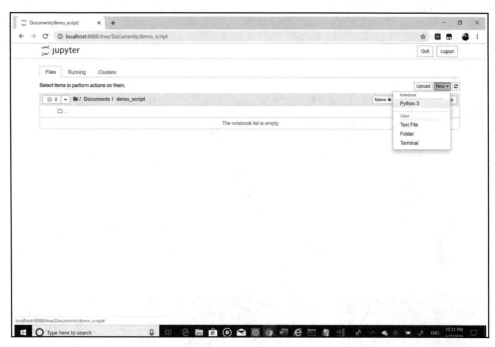

图 A.10　请在命令行中输入 jupyter notebook 来启动 Jupyter Notebook 服务器，启动
　　　　　后将会打开一个浏览器页面，如本图所示。单击右上角的 "New" 按钮，然后
　　　　　选择 "Python 3"，此操作将会创建一个用来运行 Python 代码的 Python notebook

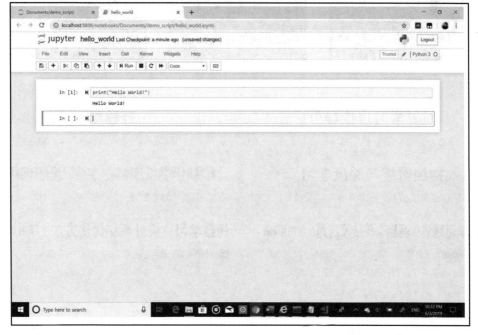

图 A.11　在 Jupyter Notebook 中运行 "Hello World" 示例。在代码单元格（灰色框）中输
　　　　　入命令，然后按 Shift + Enter 执行命令

推荐阅读

机器学习理论导引

作者: 周志华 王魏 高尉 张利军 ISBN: 978-7-111-65424-7 定价: 79.00元

神经网络与深度学习

作者: 邱锡鹏 ISBN: 978-7-111-64968-7 定价: 149.00元

机器学习精讲: 基础、算法及应用（原书第2版）

作者: [美]杰瑞米·瓦特 雷萨·博哈尼 阿格洛斯·K.卡萨格罗斯
ISBN: 978-7-111-69940-8 定价: 149.00元

迁移学习

作者: 杨强 张宇 戴文渊 潘嘉林 ISBN: 978-7-111-66128-3 定价: 139.00元

计算机时代的统计推断: 算法、演化和数据科学

作者: [美]布拉德利·埃夫隆 特雷福·黑斯蒂 ISBN: 978-7-111-62752-4 定价: 119.00元

机器学习: 贝叶斯和优化方法（原书第2版）

作者: [希]西格尔斯·西奥多里蒂斯 ISBN: 978-7-111-69257-7 定价: 279.00元

推荐阅读

Python程序设计（原书第3版）

作者：[美] 凯·霍斯特曼（Cay Horstmann） 兰斯·尼塞斯（Rance Necaise） 译者：江红 余青松 余靖
ISBN：978-7-111-67881-6 定价：169.00元

Python语言程序设计

作者：王恺 王志 李涛 朱洪文 编著 ISBN：978-7-111-62012-9 定价：49.00元

Python大学教程：面向计算机科学和数据科学（英文版）

作者：[美] 保罗·戴特尔（Paul Deitel） 哈维·戴特尔（Harvey Deitel）
ISBN：978-7-111-67150-3 定价：169.00元

推荐阅读

概率论基础教程（原书第9版）

作者：Sheldon Ross ISBN：978-7-111-44789-4 定价：69.00元

数据科学与分析：Python语言实现

作者：Jesus Rogel-Salazar ISBN：978-7-111-62317-5 定价：69.00元

Python机器学习（原书第2版）

作者：Sebastian Raschka Vahid Mirjalili ISBN：978-7-111-61150-9 定价：89.00元

高级R语言编程指南

作者：Hadley Wickham ISBN：978-7-111-54067-0 定价：79.00元